高等学校规划教材

大学物理实验

DAXUE WULI SHIYAN

解玉鹏　主编　王海燕　刘　艳　副主编

化学工业出版社
·北京·

内容简介

《大学物理实验》主要内容共分五章：第一章介绍物理实验的基本知识，涉及测量误差、测量的不确定度、测量结果的有效数字以及实验数据处理方法；第二章介绍物理实验的基本测量方法和常用实验仪器；第三章为基础实验；第四章为近代与综合实验；第五章为设计性和应用性实验。后三章实验内容包括力学、热学、光学、电磁学和近代物理实验部分。本书以实验方法和测量为主线，重点突出实验方法的系统性与实验内容的协调性，强调培养学生综合素质的重要性。

本书可作为应用型本科院校理工类专业和其他相关专业本科生的物理实验教学用书，也可供高职高专院校使用。

图书在版编目（CIP）数据

大学物理实验/解玉鹏主编；王海燕，刘艳副主编. —北京：化学工业出版社，2022.4（2024.2 重印）
高等学校规划教材
ISBN 978-7-122-40762-7

Ⅰ.①大… Ⅱ.①解…②王…③刘… Ⅲ.①物理学-实验-高等学校-教材 Ⅳ.①O4-33

中国版本图书馆 CIP 数据核字（2022）第 021262 号

责任编辑：唐旭华　郝英华　　文字编辑：王淑燕
责任校对：李雨晴　　装帧设计：关　飞

出版发行：化学工业出版社（北京市东城区青年湖南街 13 号　邮政编码 100011）
印　　刷：三河市航远印刷有限公司
装　　订：三河市宇新装订厂
787mm×1092mm　1/16　印张 15¼　字数 398 千字　2024 年 2 月北京第 1 版第 3 次印刷

购书咨询：010-64518888　　售后服务：010-64518899
网　　址：http://www.cip.com.cn
凡购买本书，如有缺损质量问题，本社销售中心负责调换。

定　　价：39.80 元

前言

大学物理实验是理工科各专业的一门重要的公共基础课程，在理论知识与实践活动中发挥承上启下的作用，并且对后续专业课程的学习以及对现代科学技术的了解和掌握具有深远意义。它不仅能够培养学生掌握科学实验的基本技巧和基础操作知识，而且能够培养学生实事求是的科学态度和创新能力与实践能力，使学生具备科学研究的基本素质、主动探究知识的精神和敏锐的观察力。

本书根据《非物理类理工科大学物理实验课程教学基本要求》并结合吉林化工学院物理实验仪器设备的实际情况，在原编讲义的基础上修订而成。

本书具有以下特点。

（1）本书是基于吉林化工学院的物理实验教学而编写的，在内容上侧重培养学生基本的实验素质，培养学生学会基本的实验操作、认识实验仪器。在理论内容的安排上由浅入深，逐步培养学生的实践能力和创新能力。

（2）结合吉林化工学院的专业培养特点，本书在内容安排上除了一些基础实验，还安排了一些与本校专业相关的物理实验，突出物理实验为专业培养人才服务的特点。

（3）本书在编写过程中，设置预习思考题，以问题为引领，帮助学生学习重点实验内容；本书增设扩展训练内容，进一步培养学生独立思考能力和动手能力；扩展阅读部分有助于巩固物理知识，开阔学生视野。另外，本书在编写过程中针对部分实验引入微视频，方便学生预习实验操作。

本书在内容安排上分为五章，收入 44 个实验。绪论部分主要介绍物理实验的特点、目的与任务、基本程序要求和实验室规则；第一章介绍物理实验的基本知识；第二章介绍物理实验的基本测量方法和常用实验仪器；第三章选编 14 个基础实验；第四章选编 13 个近代与综合性实验；第五章选编 17 个设计性和应用性实验。

本书具有以下特点：一是按照教育部对本科层次普通物理实验的要求编写，构建了培养普通高校本科生实验能力的基本框架；二是考虑到应用型本科院校学生动手操作能力的差异以及物理实验仪器设备的实际情况，因此在实验难度和实验内容安排上努力做到详细、严谨；三是本书以实验方法和测量为主线，重点突出实验方法的系统性与实验内容的协调性，强调培养学生综合素质的重要性。

本书可作为应用型本科院校理工类专业和其他相关专业本科生的物理实验教学用书，也可作为实验技术人员或有关课程教师的参考书。

本书由解玉鹏担任主编，王海燕、刘艳担任副主编，盖啸尘、王常春、胥佳颖、梁红静、张誉元、刘雨男参与编写。绪论及第一章、第二章由主编完成并负责 6 个实验题目的编写，其他教师负责 3～6 个实验题目的编写。本书是集体智慧的结晶，在编写过程中得到全体物理教师的帮助和支持，在此表示衷心感谢！

由于编者水平和教学经验有限，书中难免存在不足之处，在此恳请读者和同行不吝指正。

编　者

2021 年 12 月

目录

附录 / 234

参考文献 / 237

0 绪论

0.1 大学物理实验课程的意义

人类认识和改造自然的实践活动有两种：一是生产实践；二是科学实验。科学实验是研究自然规律，进而改造客观的基本手段，是人们按照一定的研究目的，借助相应仪器设备，人为控制、模拟或再现自然现象，以突出主要因素，进行精密、反复的观察和测试为原则，验证科学思想，探索其内部规律性的一种研究方法。科学实验可凭借实验室的优越条件，超越生产实践和自然条件的某些局限性，进行有目的、有控制、有组织的探索活动，是现代科学技术发展的源泉。原子能、半导体、激光等最新科技成果不是仅仅依靠总结生产技术经验发现的，而是科学家在实验室经过反复试验得到的。现代企业为了不断改进生产过程和创新产品，也十分重视实验研究工作，都有相当规模的实验室。所以说科学实验是科学理论的源泉，是自然科学的根本，也是工程技术的基础。诸多重要理论都是在总结实验结果的基础上得出的；科学理论上的诸多争论，最终靠实验做出判断；错误理论的修正，也靠实验完成。所以说，实验是检验科学理论的重要手段。

物理实验是科学实验的重要组成部分之一，在科学、技术的发展中有着独特的作用和重要意义。在物理学史上，无论是物理规律的发现，还是物理理论的验证，都取决于实验。例如杨氏的干涉实验使光的波动学说得以确立；赫兹的电磁波实验使麦克斯韦的电磁场理论获得普遍承认；卢瑟福的α粒子散射实验揭开了原子的秘密；近代的高能粒子对撞击实验使人们深入到物质的深层——从原子核和基本粒子内部来探索其规律性。在物理学的发展过程中，物理实验一直起着重要作用，今后在探索和开拓新的科技领域中，物理实验仍然是有力的工具。

物理实验课是对学生进行科学实验基本训练的一门重要基础课程，是学生在大学里受到系统实验技能训练的开端。它的内涵十分丰富，覆盖的知识面和包含的信息量以及基本训练内容都很宽广；除物理基础知识外，还涉及数学、测量学、误差理论和计算机科学等知识。它能使学生在如何运用理论知识实验方法和实验技能方面受到较系统的训练，能培养学生严肃的实验态度、严谨的实验作风和良好的实验习惯，培养学生运用实验手段去分析、观察、发现，乃至研究、解决问题的能力，从而提高学生科学实验的基本素质。可以说，物理实验课是大学生学习或从事科学实验的起步。同时，它也将为学生今后的学习和工作奠定良好的实验基础。

0.2 大学物理实验课程的目的和任务

物理实验作为一门重要基础课程，有以下三方面的目的和任务。

(1) 通过对实验现象的观察分析和对物理量的测量，使学生进一步掌握物理实验的基本知识、基本方法和基本技能并能运用物理学原理、物理实验方法研究物理现象和规律，加深对物理原理的理解。

(2) 培养与提高学生的科学实验能力，包括以下几个方面。

① 自学能力：能够自行阅读实验教材或参考资料，正确理解实验内容，做好实验前的准备。

② 动手实践能力：能够借助实验教材和仪器说明书，正确调整和使用常用仪器。

③ 思维判断能力：能够运用物理学理论，对实验现象进行初步的分析和判断。

④ 表达书写能力：能够正确记录和处理实验数据，绘制图线，说明实验结果，撰写合格的实验报告。

⑤ 简单的设计能力：能够根据课题要求，确定实验方法和条件，合理选择实验仪器设备，拟定具体的实验程序。

(3) 培养和提高学生从事科学实验的素质。通过物理实验课的训练，力求使学生具有理论联系实际和实事求是的科学作风，严肃认真的工作态度，不怕困难、主动进取的探索精神，遵守实验操作规程、爱护公共财物的优良品德，以及在实验过程中培养相互协作、共同探索的协同心理。

物理实验课是一门实践性课程，学生在自己独立工作的过程中增长知识、提高能力，因而上述教学目的能否达到，在很大程度上取决于学生自己的努力。

0.3 学好大学物理实验课的三个环节

大学物理实验是学生在教师的指导下独立进行实验的一种实践活动。该课程要求同学们投入较大的精力并且有较强的独立工作能力。学好物理实验课程的关键还要把握好课前预习、课堂操作和课后撰写实验报告这三个基本环节。课堂操作是最基本的环节，预习是课堂操作的必要准备，撰写实验报告是实验成果的书面表达。

(1) 课前预习。

课前预习应做好三件事。一是仔细阅读实验教材及有关书籍。实验教材是进行实验的指导书，它对每个实验的目的与要求、实验原理、实验方法和内容都做了明确的阐述，因此在上课前都要认真阅读，必要时还应阅读相关的参考资料。二是初步了解有关仪器设备的构造原理、工作条件和操作规程等，必要时可到实验室去观察实物。三是写出实验预习报告，回答预习思考题。预习报告可以指导学生在课堂上有条不紊地完成实验任务，具体内容和格式如下。

① 实验名称。

② 实验目的：写出本次实验的主要目的。

③ 仪器和用具：列出本实验所需仪器设备并预留有一定的空位，以便记录操作时所使用仪器设备的编号和相关主要参数（等级、量程……）。

④ 原理简述：在充分理解教材原理描述的基础上，用自己的语言概括性简述出基本原理，包括主要的理论依据、公式推导、相应图示。设计性实验的设计过程写在实验原理中。

⑤ 内容及步骤：根据实验要求列出要操作的实验内容及步骤，并在实验数据记录纸上画出需要测量的物理量的数据记录表格。数据表格与操作步骤是密切相关的，及时将实验数据填入表中，可随时观察和分析数据的规律性。如随手将数据记在纸片上，容易产生错误，在实验课堂上是不容许的。

⑥ 注意事项：一般都为所使用仪器的保护事项，必须在操作前明确。

（2）课堂操作。

① 遵守实验室规章制度。带教材和相关资料，提前5～10min进入实验室，并按指定位置坐好，核对仪器设备并将型号、规格、编号、等级等记录下来。

② 严格遵守各种仪器设备的操作规程、正确使用方法以及注意事项。所有仪器必须调整到正确位置和稳定状态，保证实验质量。对于电磁学实验，必须由教师检查电路的连接无误后方可通电进行实验。仪器在使用过程中发生故障，应立即停止实验，报告指导教师，待故障排除后才能恢复操作。若因操作不当损坏器材和造成仪器严重磨损，要按规定赔偿。

③ 认真听指导教师对实验的简要讲解。实验过程中要细心操作，认真观察出现的各种现象，做到边实验边思考，用思考来指导实验。

④ 待条件稳定方可读取数据，读数时要注意以下几个方面。

a. 有效数字取位要合理，应读到有误差的那一位。

b. 读数时要注意消除视差。

c. 读数时要有足够的耐心。尤其是在做重复性测量时，不要以为后面的数据一定和前面的数据相同，要实事求是，不要编造所谓“重复性”好的假数据。

d. 读数出现异常时，立即停止测量。检查测量仪器是否失调，环境条件是否发生异常突变等。

⑤ 记录好实验数据是科学实验的一项基本功。完整的实验数据原始记录是记载实验全部操作过程的基础性资料，要做到实事求是地记录客观现象和数据。边读数边对数据认真分析，并用钢笔真实地记录在原始数据记录表格中。记录数据时不要用铅笔，如需要删除或修改的数据用笔划掉，在旁边写上正确的数据，同时注明错误原因。

⑥ 实验结束，要把测量得出的数据交给指导教师检查签字，对不合理的或者错误的数据经分析后进行补做或重做。最后整理好仪器、切断电源、清洁实验室，填写好实验记录，经教师同意后方可离开实验室。

（3）撰写实验报告。

撰写实验报告可以培养和训练学生采用书面形式总结工作或报告科学成果的能力。要求字迹清楚、叙述简练、图表规矩、数据完备、结果正确。应在预习实验报告的基础上继续完成。

① 数据记录。将原始数据记录表格上的数据按照完整的形式，并进行简单的计算后转抄在实验报告上，切忌用教师签名的原始数据记录代替这部分内容。

② 数据处理。按照要求的数据处理方法处理数据，要写出必要的中间计算过程。做到所有导出数据都有依据，并对实验的结果进行分析、计算。

③ 实验结果。按正确的结果表达式的形式写出实验结果，如只需定性说明，用文字简要标明。

④ 问题讨论。一般讨论内容不受限制，可以是对实验现象、结论和误差原因的分析，也可对实验方案及其改进意见进行讨论评述。包括对实验结果的分析、讨论以及对实验的体

会、建议等。

0.4 物理实验课程的规则

《学生实验须知》是保障实验课程正常教学秩序、培养学生良好习惯的规章制度。上实验课前应熟知这些规章。

(1) 实验前，应认真预习，经教师质疑不合格者，不得进行实验。

(2) 实验课不得迟到早退；必须衣着整齐，保持安静；不准吸烟及随地吐痰；不得动用与本实验无关的其他仪器设备。

(3) 实验中服从教师指导，按要求进行实验。认真分析和观察实验现象，如实记录实验数据，不得抄写他人结果。原始实验数据需经指导教师审核。

(4) 注意安全，节约水电和实验材料，爱护公物。凡违反操作规程和实验室制度，损坏仪器设备和有关设施，按有关规定处理；严禁私拿实验器材、设备，一经发现从严处理。

(5) 实验结束，主动整理好仪器设备、工具，关闭电源、实验室设备、打扫卫生，经教师同意方可离开实验室。

1 物理实验的基本知识

物理实验不仅要定性地观察各种物理现象，更重要的是要定量测量有关物理量，找出它们之间的数量关系。测量结果的质量如何，要用误差理论来计算和评价，误差越小，测量结果越接近真值，测量质量通过对测量数据的误差分析和处理，科学地评价测得的物理量或物理关系接近客观真实的程度，以求得对物理现象本质的认识[1]。

本章将介绍测量误差、不确定度理论和数据处理的基本知识。

1.1 测量与误差的基本概念

1.1.1 测量的基本概念

1.1.1.1 测量的含义

测量是人类认识和改造客观世界的一种重要手段[2]。所谓测量，就是把待测物理量与作为计量单位的同类已知量相比较，找出待测物理量是单位同类已知量的倍数关系。这个倍数叫作测量的读数，读数加上单位记录下来的就是测量数据，也就是被测物理量的测量值。

完成一次测量，必须明确测量对象、测量单位、测量方法和测量精度，这四点称为测量的四要素。

1.1.1.2 测量的分类

从获得测量数据的方法上，可分为直接测量和间接测量；从测量的条件，可分为等精度测量和非等精度测量。

（1）直接测量和间接测量。

直接测量是指可直接从仪器（或量具）上获知被测量大小的测量。例如：用米尺测量长度、用温度计测量温度、用电压表测量电压、用秒表测量时间等都属于直接测量。

间接测量是指借助于某些直接测得量与被测量之间的函数关系，由直接测量结果通过公式计算出被测量的数值。例如，测量长方体的体积是通过测量它的长、宽、高后，再把这些数值相乘而得到。测量长方体的密度，则先测量它的长、宽、高，然后测量它的质量，最后再通过运算得到。

（2）等精度测量和非等精度测量。

等精度测量是指在测量条件不变的情况下对同被测量进行重复测量，所得各次测量值都有相同的精度，或者说都具有相同的可信赖程度。测量条件不变是指在进行测量的短时间内，测量仪器、测量程序和方法、测量人员及测量环境均不改变。等精度测量常常又被称为“重复条件下的测量”。实际上，有意义、有价值的多次测量都是指等精度测量，或者说是在重复条件下测量。

非等精度测量是指在测量条件有变化的情况下对同被测量进行重复测量，所得各次测量数据的精度不同。非等精度测量实用意义较小。

对等精度测量与非等精度测量的数据。在处理方法上有所不同。本书所有讨论中所涉及的测量均为等精度测量的情况。

1.1.2 误差的基本概念

1.1.2.1 真值

真值是指被测物理量在一定条件下客观存在的固有大小。

1.1.2.2 绝对误差和相对误差

(1) 绝对误差。

测量误差是测量值与被测量值之差。记为

$$\Delta x(\text{误差})=x(\text{测量值})-x_0(\text{真值}) \tag{1.1.1}$$

式(1.1.1) 定义的误差是一个有量纲（单位）的量，是测量值与真值的绝对偏离，通常把它称为绝对误差。测量值可能大于或小于被测量真值，因而绝对误差可能是正的也可能是负的。

真值是客观存在的，但由于各种原因，它常常难以知道，所以真值是一个理想的概念。造成不能准确测定真值的原因包括：对“被测量”定义得不精确，定义说明不充分。或者测量方法或测量仪器有局限性。或者测量过程中外界因素造成的不可预见的显著影响[3]。例如，测量 1m 长的单摆的运动周期，若是没有说明测量的温度、纬度和海拔，这就造成真值不能准确测量，这是定义不清楚造成的。被测量的真值在很多情况下都难以得到，人们只能逐步逼近它。因此绝大多数所得到的测量值只是真值的近似值或估计值。由于真值的这个特性，使测量误差（绝对误差和与它有关的其他量）就只有理论意义，难以定量操作而缺乏实际使用价值。这正是人们放弃难以实际定量操作的“误差”和与绝对误差有关的所有概念，转而使用不确定度概念的基本原因。

(2) 相对误差。

测量的相对误差定义为绝对误差与真值的比值

$$E=\frac{|\Delta x|}{x_0}\times 100\% \tag{1.1.2}$$

相对误差是一个无量纲量，常常用百分比来表现测量准确度的高低。因而相对误差有时也称为百分误差。

由于真值常常不能知道，故常用约定真值来代替。约定真值是指理论上指定或给出的、或经世界上很多人反复高精度测量并为国际权威组织认定的值。例如，阿伏伽德罗常量、光速 c 等。但很多时候我们进行的都是平凡的“小”测量，在这种情况下，人们常常简单地以被测量的实际值（单次），在重要的测量场合下，用“被测量的最佳估算值”来代替。用“大数定理”可以证明，对一个多次反复等精度测量结果，在测量次数足够多时，被测量的算术平均值收敛于它的真值，因而多次测量的、已修正的算术平均值常常被当作“被测量的最佳估计值”。

这样式(1.1.2) 又变为

$$E=\frac{|\Delta x|}{\bar{x}}\times 100\% \tag{1.1.3}$$

式(1.1.3) 中，$\bar{x}$ 为多次测量的算术平均值（已经过系统误差修正）。

1.1.3 误差的分类及其特点

误差按性质来说可分为系统误差和偶然误差两大类。

(1) 系统误差。

系统误差指的是在测量前就可以确切知道的误差，应该指出，系统误差应该在测量前就进行测定，同时在测量后还需作再次核准。

注意，这里所说的系统误差不是仅仅指测量系统（仪器或量具）的误差。这里所定义的系统误差包括如下几个方面。

① 仪器误差（测量系统的误差）。仪器误差是由于仪器本身有缺陷或安装、使用不当而造成的误差，如仪器标尺刻度不均匀、仪器的零点不准、使用条件不符合要求等。

② 理论和方法误差。由于理论公式本身有一定的近似性，从实验到理论的过程中往往有意无意地忽略了某些因素；或者由于实际条件不完全满足理论公式要求的条件；或者由于实验方法不够完善等引起的误差。

③ 实验人员的误差。由于实验人员在操作经验和习惯、分辨能力、反应速度等方面的差异或缺陷或训练不足而造成的误差。

实验中一旦发现了系统误差，就要设法找出它的产生原因，并努力消除或尽量减小它。特别是那些已确切掌握了大小、方向的系统误差一定要在测量结果中加以修正。例如，用螺旋测微计进行测量前应先检查零点的情况。若零点不准，则应读出零点数值的大小和正负，并在以后的测量数据中减去该数值，得到修正后的测量数值。

(2) 偶然误差（随机误差）。

测量中误差出现的大小和正负不能预料、变化方式不可预知的那些误差称为偶然误差。偶然误差的产生是由于影响测量结果的各因素的单独或几个同时的随机变化造成的。偶然误差也可能来自人为的因素。例如，为了减少测量时间或资源的消耗，或者为了提高测量效率，人们不想对影响测量的所有因素进行全部、详细的了解和定量的研究，而把这些因素引起测量结果的变化，归结为偶然误差。

1.1.4 测量时经常用到的一些术语及其概念

(1) 正确度。

正确度是指被测量的整体平均值与其真值接近（或偏离）的程度。它是对系统误差的描述，反映了系统误差对测量的影响程度[4]。系统误差小，测量的正确度就高。

(2) 精密度。

精密度是指对同一被测量作多次重复测量时，各次测量值之间彼此接近（或分散）的程度。它是对随机误差的描述，反映了随机误差对测量的影响程度。随机误差小，测量的精密度就高（由于精密度定义得不十分准确，请不要使用精密度来表示“准确度”）。

(3) 准确度。

准确度定义为测量结果与测量真值之间一致性的程度。它包括各测量值之间的接近程度及其总体平均值对真值的接近程度，有精密度和正确度两方面的含义，反映了随机误差和系统误差对测量的综合影响程度。只有随机误差和系统误差都非常小，才能说测量的准确度高。

“准确度”是 GUM 和我国的计算机规范 JJF 1059.1—2012 所使用的标准术语。

图 1.1.1 所示的打靶情况可帮助我们形象地理解精密度、正确度和准确度三者的关系。

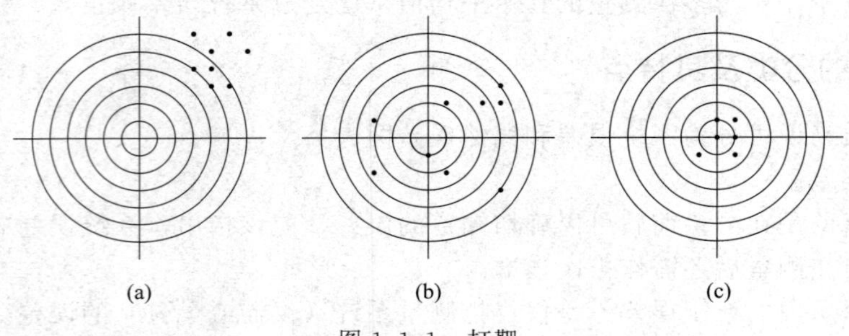

图 1.1.1 打靶

图 1.1.1(a) 表示打靶的精密度较高，各击中点比较集中，但打得不准，各击中点偏离靶心较远，说明随机误差小，却有较大的系统误差。

图 1.1.1(b) 精密度不如图 1.1.1(a)，各击中点相互之间较分散，但各击中点总的平均位置距离靶心较近，因此正确度高于图 1.1.1(a)，即系统误差相对图 1.1.1(a) 要小。

图 1.1.1(c) 表示精密度、正确度都高，即准确度高，说明随机误差和系统误差都较小，各击中点不但集中，而且都比较接近靶心。

1.1.5 直接测量偶然误差的估计

偶然误差的特征是其随机性，故有的又把偶然误差称为随机误差，但这并不意味着偶然误差无规律可循。在相同条件下对同物理量进行测量时，就某一次测量结果来看，其大小和方向的出现纯属偶然，毫无规律，但当测量次数足够多时，就会发现偶然误差的出现和分布服从一定的统计规律。由于偶然误差服从统计分布规律，一般可通过数理统计的方法进行估计[5~7]。用数理统计的方法来进行误差估计时，方法又有多种，我们只介绍其中的一种：标准偏差的估计方法。

(1) 偶然误差服从的统计分布规律。

大多数偶然误差的变化是均匀的、微小的和随机的。可以证明，这种偶然误差服从的统计规律是正态分布（推导请参考数理统计的有关书籍），又称高斯分布（除正态分布外，还有多种分布，如均匀分布等），如图 1.1.2 所示。

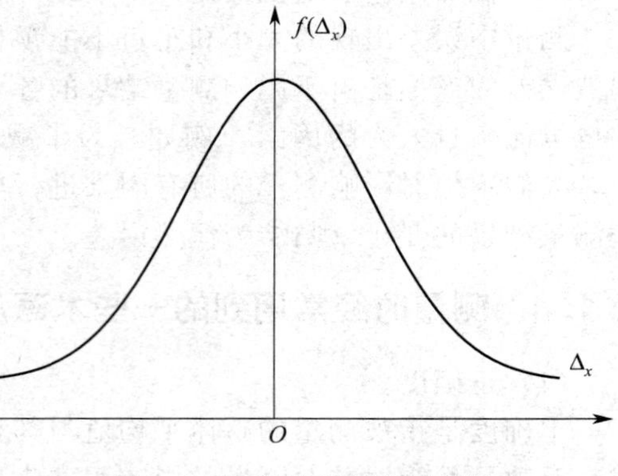

图 1.1.2 偶然误差分布规律

横坐标Δ_x 表示误差，纵坐标 $f(\Delta_x)$ 表示在误差值为Δ_x 附近单位误差间隔内误差值出现的概率。

根据这个分布图，可以看出偶然误差（当然是指服从正态分布的）具有如下三种特性：

单峰性——绝对值小的误差出现的概率大；

有界性——在测量条件一定的情况下，大误差再现的概率小，且不超过一定的界限；

对称性——绝对值相等的正负误差出现的概率相同。

(2) 用算术平均值表示真值。

在相同条件下对某物理量进行 n 次等精度重复测量，每次的测量值分别为 x_1，

x_2，…，x_n，算术平均值为 $\bar{x}$，在测量次数为无限多次时，其算术平均值 $\bar{x}$ 就是真值。实际上，测量次数不可能是无限的，都是有限的，这时的算术平均值不是真值，但它是最接近真值的测量值，称为测量的“近真值”(可称为最佳值)。所以，测量误差可用测量值与平均值之差来表示

$$\Delta x_i = x_i - \bar{x} \tag{1.1.4}$$

式(1.1.4) 中，x_i 是多次测量中的任意一次测量，值 Δx_i 是任意一次测量值的绝对误差。

这种用算术平均值代替真值算出的误差，称为“偏差”。显然误差与偏差是有区别的，由于偏差与误差相差很小，可以用测量值的偏差来估算做误差，但应当知道它们的区别。

(3) 用标准偏差估计误差。

由上述可知，偶然误差都服从正态分布。从正态分布出发，利用数理统计理论，可以得到估计偶然误差的公式。下面就给出用标准偏差估计偶然误差的公式。

当测量次数 n 为有限时，多次测量中任意次测量值的标准偏差为

$$S = \sqrt{\frac{\sum_{i=1}^{n}(x_i - \bar{x})^2}{n-1}} \tag{1.1.5}$$

算术平均值对真值的偏差 $S_{\bar{x}}$；是一次测量值标准偏差 S 的 $1/\sqrt{n}$，即

$$S_{\bar{x}} = \sqrt{\frac{\sum_{i=1}^{n}(x_i - \bar{x})^2}{n(n-1)}} \tag{1.1.6}$$

这里说明一点，任意一次测量值的标准偏差 S 与平均值的标准偏差 $S_{\bar{x}}$，其意义是不同的。S 表示多次测量中每次测量值的“分散”程度，S 值小表示每次测量值很接近，反之则比较分散，它随测量次数 n 的增加变化很慢；$S_{\bar{x}}$ 表示平均值偏离真值的多少，其值小则更接近真值，大则远离真值，它的大小随测量次数 n 的增加收敛得很快，这也是增加测量次数可以减小偶然误差的一个体现。

正态分布仅适合于测量次数较多的情况。当测量次数较少时，偶然误差的分布服从于 t 分布（也叫学生分布），正态分布就是 t 分布当 $n\to\infty$时的特例。当测量次数只有几次时，正态分布算出的偏差值 S 和 $S_{\bar{x}}$ 比 t 分布算出的结果偏小一些，需要查表修正。本教材约定，只要是多次测量，偶然误差就按正态分布进行估算。

(4) 置信概率（置信度）。

如果只存在偶然误差而无系统误差（或系统误差已消除)，在得到测量值的平均值 $\bar{x}$ 和平均值的标准差 $S_{\bar{x}}$ 后，是否就可以得到真值等于（$\bar{x}+S_{\bar{x}}$）或（$\bar{x}-S_{\bar{x}}$）的结论呢？结果是否定的。因为 $S_{\bar{x}}$ 不是一个准确的误差值，而是一个估计值。那么 x、$\bar{x}$ 和 $S_{\bar{x}}$ 是如何联系的？可以证明它们是通过概率联系起来的，即真值 x 以一定的概率出现在（$\bar{x}-S_{\bar{x}}$）～($\bar{x}+S_{\bar{x}}$）所组成的范围内。这个概率经数理统计理论算出，服从正态分布的是 68.3%（服从均匀分布的是 58%）。这个概率称为“置信概率”或“置信度”（图 1.1.3)。

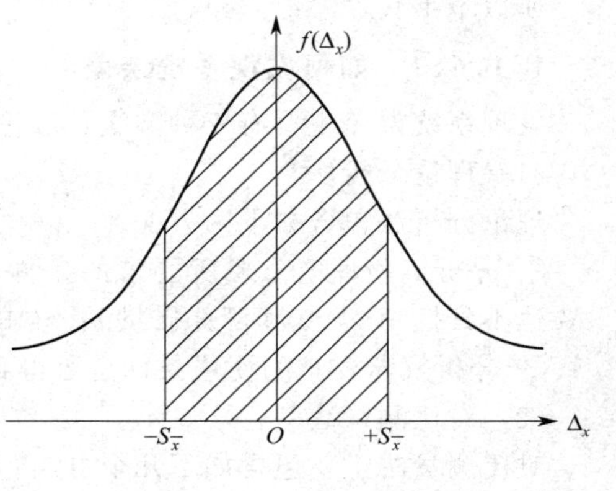

图 1.1.3 置信概率

还可以证明，如果取值为 $2S_{\bar{x}}$ 或 $3S_{\bar{x}}$，则真

值出现在 $[(\bar{x}-2S_{\bar{x}})\sim(\bar{x}+2S_{\bar{x}})]$ 或 $[(\bar{x}-3S_{\bar{x}})\sim(\bar{x}+3S_{\bar{x}})]$ 范围中的概率分别是95.4%和99.7%。通常把 $S_{\bar{x}}$、$2S_{\bar{x}}$、$3S_{\bar{x}}$ 称为“置信限”。显然，置信限越大，真值出现在这个范围内的概率越大。当然也不能太大，太大将会使测量变得无意义。在大多数的工程和计量应用中，为了保证测量的高效性和可靠性，一般都取 $3S_{\bar{x}}$ 为置信限，因为此时的置信概率99.7%已非常接近于绝对可信的100%。

(5) 坏值的剔除。

实验中对一个物理量进行多次测量，由于某种原因，有时会混入少量的“坏值”，这些值与正常的测量数量数据相差很大，必须剔除，否则会影响测量的准确度。但坏值的判断与剔除不能靠主观臆断来进行，必须有客观可靠的依据，用数理统计的方法可以找出这些依据。下面就介绍一种剔除坏值的依据——拉依达准则。

置信概率不仅可以把 x、$\bar{x}$ 和 $S_{\bar{x}}$ 联系起来，还可以把测量值 x、平均值 $\bar{x}$ 和任意一次测量值的标准偏差 S 联系起来。如果置信限取 S，那么多次测量中任意一次测量值 x_i 落在 $(\bar{x}-S_{\bar{x}})\sim(\bar{x}+S_{\bar{x}})$ 范围内的概率就是68.3%，如果置信限取 $2S$ 或 $3S$ 时，则在对应范围内出现的概率就是95.4%和99.7%。根据这种关系，当置信限取 $3S$ 时，就表示多次测量中任意一次测量值不在 $(\bar{x}-3S_{\bar{x}})\sim(\bar{x}+3S_{\bar{x}})$ 范围内的可能性只有0.3%。也就是说，某一次测量值不在此范围的可能性很小，几乎为零。如果出现不在此范围的测量值，就意味着这个测量值是“坏值”，应当剔除。用 $3S$ 作为判据进行坏值剔除的方法称为拉依达准则。其中 $3S$ 称为极限误差，可表示为 $\Delta_{\lim}$

$$\Delta_{\lim}=3S \tag{1.1.7}$$

注意，拉依达准则是建立在测量次数 $n\to\infty$ 前提下的，当测量次数较少时，$3S$ 判据并不可靠，特别是 $n\leqslant 10$ 时不能用该准则剔除坏值。

如果测量数据中有坏值，计算平均值和标准偏差时。必须把坏值剔除后再进行计算，直至得到没有坏值的平均值和标准偏差为止。

1.1.6 系统误差的处理

在实验中，当系统误差是影响实验结果的主要因素时，如果未被发现，将给实验结果带来严重影响。但它与偶然误差有所不同。它既不能通过多次测量来发现、减小和消除，也不能通过概率统计的方法进行估算。系统误差只能针对每一具体情况采取不同的处理方法。因此处理是否得当，在很大程度上取决于观察者的经验、知识和技巧。平时所说的误差分析，主要针对系统误差而言。由于有规则的系统误差处理起来比较无规则的偶然误差要复杂得多。所以本书只作一般介绍。

1.1.6.1 如何发现系统误差

发现系统误差主要有三种方法：理论分析法、对比测量法和数据分析法。

(1) 理论分析法。

理论分析法包含如下两方面。

① 分析实验理论公式所要求的条件在测量过程中是否得到满足。例如，单摆实验中，只要达不到摆角 $\theta\to 0$ 和摆球质量 $m\to 0$ 的要求，就会产生系统误差。

② 分析仪器要求的使用条件是否得到满足。

(2) 对比测量法。

对比测量法主要包含如下几个方面。

① 实验方法的对比。用不同的实验方法测量同一个被测量，如果测得的结果在偶然误

差允许范围内不重合，则说明其中至少有一种方法存在系统误差。例如：用单摆与自由落体两种方法测某地的重力加速度，实验结果分别是 $9.8\text{m}\cdot\text{s}^{-1}$（偶然误差是 $0.001\text{m}\cdot\text{s}^{-1}$）和 $9.77\text{m}\cdot\text{s}^{-1}$（偶然误差是 $0.001\text{m}\cdot\text{s}^{-1}$）。显然，其中至少有一种实验方法存在系统误差，因为两种方法测出的重力加速度在十分位都无偶然误差但数值不同，必然是系统误差所致。

② 测量方法的对比。同一个物理量，用同一种实验方法，只改变测量方法也可能带来系统误差。例如，在用拉伸法测杨氏模量实验中，可用增加砝码与减少砝码过程中的读数变化来发现因摩擦等因素带来的系统误差。

③ 仪器的对比。一个量用不同的仪器同时或分别进行测量可发现仪器的系统误差。例如，将两只电流表接入同一串联电路，若读数不一致，说明至少有一只表存在系统误差。如果有一只表是标准表，就可以消除另一只表的系统误差。

④ 改变实验参数进行对比。如改变电路中的电流数值，而测量结果有单调变化或规律性变化，说明存在某种系统误差。

(3) 数据分析法。

当偶然误差很小时，将测量值的偏差$\Delta x_i = x_i - \bar{x}$ 按测量的先后次序排列，观测Δx_i 的变化。如果Δx_i 呈规律性变化，如线性增大或减小，成稳定的周期性变化，则必有系统误差存在。

1.1.6.2 如何消除系统误差

(1) 找出产生系统误差的根源进行消除（减小）。如采用更符合实际的理论公式，尽量满足推导实验公式的近似条件、仪器装置和测量的实验条件，严格控制实验的环境条件等。

(2) 算出修正值对测量值进行修正。对已定系统误差，只要算出修正值，就可得

真值＝测量值＋修正值

从而达到消除系统误差的目的。要算出修正值，应知道系统误差的大小，如仪器的零点误差在同一挡量程内是恒定不变的，实验时只要养成随时调零（特别是电子仪器常会随时间的改变而缓慢改变，这种现象叫作零点漂移）再读取大小的习惯，就很容易修正由于仪器的零点不准引起的系统误差。另外，对于仪表的刻度不均匀引起的系统误差，就需要知道校准曲线才能求出测量点的修正值。一般情况下，我们并不能预先得到校准曲线，需要实验者用精度高一档的仪器对该仪表定标后，自己绘出校正曲线（这种方法可以提高一部分仪器的测量精度，使其仪器误差小于厂家定标出的仪器误差）。

(3) 选择合适测量方法抵消系统误差。对未定系统误差可以通过适当的方法进行抵消，下面介绍常用的几种方法。

① 代替法（置换法）。它是在一定的测量条件下，用已知的标准量（通常是可调的）去代替被测量来消除系统误差的方法。例如，用电桥测电阻，先把被测电阻接入电桥之中调平衡，然后不改变电桥的任何条件用一可调的标准电阻代替被测电阻，改变标准电阻的阻值再调平衡，此时的标准电阻就是被测电阻的阻值。它的系统误差与电桥无关，只与标准电阻的误差有关，从而达到消除电桥带给被测电阻的系统误差。

代替法的缺陷是，它会把标准量的误差带给被测量，因此使用此法时，要求标准量的准确度要比实验要求的准确度高一级以上。例如，实验要求被测电阻的相对误差小于1%，则标准电阻的相对误差应小于0.1%。

② 交换法。交换测量中的某些条件，使产生误差的因素以相反的方向影响测量结果而抵消系统误差的方法。例如，用天平称物时，交换砝码与被称物体的位置，可消除由于天平

不等臂所造成的系统误差。又如，在自组惠斯通电桥测电阻实验中，交换被测电阻与标准电阻的位置可消除标准电阻和接触电阻带来的系统误差。

③ 异号法。改变测量中的某些条件进行两次测量，两次测量的系统误差符号相反，以两次测量结果的平均值当作测量值以减小或抵消系统误差的方法。例如，在用拉伸法测杨氏模量实验中，加砝码与减砝码（在同一拉力情况下）各记录一次数据，取平均值可消除摩擦等产生的系统误差。又如，用霍尔效应测磁场时，可改变电流或磁场方向来消除副效应产生的附加电势差带来的系统误差等。

④ 半周期偶次观测法。对周期变化的系统误差，可采用在半个周期进行偶次观察的测量方法消除。例如，分光计就是采用 180°范围内两个窗口读数来消除由于分光计“偏心”造成的周期性系统误差。

1.2 测量的不确定度

从测量的角度来说，由于对被测量的认识不足，加上测量中存在一些不确定因素，使得测量结果一般只是被测量的近似值或估计值。因此在报告测量结果时，必须对测量结果进行评价，无质量评价的测量结果毫无意义。但如何评价测量质量？从误差的角度来看，似乎用误差来评价测量质量是最合适的。因为根据误差的意义，误差是测量值与真值之差，显然误差大的测量质量就差。确实，过去基本上都是用误差来评定测量质量。不过，由于真值通常无法得知而使误差无法计算。如果用这个通常无法知道的量去评价测量质量，显然有些不合适。因而，用另一个物理概念——不确定度(σ)来对测量结果进行质量评价，也对误差进行评价。不确定度是测试计量技术领域中的一个极其重要概念，现在用不确定度来表示测量结果的质量和水平已经是国际、国内的标准方法。国际贸易中的量值比对和裁定，实验数据的比较和核对，更要求提供约定置信水准下的测量结果的不确定度[8,9]。

1.2.1 不确定度的概念

实验不确定，又称测量不确定度，简称不确定度。其含义是，由于误差的存在而被测量值不能确定的程度。它是被测量真值在某一范围内的评定。

“不能确定的程度”是通过“量值范围”和“置信概率”来表达的。如果不确定度为 σ，根据它的含义，则表示误差将以一定的概率被包含在量值范围 $-\sigma \sim +\sigma$ 之中，或者表示测量值的真值以一定的概率落在量值的范围$(\bar{x}-\sigma)\sim(\bar{x}+\sigma)$之中。显然，不确定度的大小反映了测量结果与真值之间的靠近程度。不确定度越小，测量结果与真值越靠近，其可靠程度越高，即测量的质量越高，其使用价值就越高。由此可见，用不确定度来评价测量结果比用误差评价更合适。

1.2.2 不确定度的分类

由于误差来源不同，一个直接测量量的不确定度会有很多分量，按被测量获得的方法可把这些分量分为 A 类不确定度和 B 类不确定度。

（1）A 类不确定度。

凡是可以通过统计方法来计算不确定度的称为 A 类不确定度，故又称为统计不确定度，用字母 S 表示。

注意使用的字母 S 与标准偏差一样。

对某一物理量进行多次测量，由于误差来源不同，可能有若干个A类不确定度 S_1，S_2，…，S_m，我们称之为A类不确定度分量。如果这些分量之间彼此独立，那么分量的“方和根”就是A类不确定度，即

$$S=\sqrt{S_1^2+S_2^2+\cdots+S_m^2} \tag{1.2.1}$$

在教学实验中，只存在一个分量 S_1，则这个分量就是A类不确定度 S。

(2) B类不确定度。

凡是不能用统计方法计算而只能用其他方法估算的不确定度称为B类不确定度，又称为非统计不确定度，用字母 u 表示。

与A类不确定度类似，由于误差来源不同，一个测量可能存在多个B类不确定度 u_1，$u_2,\cdots,u_n$ 我们称之为B类不确定度分量。如果这些分量相对独立，则有

$$u=\sqrt{u_1^2+u_2^2+\cdots+u_n^2} \tag{1.2.2}$$

如果只有一个分量 u_1，那么B类不确定度 u 就等于分量 u_1。

在用A、B两类不确定度来评定测量结果和误差时，无须再把误差分为偶然误差与系统误差。当然，这并不意味着A、B两类不确定度与偶然误差和系统误差有着完全不同对应关系。实际上，偶然误差全部可用A类不确定度来评定，但用A类不确定度评定的不都是偶然误差，系统误差中具有随机性质的都可用A类不确定度来评定，系统误差也不能都用B类不确定度来评定，因为在用不确定度进行误差评定时，是要把已定系统误差修正后再进行的。即按A、B类划分不确定度时，是不包括已定系统误差的。

判别A、B两类不确定度比判别偶然误差和系统误差容易得多。这种分类弥补了把误差分为偶然误差和系统误差的不足。

1.2.3 直接测量不确定度的估算

1.2.3.1 A类不确定度的估算

对一直接测量进行多次测量就存在A类不确定度，其计算方法与偶然误差用标准偏差来计算的方法完全相同，即测量值的不确定度为

$$S=\sqrt{\frac{\sum_{i=1}^{n}(x_i-\bar{x})^2}{n-1}} \tag{1.2.3}$$

平均值 $\bar{x}$ 的不确定为

$$S_{\bar{x}}=\sqrt{\frac{\sum_{i=1}^{n}(x_i-\bar{x})^2}{n(n-1)}} \tag{1.2.4}$$

式中，n 为测量次数。

1.2.3.2 用近似标准差估计B类不确定度

对于B类不确定度，不能采用统计不确定度计算的方法进行计算，必须采用其他方法。一般采用等价标准差（u_j）的方法计算。用这种方法时，首先要估计一个“误差极限值”（Δ），然后确定误差的分布规律（如正态分布、均匀分布等），利用关系式

$$\Delta=Cu_j \tag{1.2.5}$$

就可算出近似标准差 u_j。其中 C 为置信系数，其值决定于误差分布规律。对于正态分布，$C=3$，即 $u_j=\Delta/3$；对于均匀分布 $C=\sqrt{3}$，即 $u_j=\Delta/\sqrt{3}$。对其他的分布，这里就不介绍。

为了简便，在以后的计算中，我们不考虑它是什么误差分布，都认为是均匀分布，所以置信系数 C 都取为$\sqrt{3}$，得到

$$u_j=\frac{\Delta}{\sqrt{3}} \tag{1.2.6}$$

（1）用仪器误差估计误差极限值 Δ。

由仪器产生的不确定度，一般用仪器误差仪来估计误差极限 $\Delta_{仪}$，即 $\Delta=\Delta_{仪}$。

所谓仪器误差，就是在规定使用条件下正确使用仪器时，仪器的示值与被测量的真值之间可能产生的最大误差。通常仪器出厂时要在鉴定书或仪器中注明仪器误差，不过注明的方式不尽相同，大体有以下两种情况。

① 在仪器上直接标出或用准确度表示仪器的仪器误差，如标出准确度为 0.05mm 的游标卡尺，其仪器误差就是 0.05mm。

② 给出该仪器的准确度级别，然后算出仪器误差，如电表的准确度级别是这样规定的

$$\frac{电表的最大误差(\Delta_{仪})}{电表的量程}=级别\% \tag{1.2.7}$$

最大误差就能算出，即

$$\Delta_{仪}=量程\times级别\% \tag{1.2.8}$$

如果电表的量程是 100mA，级别是 1 级，则最大误差 $\Delta_j=1\text{mA}$。

如果未注明仪器误差或不清楚时，我们做这样的规定：对于能连续读数（能对最小分度下一位进行估计）的仪器，取最小分度的一半作为仪器误差，如米尺，对于不能连续读数的仪器就以最小分度作为仪器误差，如游标类仪器、数字式仪表等。

（2）实际情况估计误差限值。

对某一物理量进行测量时，由于误差来源不同，相应的不确定度就不止一个。例如，在拉伸法测杨氏模量实验中，用卷（米）尺测金属丝原长时，除卷尺的仪器误差（相应的不确定度 $u_1=\Delta_{仪}/\sqrt{3}=0.5\text{mm}/\sqrt{3}\approx0.3\text{mm}$）外，还有测量时因卷尺不能准确地对准金属丝两端产生的误差，其相应的 B 类不确定度（u_2）中的误差极限 Δ 就是通过实际情况估计的（实验中根据经验估计合并为 $\Delta_{对不准}=2\text{mm}$，$u_2=\Delta_{对不准}/\sqrt{3}=2\text{mm}/\sqrt{3}\approx1.2\text{mm}$）。

一般根据实际情况估计误差极限值的 B 类不确定度都比与仪器误差相应的不确定度大很多，特别是单次测量时更是这样，应特别注意。当然单次测量也有优点，即测量效率高，数据处理简单，在实验测量中也经常用到。

1.2.3.3 合成不确定度

若测量结果含统计不确定度分量与非统计不确定度分量

$$S_1, S_2, \cdots, S_m;\ u_1, u_2, \cdots, u_m$$

且它们之间相互独立时，则合成不确定度。表征为

$$\sigma=\sqrt{\sum_{i=1}^{m}S_i^2+\sum_{j=1}^{n}u_j^2} \tag{1.2.9}$$

式中，m 和 n 分别表示 A、B 两类不确定度分量的个数。如果 $m=n=1$ 时，则

$$\sigma=\sqrt{S_1^2+u_1^2}=\sqrt{S^2+u^2} \tag{1.2.10}$$

对于任何一个直接测量，原则上都必须算出它的统计不确定度 S 和估计出非统计不确定度 u，然后按“方和根”的方式合成不确定度 σ，只有测量是单次测量时，由于不存在统计不确定度 S，合成不确定度不需要“合成”，直接等于非统计不确定度 u。没有统计不确

定度的直接测量（单次测量）是存在的，但没有非统计不确定度的测量是不存在的。但这绝不表示单次测量的不确定度比多次测量的不确定度小，原因有二：第一，单次测量的可信度一般比较低，为了达到与多次测量相同的置信度，必须把仪器误差适当放大，所以合成不确定度 σ 并没有减小；第二，实际测量时一般不存在绝对意义上的单次测量，因为一个严谨的测量者有良好的测量习惯，虽然只记录了一个测量数据，但这个数据是经过测量者检查或验证的，具有多次测量取平均值的效果。设想测量时读数明显地随意变化，却随意记录一个读数作为测量结果，是不可思议的。所以，单次测量适用于读数不会明显变化的测量（用精度更低的仪器测量时就是如此，但仪器误差变大了，合成不确定度 σ 肯定不会减小）。用现代数字化智能仪器单次测量时，其实就是多次测量，原因是它的测量取样速度快，显示出来的读数其实是数十次，甚至是成百上千次测量取样的平均值，所以可以不必考虑统计不确定度的影响[10]。

例 1.1 用一级千分尺测量钢丝的直径，得到下列数据（不用判断异常数据）：

d/mm	0.593	0.596	0.596	0.587	0.612	0.589

计算测量的合成不确定度 σ。

解： 首先计算出钢丝直径的算术平均值

$$\bar{d}=\frac{\sum_{i=1}^{6} d_i}{6}=0.5955(\text{mm})$$

计算合成不确定度 σ 前要先计算不确定度分量。

由于是多次测量，存在统计不确定度，用式（1.2.4）计算，有

$$S_d=\sqrt{\frac{\sum_{i=1}^{6}(d_i-\bar{d})^2}{6(6-1)}}\approx 0.0037(\text{mm})$$

它的非统计不确定度用仪器误差（$\Delta_{仪}=0.004\text{mm}$）进行估算，则

$$u_d=u_{仪}=\frac{\Delta_{仪}}{\sqrt{3}}=\frac{0.004}{\sqrt{3}}=0.0023(\text{mm})$$

合成不确定度为

$$\sigma_d=\sqrt{S_d^2+u_{\text{d}}^2}=\sqrt{0.0037^2+0.0023^2}\approx 0.0044(\text{mm})$$

1.2.3.4 间接测量不确定度的计算

间接测量是通过直接测量进行的，每个直接测量的误差必然会带给间接测量。评定误差的每个直接测量值的合成不确定度 σ_{i}，当然就会对间接测量值的合成不确定度 σ 产生影响，那么是如何影响的呢？这就是我们要研究的不确定度的传播规律。不确定度传播规律的数学基础是全微分。

（1）多元函数的全微分。

设待测物理量 N 与各直接测量值 $x, y, z, \cdots$ 有下列函数关系

$$N=f(x,y,z,\cdots) \tag{1.2.11}$$

对式(1.2.11）全微分后有

$$\text{d}N=\frac{\partial f}{\partial x}\text{d}x+\frac{\partial f}{\partial y}\text{d}y+\frac{\partial f}{\partial z}\text{d}z+\cdots \tag{1.2.12}$$

如果先对式(1.2.11)取对数后再进行全微分，则有

$$\ln N=\ln f(x,y,z,\cdots)$$

$$\frac{\mathrm{d}N}{N}=\frac{\partial \ln f}{\partial x}+\frac{\partial \ln f}{\partial y}+\frac{\partial \ln f}{\partial z}+\cdots \tag{1.2.13}$$

上面微分式中，$\mathrm{d}x,\mathrm{d}y,\mathrm{d}z,\cdots$是自变量的微小变化量（增量），$\mathrm{d}N$是由于自变量微小变化引起函数的微小变化量（函数增值）。

(2) 间接不确定度的传导公式。

不确定度都是微小量，与微分式中的增量相当。只要把微分式中的增量符号$\mathrm{d}N,\mathrm{d}x,\mathrm{d}y,\mathrm{d}z,\cdots$换成不确定度的符号$\sigma,\sigma_x,\sigma_y,\sigma_z,\cdots$，再采用某种合成方式合成后就可以得到不确定度的传导公式了。

合成方式有多种，其中最合理、最能满足评定工作的合成方式是“方和根”合成。如果各直接测量值的不确定度相互独立，那么用方和根合成的不确定度传导公式为

$$\sigma=\sqrt{\left(\frac{\partial f}{\partial x}\right)^2\sigma_x^2+\left(\frac{\partial f}{\partial y}\right)^2\sigma_y^2+\left(\frac{\partial f}{\partial z}\right)^2\sigma_z^2+\cdots} \tag{1.2.14}$$

或

$$\frac{\sigma}{N}=\sqrt{\left(\frac{\partial \ln f}{\partial x}\right)^2\sigma_x^2+\left(\frac{\partial \ln f}{\partial y}\right)^2\sigma_y^2+\left(\frac{\partial \ln f}{\partial z}\right)^2\sigma_z^2+\cdots} \tag{1.2.15}$$

式中，$\frac{\partial f}{\partial x},\frac{\partial f}{\partial y},\frac{\partial f}{\partial z},\frac{\partial \ln f}{\partial x},\frac{\partial \ln f}{\partial y},\frac{\partial \ln f}{\partial z},\cdots$称为传导系数。

式(1.2.14)用于间接测量值与直接测量值的函数关系式是和差形式的，而式(1.2.15)则适用于积商形式的函数关系，它实际上是相对不确定度的传导公式。

在科学实验中一般采用这种传导公式计算间接测量的不确定度。

(3) 不确定度计算的简化——微小误差舍去原则。

在间接不确定度合成与传播的计算中，可以用微小误差舍去原则进行简化。实际上，在计算过程中起主要作用的通常只有一、两项，其余的不确定度相对数值较小，可以略去。一般来说，在合成过程中，某项的值是另一项的1/10（如果是平方项，只需1/3）时，这项就可忽略不计，这个原则称为微小误差舍去原则。

1.2.3.5 总不确定度

合成不确定度σ乘上一个系数C后，其结果就称为总不确定度，它用U表示，即

$$U=C\sigma \tag{1.2.16}$$

式中，C为置信因子。误差服从正态分布的测量，一般C都取1、2或3，它们对应的置信概率分别为0.683、0.954和0.997。在不确定度分析时一般都取C为1，便于分析和计算（因为所有不确定度分量都是在置信概率为0.683的前提下计算出来的）。最终测量结果的不确定度常取C为3，此时置信概率接近1，可满足大多数的工程和计量中对测量的高效性和可靠性的需要。

1.2.3.6 测量结果及不确定度的表示法

直接测量结果表示：

$$\begin{cases} x=\bar{x}\pm\sigma_x(\text{单位}),P=0.683 \\ E_X=\dfrac{\sigma_x}{\bar{x}}\times 100\% \end{cases} \tag{1.2.17}$$

间接测量结果表示：

$$\begin{cases} N=\overline{N}\pm\sigma(\text{单位}), P=0.683 \\ E_N=\dfrac{\sigma}{\overline{N}}\times 100\% \end{cases} \tag{1.2.18}$$

$P=0.683$ 为置信概率。对 $N=\overline{N}\pm\sigma$（单位），其物理意义是：真值在 $(\overline{N}-\sigma)\sim(\overline{N}+\sigma)$ 范围内的概率是 0.683。还可用 2σ、3σ 代替（就是不同的总不确定度），这时结果表达式可写成 $N=\overline{N}\pm2\sigma$ 和 $N=\overline{N}\pm3\sigma$，相应的置信概率就是 0.954 和 0.997。我们约定只取一倍 σ 时，在书写结果表达式，置信概率 $P=0.683$ 就不再书写了。我们在完成实验报告时，只取一倍 σ 就可以了。

在书写结果表示时要注意以下三点。

① 一定不要忘记写单位，否则就不是物理量。

② σ 只取 1 位或 2 位，尾数的取舍原则为“只进不舍”。本教材规定：各种绝对误差（σ，S，$\Delta_{仪}$，$\sigma_{仪}$，$\Delta\overline{x}$ 等）只取一位有效数字（中间运算可取两位），相对不确定度取两位，尾数的取舍采用“只进不舍”的原则。

③ 对齐，即测量结果末位有效数字应与不确定度的最后一位对齐，有效数字尾数的取舍采用“四舍六入五凑偶”规则。

例 1.2 对某一长度进行多次测量结果的算术平均值是 1.3264cm，不确定度为 0.00317cm，结果表达式应当写成什么？

解：

$$L=(1.326\pm0.004)\text{cm}$$

例 1.3 用单摆测重力加速度的公式为 $g=4\pi^2 l/T^2$。现用最小读数为 1/100s 的电子秒表测量周期 T，其数据为 2.001、2.004、1.997、1.998、2.000（单位为 s）。用Ⅱ级钢卷尺测摆长 l 一次，$l=100.00$cm。试求重力加速度 g 及合成不确定度 σ_s，并写出结果表达式（注：每次周期值是通过测量 100 个周期获得，每测 100 个周期要按两次表，由于按表时超前或滞后造成的最大误差是 0.5s）。Ⅱ级钢卷尺测量长度 L（单位是 m）示值误差为 $\pm(0.3+0.2L)$mm，由于卷尺很难与摆的两端正好对齐，在单次测量时引入的误差极限值为 ±2mm。

解： ① 计算 $\overline{g}$

$$\overline{T}=\frac{2.001+2.004+1.997+1.998+2.000}{5}=2.000(\text{s})$$

$$\overline{g}=\frac{4\pi^2 l}{\overline{T}^2}=\frac{4\times3.412^2\times1.0000}{(2.000)^2}=9.872(\text{m}\cdot\text{s}^{-2})$$

② 计算直接测量摆长的不确定度 σ_l。

摆长只测了一次，只考虑 B 类不确定度。因Ⅱ级钢卷尺的仪器误差为示值误差

$$\Delta_{卷尺}=\pm(0.3+0.2\times1)\text{mm}=\pm0.5(\text{mm})$$

即示值误差相应的不确定度是

$$u_{l_1}=\frac{\Delta_{卷尺}}{\sqrt{3}}=\frac{0.5}{\sqrt{3}}=0.29(\text{mm})$$

与测量时卷尺不能准确对准摆两端造成的误差对不准 $\Delta_{对不准}=\pm2$mm，相应的不确定度是

$$u_{l_1}=\frac{\Delta_{对不准}}{\sqrt{3}}=\frac{2}{\sqrt{3}}=1.2(\text{mm})$$

故

$$\sigma_l=\sqrt{u_{l_1}^2+u_{l_1}^2}=\sqrt{0.3^2+1.2^2}=1.2(\text{mm})$$

相对不确定度

$$\frac{\sigma_l}{l}=\frac{1.2}{1000}=0.12\%$$

③ 计算直接测量周期的不确定度 σ_T。

T 的 A 类不确定度

$$S_T=\sqrt{\frac{\sum_{i=1}^{5}(T_i-\overline{T})^2}{5\times(5-1)}}=0.0012(\text{s})$$

T 的 B 类不确定度有两个分量，一个与仪器误差对应，一个与按表超前或滞后造成的误差对应，分别是

$$u_{T_1}=\frac{\Delta_{秒表}/100}{\sqrt{3}}=\frac{0.01/100}{\sqrt{3}}=0.000058(\text{s})$$

$$u_{T_2}=\frac{\Delta_{秒表}/100}{\sqrt{3}}=\frac{0.5/100}{\sqrt{3}}=0.0029(\text{s})$$

因 u_{T_1} 比 u_{T_2} 小得多可略去，故合成不确定度为

$$\sigma_T=\sqrt{S_T^2+u_{T_2}^2}=\sqrt{0.0012^2+0.0029^2}=0.0031(\text{s})$$

相对不确定度为

$$\frac{\sigma_T}{\overline{T}}=\frac{0.0029}{2.00}=0.15\%$$

④ 间接测量重力加速度的不确定度 σ_g。

由于 g 与 l 和 T 的关系是乘除关系，用相对不确定度传播公式较简单，有

$$E_g=\frac{\sigma_g}{g}=\sqrt{\left(\frac{\sigma_l}{l}\right)^2+\left(2\frac{\sigma_T}{\overline{T}}\right)^2}=\sqrt{(0.12\%)^2+(2\times0.15\%)^2}=0.32\%$$

$$\sigma_g=g\times E_g=9.872\times0.32\%=0.032(\text{m}\cdot\text{s}^{-2})$$

⑤ 写出结果表达式：

$$\begin{cases}g=(9.87\pm0.04)(\text{m}\cdot\text{s}^{-2})\\E_g=0.32\%\end{cases}$$

1.3 有效数字及其运算法则

1.3.1 有效数字的概念

（1）有效数字。

实验得到的测量数据中有的数字是可靠的，有的数字是可疑的，可靠数字是能够准确读出的数字，可疑的数字是指靠估计读出的数字。有效数字则是指可靠数字加上可疑数字的全体数字。例如，用最小分度为 1mm 的直尺测量一根金属棒的长度。棒的一端与直尺的零刻线对齐，另一端落在 72mm 与 73mm 之间（图 1.3.1），经测量者观察分辨，估计该端约在 0.4mm 处，于是测得金属棒的长度

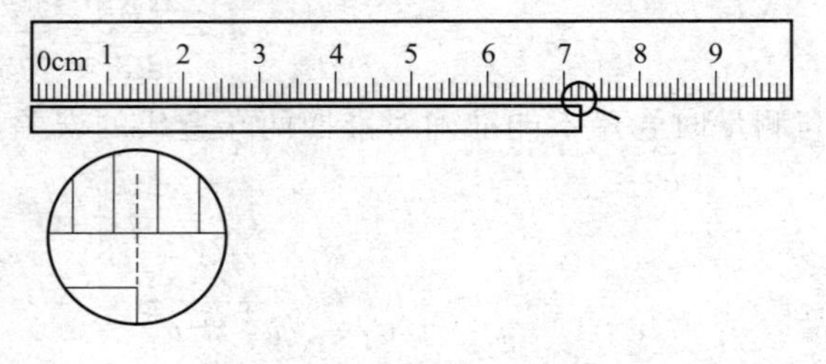

图 1.3.1　米尺读数示意图

为 72.4mm。“72”是准确读出的，是可靠数字，小数点后的“4”是估计读出的，是可疑数字，“72.4mm”是有效数字，它的有效位数是三位。

有效数字位数的多少，直接反映了测量的准确度，对同一物理量进行测量时，有数字位数（关键是可靠数字位数）越多测量准确度就越高。测量不确定度对应在有效数字的可疑部分上。对于已标明不确定度的测量数据，不确定度数字所在位就是有效数字的可疑位；对于没有标明不确定度的测量数据，认为可疑位在有效数字的末位。

（2）有关有效数字的说明。

① 有效数字位数的多少与被测对象本身的大小有关。

② 有效数字位数的多少与测量仪器的精度有关。例如，一个物体长度用钢卷尺测得 20.5mm，为三位有效数字；用游标卡尺测得 20.50mm，为四位有效数字；用千分尺测得 20.500mm，为五位有效数字。可见，仪器的精度越高，对同一被测对象，所得的有效数字位数越多。

③ 常数的有效数字。如 π、e、$\sqrt{2}$ 等这样的常数的有效数字位数在几百位以上。在进行有效数字的运算时，它们的位数一般要比参与运算的其他测量数据的有效数字位数要多选几位，至少多取 1 位。

④ 数据中的“0”。测量数据中出现在第一个非零数字左边的“0”不是有效数字，但在它右边的“0”则是有效数字。例如，在 0.04060 中“4”是第一个非零数字，“4”左边的“0”不是有效数字，“4”右边的“0”是有效数字。从有效数字的意义上讲，0.04060 与 0.0406 含义不同，“0.04060”可疑位在末位的“0”上，它是四位有效数字；“0.0406”可疑位在“6”上，它是三位有效数字。由此可见，作为有效数字的“0”不能随意添减。

⑤ 有效数字的位数与单位（或与小数点的位置）无关。进行单位变换时，有效数字的位数不应改变。例如，对 235.4mm 进行单位变换：235.4mm＝23.54cm＝0.2354m，尽管单位不同，小数点的位置改变了，但都是四位有效数字。

⑥ 有效数字的科学计数法。在实验中如果测量值很大或很小时，为了便于准确读数，通常用 10 的指数形式表示数据，这就是有效数字的科学计数法。用科学计数法表示数据时，指数的系数部分是有效数字，小数点一般放在第一位数字的后面。例如，地球的质量为 $m_{\mathrm{d}}=5.98\times10^{24}\mathrm{kg}$，电子电量为 $e=1.602\times10^{-19}\mathrm{C}$。

（3）有效数字尾数的截取法则。

在测量数据的计算中，对计算结果总存在尾数截取的问题。一种方法是常用的“四舍五入”法则。这种法则比较简单，但不是很合理，因为“入”的概率总是大于“舍”的概率。另一种较通用的方法是“四舍六入五凑偶”，称偶数规则。尾数小于“5”则舍去（四舍），尾数大于“5”则进“1”（六入），尾数等于“5”则看要保留的末位数是偶数还是奇数，是偶数就舍去尾数，保留末位上原有的偶数，是奇数就进“1”，把末位上的奇数增 1 变成偶数（五凑偶）。这个法则使“进”和“舍”的概率比较均等。本书约定使用“四舍六入五凑偶”法则。

在进行数字截尾时，应注意按“四舍六入五凑偶”法则，且不重复累计。例如，测量结果是 325.45462Ω，不确定度是 1Ω，正确的截尾是 325.45461Ω→325Ω，错误的截尾是 325.4546Ω→325.455Ω→325.46Ω→325.5Ω→326Ω。

（4）不确定度的位数。

按照我国 JJF 1059—1999 文件规定，在测量结果的最后表述中，不确定度的有效数字的位数允许取 1 位或 2 位，但 3 位及 3 位以上是不允许的。不确定度的数字与测量值有效数字可疑位应该具有相同的数量级，或者说，不确定度数字所在位应该与可疑数字所在位对齐。不确定度一般只取1位或2位有效数字。

（5）测量结果有效数字的确定。

测量结果表述时的有效数字应该是多少位，这要由测量结果的不确定度决定。直接测量结果的B类不确定度由测量仪器（器具）的标值误差限（允许误差极限）确定。多次测量的平均值和间接测量结果的有效位数应该由计算出的相应不确定度确定，它们的值应截尾到与它们的不确定度的位数一致。或者说，不确定度数字所在位应该与测量值可疑数字所在位对齐。例如，某次实验的测量平均值 $I=12.03462\text{A}$，而 $\sigma=0.003\text{A}$，这时 I 应该为 12.035A。如果测量结果的原始数据的位数不够，可在末位加“0”。

例1.4 用一个三位半的数字万用表的20kΩ挡测量某电阻时，读数为1.29kΩ。而这时万用表的B类不确定度为0.005kΩ。测量结果应该写成什么？

解： $R=1.290\pm0.005(\text{k}\Omega)$。

1.3.2 有效数字的运算规则

有效数字之间进行运算时，运算的结果仍为有效数字，可靠数字与可靠数字运算后仍为可靠数字，可疑数字与可疑数字运算后仍为可疑数字，可疑数字与可靠数字运算后成为可疑数字，进位数字视为可靠数字[11]。

在有效数字运算中有两种情况：一种情况是已知参与运算的各有效数字（测量值）的不确定度数值；另一种情况是没有给出参与运算的各有效数字的不确定数值。对于第一种情况，先用不确定度传递公式求出运算结果的不确定度，再依据不确定度决定运算结果的有效数字位数。对于第二种情况，我们可以认为参与运算的各有效数字的最末一位是可疑位，进行运算时可根据运算方式的不同按不同的规则确定运算结果的有效数字。

（1）加减运算。

例1.5 $A=13.84\text{cm}$，$B=0.0085\text{cm}$，$C=1.6035\text{cm}$，求 $A-B-C=$？

解： $13.84-0.0085-1.6035=12.23(\text{cm})$

由此可得加减运算规则：和或差的有效位数，运算到参与加减各量中可疑数最先出现的一位为止。

（2）乘除运算。

例1.6 $A=3221\text{cm}$，$B=10\text{cm}$，求 $A\times B=$？

解： $A\times B=3.2\times10^4(\text{cm}^2)$

（3）乘方、开方运算。

例1.7 $A=4.25\text{cm}$，$A^2=18.0625\text{cm}^2$，按照规则，最后结果应该是多少？

解：

$$A^2=18.1(\text{cm}^2)$$

由此可得乘方、开方运算规则：若乘方或开方的次数不太高，其结果的有效数字位数与底数的有效数字位数相同。

（4）对数运算。

例1.8 $A=3.27$，$\lg A=0.514\cdots$按照规则，最后结果应该是多少？

解：

$$\lg A=0.514$$

对数运算法则规则：其结果的有效数字位数与真数的有效数字位数相同。

上述只是几种最简单的运算形式，而实际运算的情况要比它们复杂，计算一个结果往往包括几种不同形式的运算，因此要针对具体情况综合考虑。

1.4 实验数据的处理方法

正确处理实验数据是实验过程中一个非常重要的环节，它是实验整体工作的一个组成部分。实验数据的观察与测量是实验的开始和基础，实验数据的分析和处理是实验的深入和提高。通过实验对物理现象和规律的认识从量到质的进步、从实践到理论的飞跃往往产生于对实验数据的分析与处理之中。应该记住，做完实验获得了一批实验数据，整个实验任务才只完成了一半。因此，要重视对实验数据的处理。可以说，对实验数据的处理能力是实验者的整体科学素质的一个重要组成部分[12-14]。

1.4.1 列表法

在记录实验数据时，设计一份清晰、合理的表格，把测得的数据一一对应地排列在表中，称为列表法。列表法是记录数据的基本方法。它能简单明确地表示出有关物理量之间的对应关系，同时还为进一步用其他方法处理数据创造了有利条件。

列表要求如下。

① 表格设计要简明、合理。

② 表格中各项目栏应标明所代表的物理量名称（或符号）和单位。

③ 表格中记录的测量数据应符合有效数字的要求，应正确反映所用仪器的准确度。

④ 测量数据书写整齐清楚。

1.4.2 作图法

在处理实验数据时，把测得的一系列相互对应的数据在坐标纸上用曲线表示出来，即用曲线描述各物理量之间的变化关系，称为作图法。作图的过程并不是把实验测得的数据在图上用一个一个点表示出来，然后简单地把各相邻点用直线连接起来。应该特别指出，作图过程中最重要内容是对实验数据进行分析和处理，研究实验曲线的变化并从中寻找规律。要记住，作图是一种数据处理。作图画曲线时，要遵从图上一个一个实验数据点，但画曲线时不见得必须经过每一个点；并且当数据点远离曲线时，作图者应该怀疑该点为“异常数据点”，经反复研究分析确认后，应该毫不犹豫地把它放弃。作图应按照一定的要求进行，以求规范和减少随意性。

（1）作图的要求。

① 图纸的选择。作图一定要用坐标纸，而且要根据不同的函数关系选择不同的坐标纸，如直角坐标纸、对数坐标纸、极坐标纸等。物理实验主要采用直角坐标纸。

② 坐标轴的确定。标明坐标轴代表的物理量名称（或符号）和单位。一般用水平轴代表自变量，用垂直轴代表因变量。

③ 坐标分度的确定。标明坐标轴单位长度代表的物理量值及坐标原点数值。确定坐标轴单位长度对应的物理量值时应考虑测量数据的有效数字。一般说来，应该尽量使测量值中的可靠数字在图上看也是可靠数字，测量值中的可疑数字在图上看也是估计的数字。两坐标轴之间单位长度比例要适当。坐标原点数值不一定都是“0”，可根据具体的测量数据确定。

④ 描点。在坐标纸上用“＋”或“△”“×”“○”等符号明显标出各数据点的位置，同一张坐标纸上画多条曲线时，要用不同的符号标数据点。

⑤ 连线。连线时使用直尺或曲线板把数据点连成直线或光滑曲线。图线不一定通过所

有的数据点，而是使数据点靠近曲线两侧均匀分布。对个别偏离大的数据点应进行分析或剔除。在同一张坐标纸画多条图线时，最好用不同颜色的笔连线。

注意作图中的连线是一种数据处理，绝对不是简单地用直尺把相邻的数据点连接起来。只有仪器仪表的校正曲线，连接时才应将相邻的两点连成直线，整个校正曲线图呈折线形状。

⑥ 注明绘制的曲线名称、绘图人姓名、绘图日期。图 1.4.1 是根据圆环摆实验中的测量数据绘制的，T 和 D 分别是圆环摆的周期和内径。由图 1.4.1 可看出 $\overline{T}^2$ 与 D^2 成线性关系。

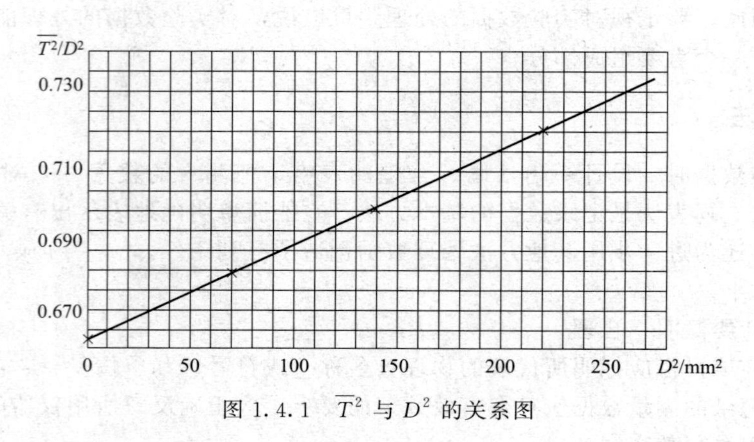

图 1.4.1　$\overline{T}^2$ 与 D^2 的关系图

（2）作图法的应用。

① 分析物理量之间的变化规律、建立经验公式。实验曲线作出后，就可以形象、直观地显示出物理量之间的变化规律。图中一条曲线包含了很多信息，能直观地把握整个实验的总体结果，甚至推测出实验未来的发展方向。在物理实验中经常遇到直线、抛物线、指数曲线等各种不同类型的实验曲线，由实验曲线可建立经验公式，由此出发上升到一种理论。当实验曲线是一条直线时，经验公式为直线方程。

$$y=a+bx \tag{1.4.1}$$

显然，求出 a 和 b 便于建立此方程，求 a 和 b 可以用斜率截距法或端值求解法。

斜率截距法：a 为直线的截距，可在坐标图上读取。如果实际作出的直线不与 y 轴相交，可将直线用虚线延长交于 x 轴后读取截距。b 为直线的斜率，在直线上选取坐标分别为 (x_1,y_1) 和 (x_2,y_2) 的两点（两点尽量远离)，则斜率为

$$b=\frac{y_2-y_1}{x_2-x_1} \tag{1.4.2}$$

端值求解法：在直线两端各取一点，它们的坐标为 (x_1,y_1) 和 (x_2,y_2)，将坐标值代入式(1.4.1)，则有

$$y=a+bx_1$$
$$y=a+bx_2$$

两式联立可求解 a 和 b。

② 在曲线上的两点之间或在曲线的延长上求值。在实验中有时受实验条件或其他因素的限制，使某些点不能进行实际的测量。但利用实验曲线或曲线向外延长的部分可以求得这些点的数值。

③ 利用直接的斜率和截距，求得与之相关的物理量数值。在物理实验中有的实验并不

需要建立经验公式，通过作图法求斜率和截距的目的是为了得到与斜率或截距相关物理量的数值。

④ 曲线改直线。当物理量之间的函数关系比较复杂、实验曲线为非直线时，对物理量进行分析或建立经验公式就比较困难，但可以用变量置换法把曲线改成直线，例如，两物理量间的关系：$y=a+b\dfrac{1}{x^2}$，y 与 x 之间的图为曲线，用变量 X 置换为$\dfrac{1}{x^2}$则 $y=a+bX$，则 y 与 X 有线性关系，y 与 X 之间的图为直线。

1.4.3 逐差法

当自变量与因变量之间成线性关系，自变量按等间隔变化，且自变量的误差远小于因变量的误差时，可使用逐差法计算因变量变化的平均值。

用逐差法时，把测量数据分为前后两组，并对前后两组的对应项进行逐差。例如，用拉伸法测钢丝的杨氏模量，钢丝上端固定，下端位置（L）随施加砝码质量（M）的不同而改变，其位置可由标尺读出，用逐差法计算砝码质量变化 1kg，钢丝伸长量变化的平均值 ΔL。

M/kg	0	1	2	3	4	5	6	7	8	9
L/mm	L_0	L_1	L_2	L_3	L_4	L_5	L_6	L_7	L_8	L_9

首先将数据分为两组，0～4 为第一组，5～9 为第二组，然后对两组数据的对应项进行逐差，并取平均，于是得到

$$\Delta L=\frac{\frac{1}{5}[(L_5-L_0)+(L_6-L_1)+(L_7-L_2)+(L_8-L_3)+(L_9-L_4)]}{5}$$

$$=\frac{1}{5}\left[\frac{1}{5}\sum_{i=0}^{4}(L_{5+i}-L_i)\right]$$

用逐差法的优点是能够充分利用全部的测量数据。如果对上述的测量数据不是用逐差法（多间隔项逐差），而是按实际测量顺序采用逐差求平均（如下式）

$$\Delta L'=\frac{(L_1-L_0)+(L_2-L_1)+(L_3-L_2)+\cdots+(L_9-L_8)}{9}=\frac{L_9-L_0}{9}$$

显然，中间的测量数据相互抵消，只利用了首尾项的数据，失去了多组测量的意义。

1.4.4 最小二乘法与一元线性回归

（1）最小二乘法原理。

最小二乘法是一种极其有用的数据处理方法，在科学研究中使用的非常广泛而有效[15-17]。

前面介绍了如何用作图法得到直线的斜率和截距建立直线方程，但作图法有一定的随意性，计算结果也往往因人而异。最小二乘法是一种比较精确的曲线拟合法。最小二乘法依据的原理是：利用已获得的一组测量数据（x_i，y_i），求出误差最小的最佳经验公式，使测量值 y_i 与用最佳经验公式计算出的 y 值之间的偏差平方和最小；或者由已知的公式，求函数公式 $y=f(x)$ 中一些未知参量，把这些参量代入后使它们与实验数据之差的平方和为最小，即

$$\min\sum_{i=1}^{k}[y_i-f(x_i)]^2 \tag{1.4.3}$$

式中，y_i 是实验测得量。

(2) 一元线性回归（拟合）。

回归分析是一种处理变量间相关关系的数理统计方法。回归也称拟合，线性回归称直线拟合，非线性回归称曲线拟合。线性关系是最简单的一种函数关系，在各种场合中经常遇到，另外许多非线性的函数关系经过变量置换后常可转换成线性关系，故在此着重介绍一元线性回归[18-20]。

当因变量与自变量之间具有线性关系时，用最小二乘法原理对数据（x_i，y_i）进行处理，求出最佳的直线方程，这就是一元线性回归。最佳直线方程 $y=a+bx$ 称为回归方程，其中 a 和 b 称为回归系数，只要确定了回归系数，回归方程也就确定了。

实验中测得一组数据 x_i 和 $y_i(i=1,2,\cdots,k)$，且认为 x_i 的误差可忽略。由于 y_i 的测量有误差存在，使测量 y_i 与经验公式计算的最佳值 y 之间有偏差，偏差的平方和为

$$\sum_{i=1}^{k}(y_i-y)^2=\sum_{i=1}^{k}[y_i-(a+bx_i)]^2$$

式中，x_i，y_i 是已知的测最位值；a，b 是待定系数。根据最小二乘法原理，求出适当的 a 和 b 的值，使上式有最小值，即可确定经验公式。在此略去推导求证的过程，直接给出计算 a 和 b 的公式

$$a=\bar{y}-b\bar{x}$$

$$b=\frac{\overline{xy}-\bar{x}\,\bar{y}}{\overline{x^2}-\bar{x}^2} \tag{1.4.4}$$

式中，$\bar{x}=\frac{1}{k}\sum_{i=1}^{k}x_i$，$\overline{x^2}=\frac{1}{k}\sum_{i=1}^{k}x_i^2$，$\bar{y}=\frac{1}{k}\sum_{i=1}^{k}y_i$，$\overline{xy}=\frac{1}{k}\sum_{i=1}^{k}x_iy_i$。

(3) 线性回归是否合理的检验——相关系数 r。

一元线性回归的相关系数为

$$r=\frac{\overline{xy}-\bar{x}\,\bar{y}}{\sqrt{(\overline{x^2}-\bar{x}^2)(\overline{y^2}-\bar{y}^2)}} \tag{1.4.5}$$

相关系数 r 是验证两变量之间相关性的一个参数。r 的大小反映了 x 与 y 之间线性关系的密切程度。r 的取值范围 $0\leqslant|r|\leqslant1$。$r=0$，说明 y 与 x 之间根本不具有线性关系，在这种情况下数据分散，偏离回归直线较远。$|r|=1$，说明 y 与 x 之间具有完全线性关系，是强相关，即数据点全部落在回归直线上。

(4) 系数 a 和 b 的标准偏差。

因为 a 和 b 与测量有关，而 y_i 含有随机误差，所以 a 和 b 也含有误差。可以证明 a 和 b 的标准偏差为

$$S_a=\sqrt{\overline{x^2}}S_b \tag{1.4.6}$$

$$S_b=\sqrt{\frac{\frac{1}{r^2}-1}{n-2}}b \tag{1.4.7}$$

2 普通物理实验基本仪器

2.1 游标卡尺

常用的游标卡尺的最小分度值有三种：0.02mm、0.05mm 和 0.1mm，其精度值不分等级。量程在 300mm 以下的游标卡尺，仪器误差可为最小分度值的一半。游标卡尺在使用前，必须检查其 0 线的读数是否为零；若不为零，则要标定其修正值，然后对测量值进行修正。

游标卡尺的构造原理如图 2.1.1 所示。

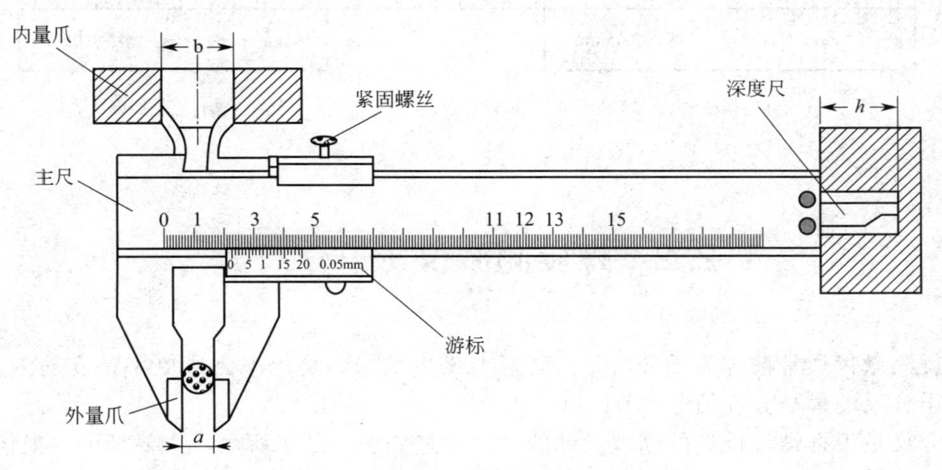

图 2.1.1 游标卡尺的构造原理示意图

（1）分度值的确定。

设主尺的最小分度为 a（1mm），游标分度为 b，游标分度数（即格数）为 N，即游标上的 N 个分度格的总长度同主尺上 $N-1$ 个分度格的长度相等。游标上的最小分度可由 $Nb=(N-1)a$ 求得。

主尺上每格分度值 a 与游标上每格分度值 b 的差值成为游标尺的精度，用 Δ 表示，即

$$\Delta=a-b=\frac{a}{N} \tag{2.1.1}$$

下面以精度为 0.05mm 的游标卡尺为例加以详细说明。此时 $N=20$，$a=1\text{mm}$，则 $\Delta=1/20=0.05\text{mm}$。

（2）游标读数原理。

在图 2.1.2(a) 上，当游标的"0"线与主尺的"0"线对齐时，游标上第 20 条刻度线与主尺上第 19 条刻度线对齐。此时，游标上的第 1 条刻度线与主尺上的 1mm 刻度线之间的距离差为 0.05mm，游标上第 5 条刻度线与主尺上 5mm 处刻度线间距为

$$\Delta l=5\times0.05\text{mm}=0.25\text{mm}$$

以此类推。当游标向右移动时，使游标的第 10 条刻度线与主尺上的 1cm 处刻度线对齐时，游标"0"线与主尺"0"线的间距为 $\Delta l=10\times0.05\text{mm}=0.50\text{mm}$ 综上所述，游标卡尺的读数方法可归纳为：先读出主尺上与游标"0"刻度对应的整数刻度值 1（mm)，再从游标上读出不足 1mm 的 Δ 数值。若游标上第 k 条刻度线与主尺刻度线对齐，则 Δl 的读数

$$\Delta l=k(a-b)=k\frac{a}{N} \tag{2.1.2}$$

最后结果为

$$L=l+\Delta l=l+k\frac{a}{N} \tag{2.1.3}$$

例如，如图 2.1.2(b) 中，读数为 13＋12×0.05＝13.60mm＝1.360cm。

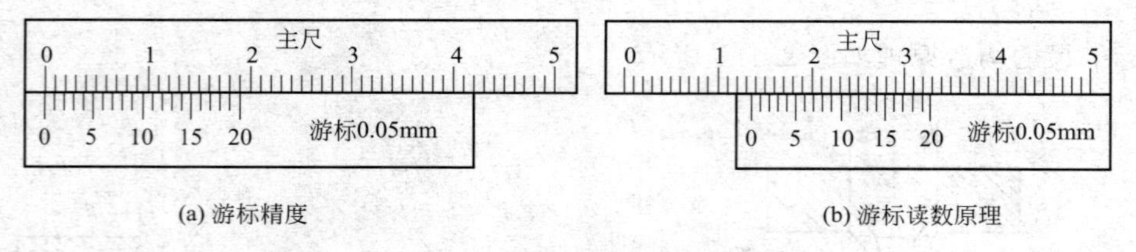

(a) 游标精度　　(b) 游标读数原理

图 2.1.2　游标读数原理示意图

2.2　螺旋测微仪（千分尺）

螺旋测微仪通常被称为千分尺，比游标卡尺更精密，是用来测量更小精度的测量工具。常用的千分尺的最小分度值是 0.01mm。

千分尺是根据螺杆推进的原理设计的，其构造如图 2.2.1 所示，主要是由一根精密螺杆和与之配套的固定套筒组成。螺杆后端连接一个旋转的微分套筒。如图 2.2.1 所示，千分尺整体结构由弓架、测量螺杆、螺母套筒、微分套筒（转动套筒)、棘轮、锁紧手柄（止动器)、固定测砧组成。

常用千分尺的测量螺杆右侧连接一个螺距为 0.5mm 的螺杆，螺母套筒与弓架相连，微分套筒内有螺纹可在螺母套筒上旋转。当转动微分套筒时，带动测量螺杆前进或后退。螺母套筒刻有刻度线，在平行于轴的横线上侧或下侧的最小分度值都是 1mm，上、下相邻两刻度线的间距是 0.5mm。微分套筒前端沿圆周刻有 50 个分格，微分套筒旋转一周（50 个分度)，测量螺杆移动 0.5mm。因此，微分套筒每转动一个分格，测量螺杆移动的距离为 0.5mm/50＝0.01mm，即为千分尺的最小分度值。原则上测量数据可估算到 0.001mm，一

般实验室常用的一级千分尺的仪器误差为 0.004mm。

使用千分尺时应先检查和调整零点。旋转微分套筒，当测量螺杆将要接触固定测砧时，应转动棘轮，当听到“喀、喀”的声音时应停止转动。因为这时测量螺杆与固定测砧刚好接触，但此时的微分套筒上的“0”刻线不一定与螺母套筒的横线重合，而有一定的读数，该读数为零点读数，测量时应先记录下螺旋测微仪的零点读数。注意零点读数有正有负，测量时所得的读数应该减去零点读数才是待测物体的长度。

测量时，先转动微分套筒将测量螺杆拉开足够的空间，以便将待测物体放在固定测砧和测量螺杆之间。然后转动棘轮，听到“喀、喀”的声音时应停止转动。读数时，先将螺母套筒上没有被微分套筒的前端遮住的刻度读出，再读螺母套筒横线所对准的微分套筒上的读数，要读出估读位。将二者相加，即为测量的长度。如图 2.2.2 所示读数为 10.505mm。

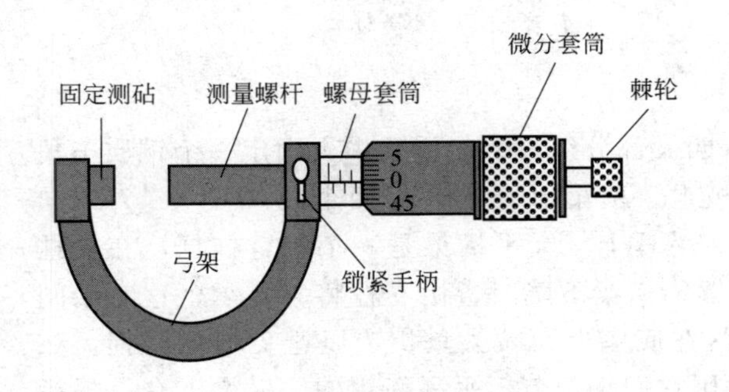

图 2.2.1 螺旋测微仪

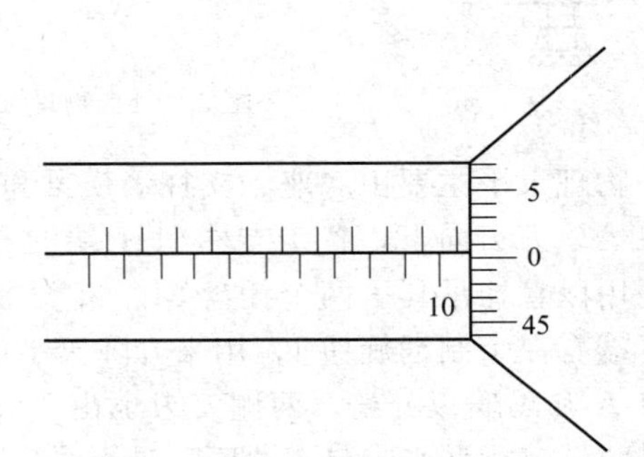

图 2.2.2 螺旋测微仪读数举例

按国家规定，千分尺分为 0 级与 1 级两类。若零位修正值大于 1 级尺的修正值的，其尺为不合格尺，应进行检修，待合格后方可使用。实验室常用的尺为 1 级尺。国家计量标准规定的示值偏差见表 2.2.1。

表 2.2.1 示值偏差标准

量程/mm	仪器允许误并限 Δ_{MJ}(公差)	
	0 级	1 级
0～25	0.002mm	0.004mm
25～50		
50～75	0.002mm	0.004mm
75～100		
100～125	—	0.005mm

注意事项如下。

① 用千分尺测量时，微分套筒的进动力应控制在 6～10N，棘轮每次旋转力不大于 3～5N，每次转动角不大于 90°，转动次数应不大于 3 次。

② 固定测砧面须与测量面平行。

2.3 物理天平

天平是测量物体质量的常用仪器之一，采用杠杆原理制成。天平分为物理天平（普通测量用）和分析天平（精密测量用）两类。实验室常用的物理天平如图 2.3.1 所示。

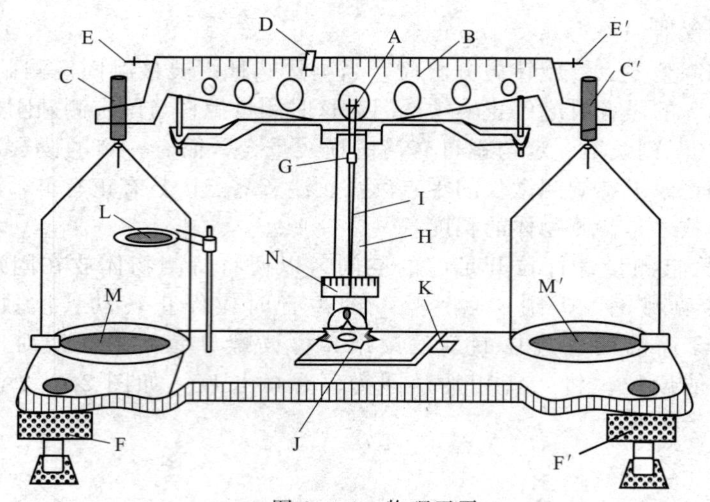

图 2.3.1　物理天平

物理天平主要由底座、支柱、横梁和托盘四大部分组成。在横梁中央固定一个钢质三角刀口 A，刀刃向下，置于支柱 H 上端的玛瑙板上，横梁 B 两端装有两个刀口 C，C′刀刃向上，用以悬挂吊耳。两个托盘 M、M′分别吊在吊耳上。天平横梁是一个等臂杠杆，在支柱的下端有一个制动旋钮 J，用来升降天平的横梁；横梁下降时，由支柱将它托承，这时中间刀口 A 和玛瑙板分离，两侧刀刃也由于托盘落在底座上而减去负担，以避免刀口磨损。在横梁两端装行调平螺母 E、E′，是天平空载时用它们来调节天平平衡用的。横梁下有一根指针 I，下端 N 为标尺，用来观察和确定横梁的水平状态。当横梁水平时，指针 I 应指在标尺 N 的中央刻线上。在支柱左侧有托板 L，可以拖住未被称量的物体。在天平的底座上或支柱上装有圆形气泡器 K 或铅垂体，用来判断支柱是否铅直。调节两个底座调节螺钉 F、F′，可使支柱铅直。

天平横梁上有游码标尺和游码 D，用来测量 1g 以下的物体。在调节天平平衡时，应先将游码置于“0”刻线处。

（1）天平两个重要技术指标。

① 最大称量（极限负载量）：指允许称量的最大质量。

② 感量（灵敏度）：指天平指针偏转标尺上一个最小分格时，天平秤盘上应增加（或减少）的砝码值。感量的倒数称为天平的灵敏度。天平的仪器误差一般可取感量值。

（2）物理天平使用前要做必要的调整。

① 调节水平：调节底角螺钉，使水准仪中的气泡位于圆圈的中间位置。

② 调节平衡（或称调整零点）：将游码置于“0”刻线处，慢慢地转动制动旋钮 J 升起横梁，指针将左右摆动，观察摆动的平衡点。若平衡点不在标尺中央“0”线上，应转动制动旋钮 J 放下横杆，调整调平螺母 E、E′，然后再升起横梁，检查指针摆动的平衡点，直至平衡点在中央“0”刻线上。

2.4　秒表

生活中常见的手表计时分两类：一类是用机械振子为基础的机械表；另一类是以石英晶振子为基础的电子表，如图 2.4.1 所示。对机械类计时器，偏差为 0.1～0.2s，电子类一般为 0.01s。

实验室中使用的机械式秒表，其分度值一般为 0.1s，电子秒表的仪器分度为 0.01s，其中用字母 t 作为测量时间的符号。

十字毫秒计的分度值有 10^{-3}ms，0.1ms，1ms，10ms。其使用可见单摆或转动惯量实验中的相关仪器说明。

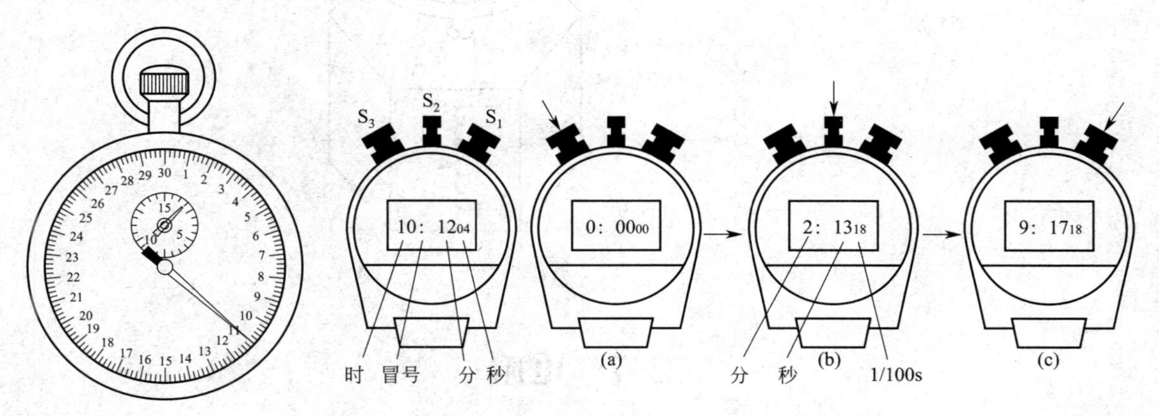

图 2.4.1 机械秒表（左）、电子秒表图

2.5 温度计

温度的量纲有摄氏度（℃）、华氏度（℉）、开尔文（K），它们之间的关系

$$t℃=(273.15+t)\mathrm{K},\ t℃=(1.8t+32)℉$$

实验室常用的温度计为：水银-玻璃温度计和酒精-玻璃温度计及实验时用的热电偶，它们的测量范围和仪器误差见表 2.5.1。

表 2.5.1 实验室常用温度计

温度计	测量范围/℃	分度值/℃	仪器视差/℃
实验用水银-玻璃温度计	−30～300	0.1	±0.05
实验用酒精-玻璃温度计	−5～100	1	±0.1
一等标准温度计	0～100	0.1	±0.01
基准铂锗-铂热电偶	6301064	—	±0.1
标准热电偶	0～1300	—	±0.5
铜-康铜热电偶	−200～350	—	—

针对数字显示的温度计，它主要由温度传感器、A/D 转换器、数字表头组成，能与计算机连接，可由计算机实时检测。

2.6 交流电源

电路中以符号“AC”表示，实验室中常用的交流电源是单相和三相交流电，其频率为 50Hz，单相电源电压为 220V，三相电源的相间电压为 380V。交流电的电压通过调压变压器来调节，如图 2.6.1 所示。从①、②两接线柱输入 220V 交流电压，调节手柄 A 从③、④

接线柱可输出 0～250V 连续可调的交流电。其重要技术指标有容量（用 kV 表示）和最大允许电流。

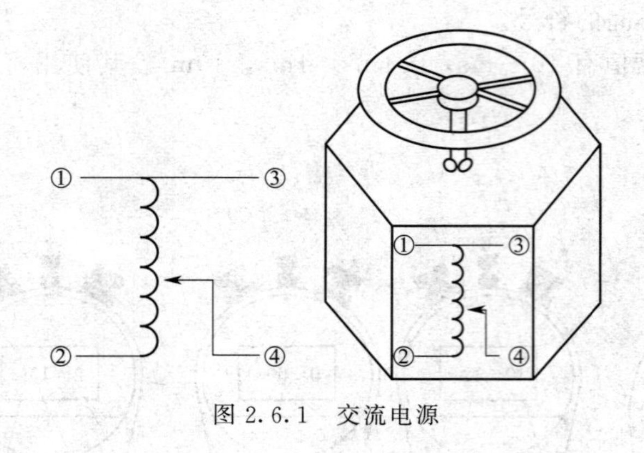

图 2.6.1　交流电源

2.7　电阻

（1）电阻箱。电阻箱是一种数值可以调节的精密电阻组件，实验室使用较为普遍的电阻箱是旋钮式电阻箱，如图 2.7.1 所示，它的阻值准确，也可以作为标准电阻使用。

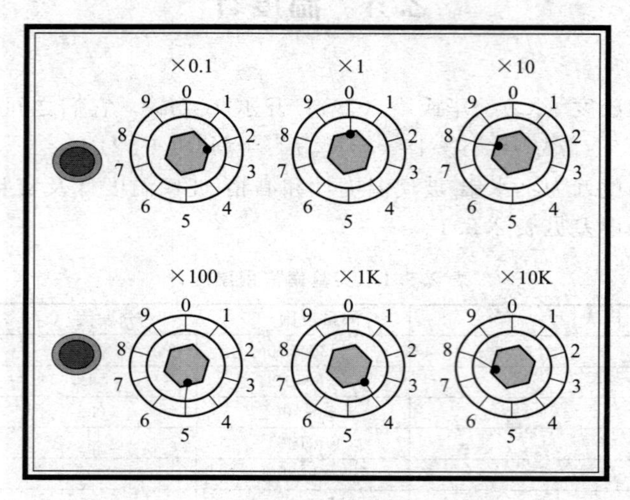

图 2.7.1　电阻箱

（2）电子箱的允许误差限 $\Delta_{\text{ins},R}$ 表示（如六旋钮电阻）

$$\Delta_{\text{ins},R}=\sum_{i}^{n}(k_i\%\cdot R_i+5\text{m}\Omega)\quad(n=1,2,\cdots,6)\tag{2.7.1}$$

式中，n 为所选用的旋钮数；5mΩ 为旋钮的误差电阻，k_i 为所选用的旋钮盘的准确度等级，R_i 对应于 k_i 的旋钮盘的示值。

例如，对六旋钮电阻箱的示值为 2200.0Ω，则该值得允许误差限 $\Delta_{\text{ins},R}$ 为

$$\Delta_{\text{ins},R}=2\times5\text{m}+(0.1\%\times2000+0.1\%\times200)=2.21\Omega$$

(3) 电阻箱的不确定度 u_R 的表示

$$u_R=\sum_{i}^{n}[k_i\%\cdot R_i+0.005\cdot(i+1)](\Omega) \tag{2.7.2}$$

式中，k_i 为 R_i 所对应的准确度等级，n 为 R 所使用的电阻盘的个数。

例如，用 0.1 级的如图 2.4.4 所示的电阻箱测 2.2kΩ 的电阻，有不确定度 $u_R=0.1\%\times2\times10^3+0.1\%\times0.2\times10^3+0.005\times(2+1)=(2.2+0.015)=2.215\Omega$，表 2.7.1 为电阻的色码标称值。

表 2.7.1　电阻色码标称值

颜色	第 1 位有效数字	第 2 位有效数字	第 3 位有效数字	倍数	允许偏差
棕	1	1	1	$\times10$	—
红	2	2	2	$\times10^2$	—
橙	3	3	3	$\times10^3$	—
黄	4	4	4	$\times10^4$	—
绿	5	5	5	$\times10^5$	—
蓝	6	6	6	$\times10^6$	—
紫	7	7	7	$\times10^7$	—
灰	8	8	8	$\times10^8$	—
白	9	9	9	$\times10^9$	+50% −20%
黑	0	0	0	$\times10^0$	—
金	—	—	—	$\times10^{-1}$	±5%
银	—	—	—	$\times10^{-2}$	±10%
无色	—	—	—	$\times10^{-3}$	±20%

实验室常用金属的电阻率与温度、杂质的关系，有 $\rho_{t2}=\rho_{t1}[1+\alpha(t_2-t_1)]$，如表 2.7.2 所示。

表 2.7.2　电阻率与温度、杂质的关系

名称	电阻率 $\rho_0/(10^{-6}\Omega\cdot\text{cm})$		温度系数 $\alpha/10^{-5}$℃
银	1.47	在 0℃时	430
铜	1.55		433
金	2.01		402
铝	2.50		460
钨	4.89		510
锌	5.65		417
铁	8.70		651
铅	19.2		428
黄铜	8.00	(18～20℃)	100
康铜	49.0	(18～20℃)	−4.0～+1.0

2.8 放大镜

凸透镜作为放大镜是最简单的助视仪器，它可以增大人眼观察的视角。设物体 AB，放在明视距离（距眼睛 25cm）处（图 2.8.1），眼睛视角 θ_0，通过放大镜观察，成像仍在明视距离处，此时眼睛的视角为 θ，如图 2.8.2 所示。

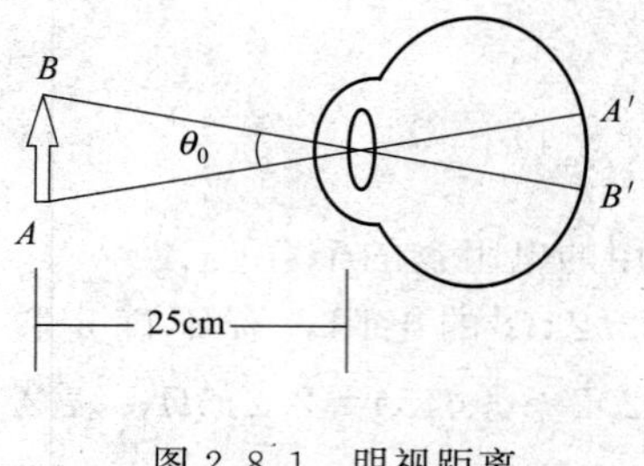

图 2.8.1 明视距离

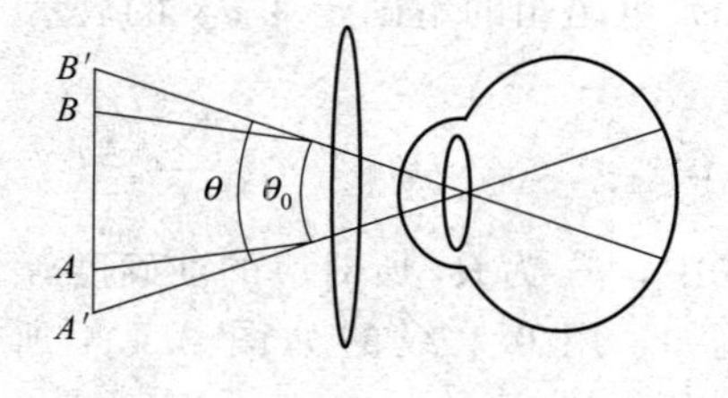

图 2.8.2 放大镜成像示意图

2.9 透视镜

透视镜是未来的一种仪器，现在还没有真正意义上的透视镜。

原理：我们之所以能看到周围的景物，是因为光源发出光线照射到物体上，光线反射到人的肉眼，经过视神经处理产生影像。但我们的肉眼只能感受到可见光，感受不到红外线、紫外线和X光等很多光线。夜摄像机之所以能在黑暗中看到物体，是因为它能接受近红外线，并经感光元件CCD处理，转化成我们肉眼能看到的影像。

3 基础实验

3.1 分光仪的调整与使用

【引言】

分光仪的调整与使用

分光仪通常利用棱镜或光栅把一束多色入射光分解为不同角度的出射光，通过出射光角度的测量获得其波长等信息。由于分光仪对角度的测量精度较高，有时也作为一种用光学方法测量角度的静谧仪器。由于有些物理量如折射率、光栅常数等往往可以通过直接测量有关的角度来确定，因此在光学技术中，分光仪应用十分广泛。

【实验目的】

（1）了解分光仪的结构及各组成部分的作用。

（2）了解分光仪的调节要求及调节方法。

（3）测定三棱镜的顶角。

【实验仪器】

分光仪、平面镜、低压汞灯。

【预习思考题】

（1）达到什么要求时可认为分光计已经调整好了？

（2）调节望远镜光轴与旋转主轴垂直时，为什么要“各半调节”望远镜和光反射平面的倾斜？调其中之一能否达到目的？

（3）当已调节望远镜适合平行光，再调节平行光管时，如狭缝的像不清楚，应怎样调节？是否可调节望远镜的目镜筒来看清狭缝的像呢？

【实验原理】

图 3.1.1 为分光仪的结构示意图。分光计主要由底座、望远镜、平行光管、载物台和读数圆盘 5 部分组成。

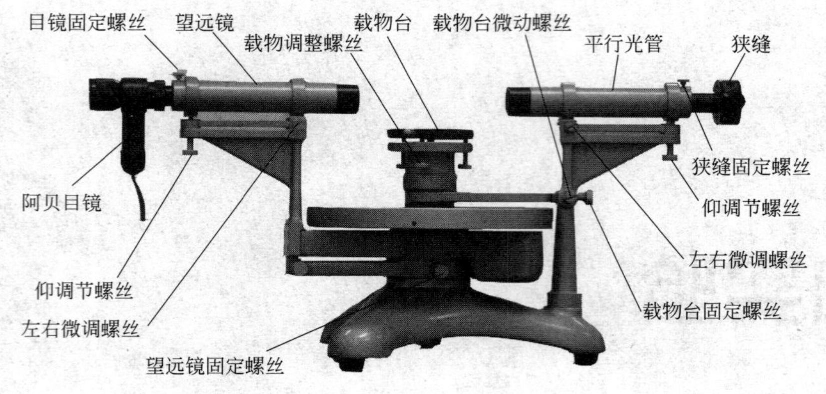

图 3.1.1 分光仪

(1) 分光仪底座。底座中心有一固定转轴，望远镜、读数盘、载物台套在中心转轴上，可绕其旋转。

(2) 望远镜。望远镜由物镜 Y 和目镜 C 组成，如图 3.1.2 所示。为了调节和测量，物镜和目镜之间装有分划板 P，分划板上刻有“丰”形格子，它固定在 B 筒上。目镜可沿 B 筒前后移动以改变目镜与分划板的距离，使“丰”形格子能调到目镜的焦平面上。物镜固定在 A 筒的另一端，是一个消色复合透镜。B 筒可沿 A 筒滑动，以改变“丰”形格子与物镜的距离，使“丰”形格子既能调到目镜焦平面上又同时能调到物镜焦平面上。我们所使用的目镜是阿贝尔目镜，在目镜和分划板间紧贴分划板下边胶粘着一块全反射小棱镜 R（此小棱镜遮去一部分视野），在分划板与小棱镜相接触的面上，镀有不透光的薄膜，并在薄膜上刻画出一个透光小十字，小十字的交点对称于分划板上边的十字线的交点，如图 3.1.2 所示。

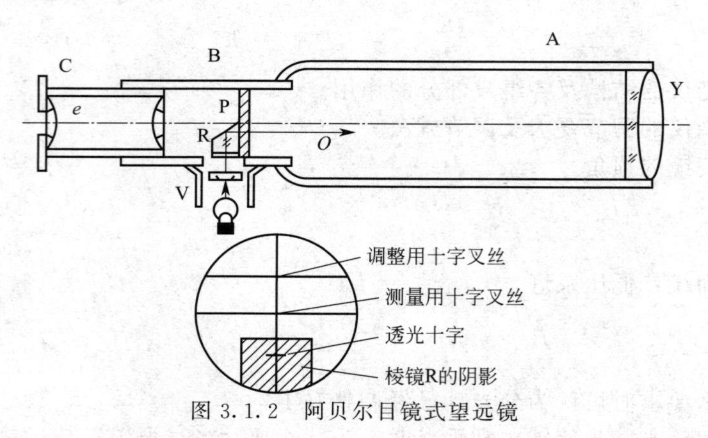

图 3.1.2 阿贝尔目镜式望远镜

在目镜调节管外装有一个“T”形接头，在接头中装有一个磨砂电珠（电压 6.3V，由专用变压器供电）。电珠发出的光透过绿色滤光片 V 和目镜调节管 B 上的小方孔射到小棱镜上，经它全反射后，透过小十字方向转为沿望远镜轴线，从物镜 Y 射出。若被物镜外面的平面镜反射回来，将成绿色十字像落在分划板上。

(3) 平行光管。它的作用是产生平行光。一端是一个消色的复合正透镜，另一端是可调狭缝。如图 3.1.3 所示，狭缝和透镜的距离可通过伸缩狭缝套筒来调节，只要将狭缝调到透镜的焦平面上，则从狭缝进入的光经透镜后就成为平行光。狭缝的宽度可通过缝宽螺钉来调节，狭缝的方向也可以通过狭缝套筒来调节。

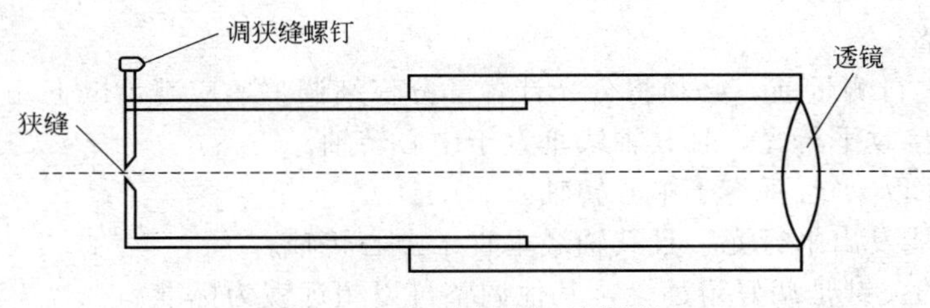

图 3.1.3　狭缝与透镜间距

（4）载物台。是一个用以放置棱镜、光栅等光学元件的旋转平台，平台下有 3 个调节螺钉，用以改变平台对中心转轴的倾斜度。

（5）读数圆盘。用来确定望远镜旋转的角度，读数圆盘有内、外两层，外盘和望远镜可通过螺钉相连，能随望远镜一起转动，上有 0°～360°的圆刻度，最小刻度为 0.5°（30′）；内盘通过螺钉可与载物台相连，盘上相隔 180°处有 2 个对称的角游标 v_1 和 v_2，其中各有 30 个分格，相当于刻度盘上 29 个分度，故游标上每一分格对应为 1′（其精度为 1′）。在游标盘对径方向上设有 2 个角游标，这是因为读数时要读出 2 个游标处的读数值，然后取平均值，这样可消除刻度盘和游标盘的圆心与仪器主轴的轴心不重合所引起的偏心误差。

读数方法与游标卡尺相似，这里读出的是角度。读数时，以角游标零线为准，读出刻度盘上的度值，再找游标上与刻度盘上刚好重合的刻线为所求之分值。如果游标零线落在半度刻线之外，则读数应加上 30′。

举例如下：

图 3.1.4(a) 是游标尺上 22 与刻度盘上的刻线重合，故读数为 119°22′；

图 3.1.4(b) 是游标尺上 14 与刻度盘上的刻线重合，但零线过了刻度的半度线，故读数为 119°44′。

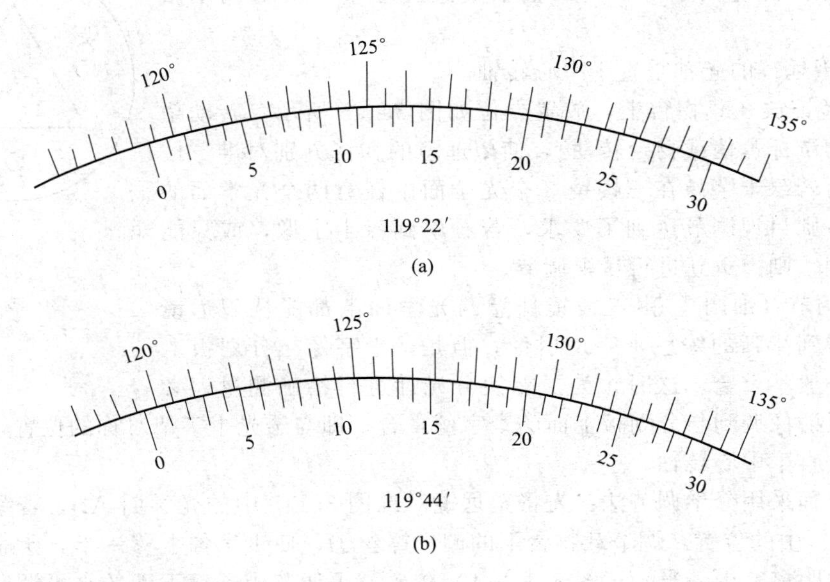

图 3.1.4　读数用的刻度盘和游标盘

【实验内容与步骤】

分光仪的调整

在用分光计进行测量前，必须将分光计各部分仔细调整，应满足以下几个要求：

① 望远镜能接收平行光，且其轴线垂直于中心转轴。

② 载物台平面水平且垂直于中心转轴。

③ 平行光管能发出平行光，且其轴线垂直于中心转轴。

分光计调整的关键是调好望远镜，其他调整可以望远镜为标准。

具体调整步骤如下。

(1) 目视调节（目测粗调）。

首先用眼睛对分光计仔细观察并调节，调节平行光管光轴高低位置调节螺钉 25，使平行光管尽量水平；调节望远镜光轴高低位置调节螺钉 12，使望远镜光轴尽量水平；调节载物台下面的 3 个调平螺钉 6，使载物台尽量水平，直到肉眼看不出偏差为止且使载物台台面略低于望远镜物镜下边缘。这一粗调很重要，做好了，才能比较顺利地进行下面的细调。

(2) 调整望远镜和载物台平面与中心轴垂直。

① 调节望远镜适合于观察平行光。

a. 根据观察者视力的情况，适当调整目镜，即把目镜调焦手轮 11 轻轻旋出，然后一边旋进，一边从目镜中观看，直到观察者看到分划板刻线即“丰”形格子叉丝清晰为止。

b. 接通电源，在目镜中应看到分划板下方的绿色光斑及透光十字架（图 3.1.2)。

c. 用三棱镜的抛光面紧贴望远镜物镜的镜筒前，旋松螺钉，沿轴向移动目镜筒，调节目镜与物镜的距离，使物镜后焦点与目镜前焦点重合，直到能清晰地看见反射回来的绿色十字像。然后，眼睛在目镜前稍微偏移后，如分划板上的十字丝与其反射的绿色亮十字像之间无相对位移即说明无视差。如有相对位移则说明有视差，这时稍微往复移动目镜，直至无视差为止，这样望远镜就适合于平行光，此时将望远镜的目镜锁紧螺钉旋紧（注意：目镜调整好后，在整个实验过程中不要再调动目镜）。

② 调整望远镜的光轴垂直于中心转轴。

a. 把三棱镜放在载物台上，放置方位如图 3.1.5 所示。转动望远镜（或转动游标盘使载物台转动），使望远镜的物镜分别对准三棱镜的光学面，若绿十字像在三棱镜 3 个光学面中任意两个光学面的视场中找到，则目视调节达到了要求，若看不到绿十字像，或只能从一个面看到，则需重新进行目视调节。

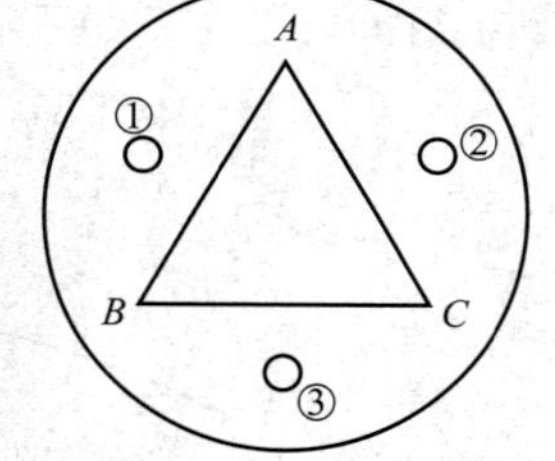

图 3.1.5　三棱镜在载物台上示意图

①、②、③—载物平台下面的3个调平螺钉

b. 分半调节（细调）。由三棱镜任意两光学面上都能从望远镜目镜视场中看到清晰的绿色十字反射像，但是，十字像与分划板上面的十字丝一般不重合。这时，为了能使分光计进行精确测量，必须将绿十字反射像调到与分划板上面的十字丝重合，即与透光十字架对称的位置，以满足望远镜的轴线垂直于中心转轴。

调节的过程采用分半调节法：先将望远镜对准图 3.1.5 中的光学面 AB，若绿十字像位于图 3.1.6(a) 中的位置，调节载物台下的调平螺丝①，使十字像上移一半（十字像与调整用十字丝间的距离减少一半）至图 3.1.6(b) 位置，再调节望远镜下面的水平调节螺丝，使十字像与调整用十字丝重合，如图 3.1.6(c) 位置。将望远镜转至图 3.1.5 中的 AC 面，此时绿十字像可能与调整用十字丝又不重合，应该再按上面的方法调节载物台的调平螺钉②与望远镜的水平调节螺钉，使十字像重合于上部调整用十字丝。因为AB、AC两面相互牵连，故应反复调节，直至望远镜不论对准哪一个面，十字像都能与分划板上面的调整用十字丝完全重合。此时望远镜轴线和载物台平面均垂直于中心轴，且三棱镜两光学面AB、AC也垂直于望远镜光轴。

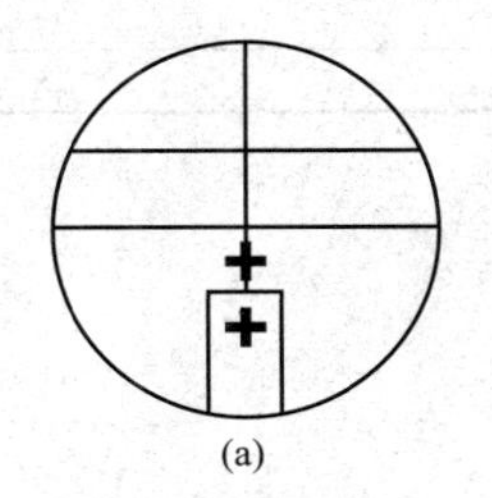

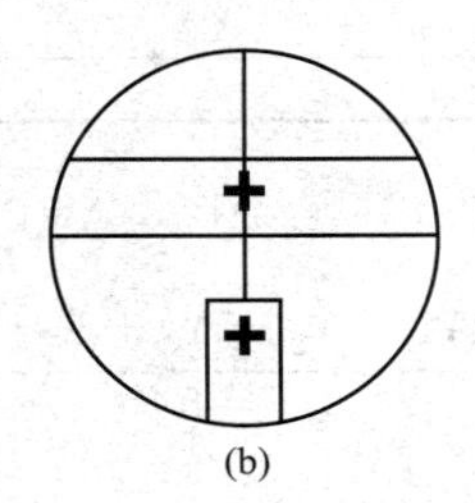

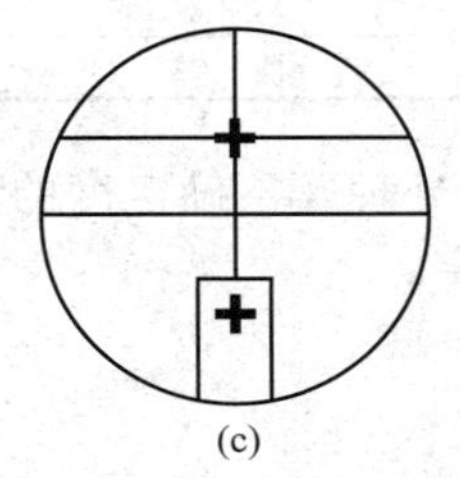

图 3.1.6 观察屏内调节图

注意：在后面的调整或读数过程中，不要再动望远镜的水平调节螺钉和载物台下的3个调平螺钉。

(3) 调节平行光管。

① 调节平行光管使其产生平行光。

将已调整好的望远镜作为标准，这时平行光射入望远镜必聚焦在十字线平面上，就是要把平行光管的狭缝调整到其透镜的焦平面上。调整方法如下：

a. 去掉目镜照明器上的光源，将望远镜管正对平行光管。

b. 从侧面和俯视两个方向用目视法调节平行光管光轴的高低位置调节螺钉25，大致调到与望远镜光轴一致。

c. 取去三棱镜，开启汞光灯，照亮平行光管的狭缝。从望远镜中观察狭缝的像，旋松螺钉2，前后移动平行光管狭缝装置，直到看到边缘清晰而无视差的狭缝像为止。然后使用狭缝宽度调节手轮26调节狭缝的宽度，使从望远镜中看到它的像宽为1mm左右。

② 调整平行光管的光轴垂直于中心转轴。

调整平行光管光轴的高低位置调节螺钉25，使狭缝的像被望远镜分划板上的大十字丝的水平线上下平分；旋转狭缝机构，使狭缝的像与望远镜分划板的垂直线平行，注意不要破坏平行光管的调焦；然后将狭缝位置锁紧螺钉2旋紧；再利用望远镜微调螺钉13，使分划板的垂直线精确对准狭缝像的中心线，如图3.1.7所示。此后整个实验中不再变动平行光管。

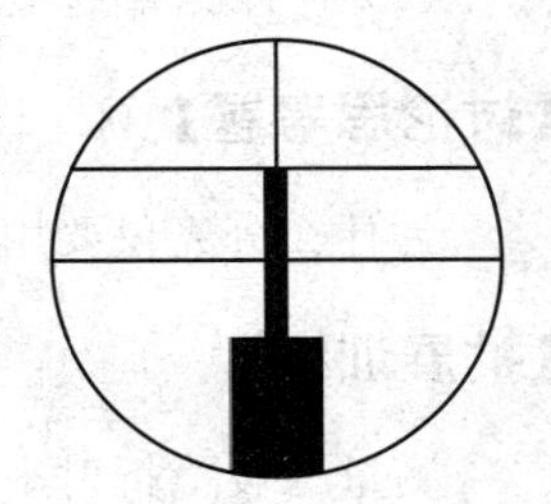

图 3.1.7 调节最后成像

完成上述操作步骤以后，分光计就可用来进行精密测量。

测定三棱镜顶角（图3.1.5）

先使棱镜AB面对准望远镜时，固定载物台AB面反射的“十”像与叉丝竖线重合，记下左右游标读数 $\theta_{1左}$ 和 $\theta_{2右}$，然后转动望远镜，对准AC面，使AC面反射的“十”像与叉丝竖线重合，读出左右两个游标 $\theta_{1左}$ 和 $\theta_{2右}$，则可计算出三棱镜顶角。

【数据处理】

(1) 数据表格（表3.1.1）。

表 3.1.1　顶角测量数据表

被测量的量 / 次数	$\theta_{1左}$	$\theta_{1右}$	$\theta_{2左}$	$\theta_{2右}$
1				
2				
3				
4				
5				

（2）数据处理及不确定度的计算

$$\overline{A}=\frac{A_1+A_2+A_3+A_4+A_5}{5}$$

$\overline{A}$ 的实验标准偏差（即 A 类不确定度）为

$$u_{\mathrm{A}}=\sqrt{\frac{\sum_{n-1}^{5}(A_n-\overline{A})}{n-1}}$$

本实验的 B 类不确定度（即仪器误差）为　$u_{\mathrm{B}}=0.5'$

则本实验的总不确定度为　$u=\sqrt{u_{\mathrm{A}}^2+u_{\mathrm{B}}^2}$

本实验的测试结果为　$\overline{A}\pm u$

【注意事项】

（1）保持好光学仪器的光学面。

（2）光学仪器螺钉的调节动作要轻柔，锁紧螺钉指锁住即可，不可用力，以免损坏器件。

（3）仪器要避免震动或撞击，以防止光学零件损坏和影响精度。

（4）在计算望远镜转过的角度时，要注意望远镜是否经过了刻度盘的零点。

【讨论思考题】

为什么分光仪要用两个游标读数？

【扩展训练】

测量三棱镜折射率。

【扩展阅读】

［1］褚润通．大学物理实验［M］．北京：北京大学出版社，2019.

［2］王丽南，郎成，王显德．物理实验教程［M］．长春：吉林科学技术出版社，2002.

［3］路大勇．普通物理实验［M］．长春：吉林大学出版社，2010.

【附录】

分光计的结构如图 3.1.8 所示。

分光计主要由底座、望远镜、平行光管、载物台和读数圆盘 5 部分组成。

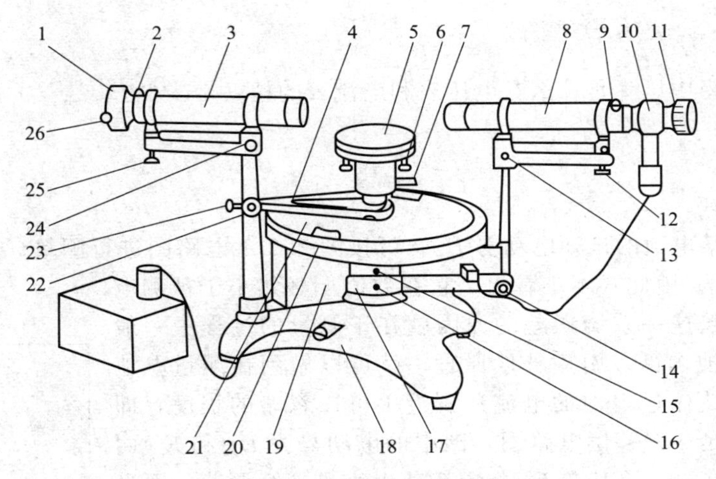

图 3.1.8　分光计的结构示意图

1—狭缝装置；2—狭缝装置锁紧螺钉；3—平行光管；4—制动架（二）；5—载物台；6—载物台调节螺钉（3只）；7—载物台锁紧螺钉；8—望远镜；9—目镜锁紧螺钉；10—阿贝尔自准直目镜；11—目镜调节手轮；12—望远镜仰角调节螺钉；13—望远镜水平调节螺钉；14—望远镜微调螺钉；15—转座与度盘止动螺钉；16—望远镜止动螺钉；17—制动架（一）；18—底座；19—转座；20—度盘；21—游标盘；22—游标盘微调螺钉；23—游标盘止动螺钉；24—平行光管水平调节螺钉；25—平行光管仰角调节螺钉；26—狭缝宽度调节手轮

3.2　电位差计测电动势

【引言】

电位差计是将被测电压与仪器的标准电压相比较而实现测量的电学仪器。基本原理是“补偿法”。电路在补偿状态时，被测电压回路无电流，测量结果精度仅依赖于组成电位差计的标准电池、标准电阻和高灵敏度检流计，故它的测量精度可达0.01%或更高。这些优点使它成为精密电磁测量中应用相当广泛的仪器。可用于精确测量电动势、电压、电流、电阻等；可用于标准精密电表和直流电桥等直读仪器；在非电量的测量中也占重要位置。

2　电位差计测电动势

在实验教学中常使用的电位差计有线式和箱式两种，它们的结构虽不同，但基本原理相同。

【实验目的】

(1) 掌握电位差计工作原理和结构特点。

(2) 学会用箱式电位差计测量电动势。

【实验仪器】

箱式电位差计、检流计、标准电池、热电偶、电炉子。

【预习思考题】

补偿法测电阻中压降是什么？电压表和电流表的精度是多少？

【实验原理】

（1）补偿原理。

如果要测量某电池的未知电动势 E_x，可按图 3.2.1 电路图进行测量，这时测得的电压表值为 $V=E-Ir$。由此式不难看出，它在数值上必然小于被测电池的电动势。引起这一系统误差的原因就在于测量的过程中一般都有电流流过电池内部。引用补偿原理，就可以做到在测量电池电动势的时候，使流过电池的电流达到近乎可以忽略的程度，即 $I=0$。图 3.2.1 是一个补偿电路图，图中的电动势为 E_0 和 E_x 两个电池相向连接在一起。其中 E_0 的电动势大小可连续调节，而且可以准确读出。显然当 $E_0<E_x$ 或者 $E_0>E_x$ 时回路中都有电流通过，而且这两种情况电流正好相反。只有 $E_0=E_x$ 时，电流为零，这时电路处于补偿状态。由于 E_0 的大小可以准确地读出来，因此利用补偿原理就能准确地测量未知电动势 E_x。电位差计就是利用这一原理设计和制作出来的。

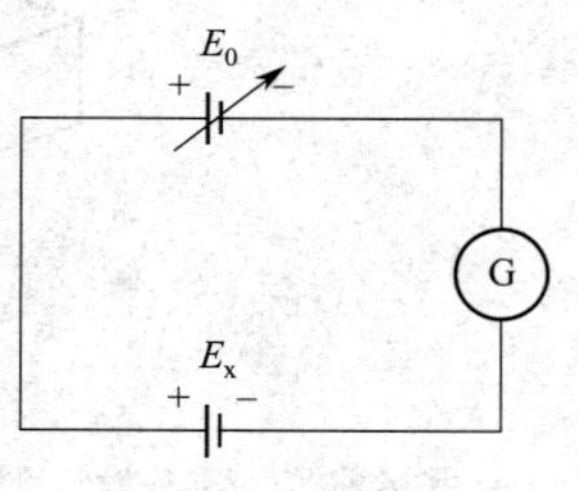

图 3.2.1　补偿电路

（2）标准电池。

这是一种用来作为电动势标准的原电池，由于内阻高，在充放电情况下会极化，不能用它来供电。当温度恒定时，它的电动势稳定，在不同温度时，标准电池的电动势 $E_s(t)$ 要按下述公式换算

$$E_s(t)=E_s(20)-39.94\times10^{-6}(t-20)-0.929\times10^{-6}(t-20)^2+0.0090\times10^{-6}(t-20)^3\ (\mathrm{V})$$

其中，$E_s(20)$ 是 20℃时标准电池的电动势，其值应根据所用标准电池的型号确定。

【实验内容与步骤】

（1）按图 3.2.2 连接线路。注意区分热电偶、标准电池、电池组（选择 2.9～3.3V 正接线柱）两个接触端的正负极性。

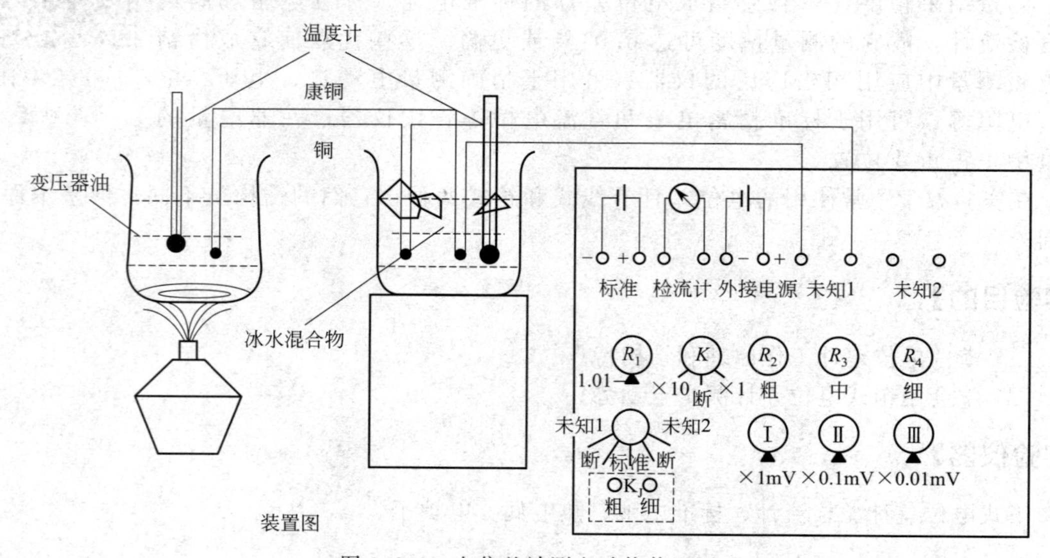

图 3.2.2　电位差计测电动势装置图

（2）测量前将选择开关都打到“断”，先调整检流计指针正对“零位”。

（3）从标准电池的温度计上读出此时的温度，并根据 $E_S(t)$ 的计算公式计算出此时标准电池的电动势，其中 $E(20)=1.018300\text{V}$，保留6位有效数字。将这一结果反映在标准电池电动势调解旋钮上。

（4）校准工作电流：将选择开关旋至“标准”，粗调细调旋钮旋至“粗”，将电阻 R' 按调整顺序从“粗”开始最后到“微”调节，当检流计G的指针指零时，表明电位差计已处于补偿状态，工作电流校准完毕。

（5）加热，当油的温度上升到接近玻璃温度计的80℃时停止加热，让油自然冷却，在温度下降过程中进行测量。

（6）测量未知电动势：将选择开关指向“未知”，粗调细调旋钮先指向“粗”，再指向“细”，依次调节转盘电压旋钮“$\times10^{-3}$”“$\times10^{-4}$”“$\times10^{-5}$”“$\times10^{-6}$”，使检流计G的指针指零，电位差计处于补偿状态。先记下热电偶热端温度，再从电压旋钮上读出温差电动势。

重复上面步骤（6），测得8组数据。

【数据处理】

（1）将测量数据填入表3.2.1中。

表3.2.1　电位差计测电动势数据表

测量次数	1	2	3	4	5	6	7	8
温度/℃								
电动势/V								

（2）绘出温差电动势与温度的关系图线。

（3）用图解法算出温度每升高1℃温差电动势的增值，即算出常数 a（单位为V/℃）。

【注意事项】

（1）热源油中不能滴入水，温度在80℃左右时停止加热，这时温度会继续升高到100℃左右，待温度下降时再测量。

（2）注意测量转盘的调节次序。

（3）实验中禁止使滑动触头D在电阻丝上滑动着找平衡点，以免磨损电阻丝，而是采用跃按方式。

（4）标准电池内装有玻璃容器，容器内盛有化学液体，要防止震动和摔坏，不可倒置。

【讨论思考题】

（1）若实验中检流计指针偏向一方，调不到零，分析可能原因。

（2）测量时检流计指针不偏转的原因是什么？

【扩展训练】

请自行设计一个实验方案，利用现有的实验条件也可以再增加一些器材或者设备，测定电池的内阻 $R_{内}$。

【扩展阅读】

[1] 吴世春．普通物理实验［M］．重庆：重庆大学出版社，2015.

[2] 金雪尘，王刚，李恒梅. 物理实验 [M]. 南京：南京大学出版社，2017.

【附录】

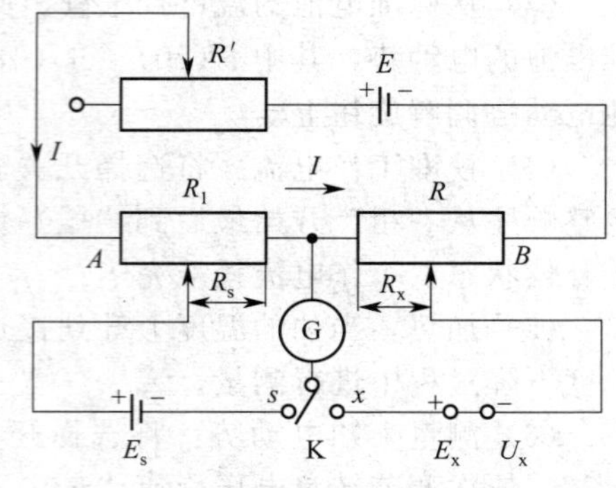

图 3.2.3 箱式电位差计工作原理图

为了便于测量，常把电位差计做成箱式的，它可直接读出待测电动势或电压数值。

箱式电位差计工作原理图如图 3.2.3 所示。它包括以下三个部分。

① 工作电流调节回路

$E \to R' \to R_1 \to R \to E$（辅助回路）

② 校正工作电流回路

$E_s \to R_s \to G \to K \to E_s$

先将开关 K 扳向 S 端，然后调节 R' 使灵敏电流计指针指零。回路（$E_s \to R_s \to G \to K \to E_s$）达到补偿，这时有：$E_s = IR_s$ 即辅助回路中电流达到标准化，其值为：$I = E_s R_s$。

③ 待测回路

$$E_x \to x \to G \to R_x \to E_x$$

先将开关 K 扳向 x 端，然后调节 R 使灵敏电流计指针指零。待测回路达到补偿时有：

$E_x = IR_x$，整理得：$E_x = R_x R_s E_s$，如果E_s, R_s, R_x 为已知，则被测电动势E_x 即可求出。

3.3 液体表面张力系数的测定

【引言】

液体表面张力系数的测定

液体表面具有收缩到尽可能小的趋势，这是液体分子间存在相互作用力的宏观表现，我们把这种沿着表面的、收缩液面的力称为表面张力。

表面现象广泛见诸于钢铁生产、焊接、印刷、染料、复合材料的制备等过程中。液体表面张力系数是表征液体性质的一个重要参数，研究表面现象、测量表面张力系数具有极其重要的意义。利用它能够说明物质处于液态时所特有的许多现象，如泡沫的形成、润湿和毛细现象等。工业上浮选技术和液体传输技术等都必须对表面张力进行研究。

测量液体表面张力系数有多种方法，如最大泡压法、毛细管法、拉脱法等。本实验主要是利用拉脱法测量液体的表面张力系数。拉脱法是直接测定法，通常采用物体的弹性形变（伸长或扭转）来量度力的大小。

【实验目的】

（1）了解水的表面性质，用拉脱法测定室温下水的表面张力系数。

（2）学会使用焦利氏秤测量微小力的原理和方法。

【实验仪器】

焦利秤、金属框、砝码、玻璃皿。

【预习思考题】

焦利秤的调整方法？

【实验原理】

一般弹簧秤都是弹簧秤上端固定，在下端加负载后向下伸长，而焦利秤则与之相反，它是控制弹簧下端G的位置保持一定，加负载后向上拉动弹簧确定伸长值。

设在力 F 作用下弹簧伸长 L，根据胡克定律可知：

$$F_{弹}=KL$$

式中，K 为弹簧的倔强系数，它表示弹簧伸长单位长度时作用力的大小，单位为 $N\cdot m^{-1}$。

液体表面层内的分子所处的环境跟液体内部的分子不同。液体内部的每一个分子四周都被同类的其他分子所包围，它所受到的周围分子合力为零。由于液体上方的气象层的分子很少，表面层内每一个分子受到的向上的引力比向下的引力小，合力不为0。这个合力垂直于液面并指向液体内部。所以分子有从液面挤入液体内部的倾向，并使得液体表面自然收缩，直到处于动态平衡。液体表面如同紧张的弹性薄膜，都有收缩的趋势，所以液滴总是趋于球形。这说明液体表面存在一种张力，被称为表面张力。

假设在液面上有一长度为 L 的线段，则张力的作用表现在线段两侧液面一定的力 F 相互作用，而且力的方向与线段垂直，其大小与线段长 L 成正比，即

$$F_{张}=TL$$

T 为液体表面张力系数，它表示单位长度线段两侧液体的相互作用力。表面张力系数的单位为 $N\cdot m^{-1}$。

将一金属框细线侵入水中后慢慢地将其拉出水面，在细线下面将带起一水膜，当水膜刚被拉断时，则有

$$F=W+2TL+lhd\rho g \tag{3.3.1}$$

式中，F 为向上的拉力；W 为金属框的重力和所受浮力之差；l 为细金属线的长度；d 为细线的直径，即水膜的厚度；h 为水膜被拉断时的高度；ρ 为水的密度；g 为重力加速度。

$lhd\rho g$ 为水膜的重量，由于细线的直径很小，所以这项值不大。

由于水膜有前后两面，所以式(3.3.1)中的表面张力为 $2TL$。

所以表面张力系数 T 为

$$T=\frac{(F-W)-ldh\rho g}{2L} \tag{3.3.2}$$

实验中用焦利秤测量（$F-W$）值后，即可用式(3.3.2)计算表面张力系数 T 之值。

【实验内容与步骤】

(1) 测量弹簧的倔强系数 K。

将弹簧挂在焦利秤上，调节支架的底脚螺旋，使M穿过G的中心，这时弹簧将与A柱平行。在秤盘F上加1克砝码，旋转E使弹簧上升，直至三线重合为止。这时用游标读出标尺值 L，以后每加0.5克砝码记一次 L 值，直至加到3.5克，将多次测得的数据取平均值，求出倔强系数 K 值。

(2) 测（$F-W$）值。

将盛有洁净水的玻璃皿置于平台 H 上，使金属框侵入水中，调节 M，使其刻线位于零点稍下方。

用一只手慢慢调节 E，使弹簧向上伸长，另一只手慢慢旋转 S，使玻璃皿下降。要求在这过程中，G 始终停在零点处不动。当金属框刚好达到水面时，记下旋钮 S 的位置 S_1，B 上标尺读数 L_1，继续转动 E 和 S，直至水膜被破坏时为止，记下 B 上标尺读数 L_2（用游标读到 0.1mm）和旋钮 S 的位置 S_2，则

$$F-W=K(L_1-L_2) \tag{3.3.3}$$

上述过程反复测量多次，取平均值。

（3）求 h 值。

测量过程中 S_1 与 S_2 之差即为水膜的高度 h，因水膜重量和拉力相比很小，因此 h 值不需测得很精密。

（4）用游标卡尺测出金属丝长度 l 和直径 d。

（5）因表面张力随温度变化而变化，故需用温度计测出实验时的水温。

（6）计算表面张力系数及误差。

实验过程示意图如图 3.3.1 所示。

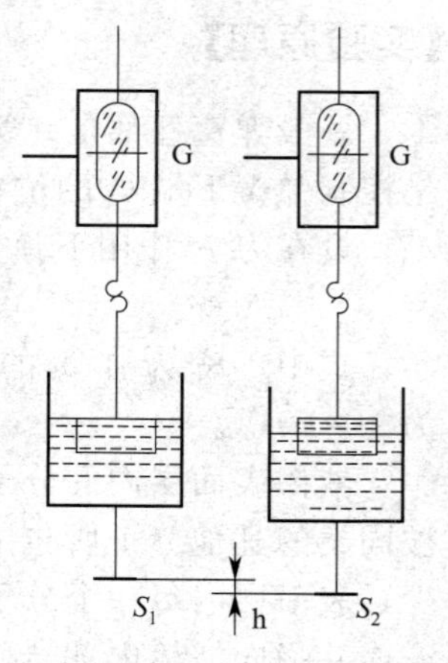

图 3.3.1　实验过程示意图

【数据处理】（表 3.3.1、表 3.3.2）

（1）根据表 3.3.1 的实验数据，用逐差法计算弹簧的倔强系数 K 及其不确定度。

（2）由公式(3.3.2）和(3.3.3)，表面张力系数为

$$T=\frac{(F-W)-ldh\rho g}{2L}=\frac{K(L_1-L_2)-ldh\rho g}{2L}$$

利用上式计算液体表面张力系数，及其不确定度。

（3）测量结果表示：$T=\overline{T}\pm U_{\overline{T}}$(SI)

表 3.3.1　弹簧倔强系数测量

m/g	1.0	1.5	2	2.5	3	3.5	K
L/mm							

表 3.3.2　($F-W$) 值的测定

	1	2	3	4	5	6
S_1/mm						
S_2/mm						
L_1/mm						
L_2/mm						

【注意事项】

（1）水中如有少许污物，其表面张力系数将有明显变化。因此，实验时必须用纯净水，如蒸馏水或凉开水，保证测量的准确性。

（2）每次实验前要用氢氧化钠溶液清洗玻璃皿和金属框，然后用洁净水冲洗多次才能使用。实验结束后用吸水纸将表面擦干，以免锈蚀。

（3）测量过程中动作要慢，防止仪器受震动，尤其水膜即将破裂时，更要特别注意。

【讨论思考题】

（1）分析引起液体表面张力系数测量不确定度的因素，哪一因素的影响较大？
（2）在拉膜时弹簧的初始位置如何确定？为什么？
（3）在拉膜过程中为什么要始终保持“三线重合”，为实现此条件，实验中应如何操作？

【扩展训练】

用力敏传感器测定液体表面张力系数。

【扩展阅读】

[1] 褚润通．大学物理实验［M］．北京：北京大学出版社，2019.
[2] 王丽南，郎成，王显德．物理实验教程［M］．长春：吉林科学技术出版社，2002.
[3] 路大勇．普通物理实验［M］．长春：吉林大学出版社，2010.

【附录】焦利秤结构图（图 3.3.2）

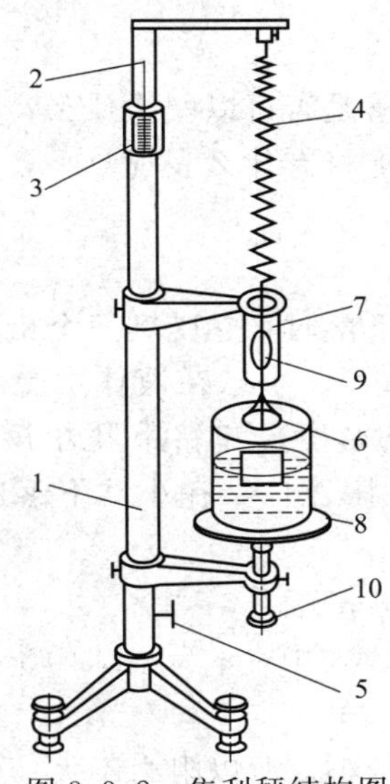

图 3.3.2 焦利秤结构图

1—立柱；2—圆柱；3—游标；4—弹簧；5，10—旋钮；6—秤盘；7—玻璃圆筒；8—平台；9—平面反射镜

3.4 落球法测量液体黏滞系数

【引言】

液体黏滞系数又称液体黏度，是液体的重要性质之一，在工程、生产技术及医学方面有着重要的应用。采用落球法测量液体黏滞系数，物理现象明显，概念清晰，实验操作和训练内容较多，适合学生锻炼扩展相关知识；但以往此方法由于受手工按秒表、视差及小球下落偏离中心等因素影响，测量下落速度准确度不高。

落球法测量液体黏滞系数

本实验采用 LPH 型落球法变温黏滞系数实验仪具有以下优点。

① 用激光光电传感器结合单片机计时，克服人工秒表计时的视差和反应误差，测量小球下落速度的准确度高，引导学生掌握一种新型计时、测速、计数的方法。

② 设计地盘水平和立杆垂直调节装置及衡量中心小球下落漏斗，保证小球从量筒中心下落。

③ 两个严格平行的激光束，不仅可以精确测量下落时间，而且可以精确测量下落距离。用手工计时，激光照明测距，可消除视差，便于两种计时方法和误差分析。

【实验目的】

① 学习用激光光电传感器测量时间和物体运动速度的实验方法。

② 用斯托克斯公式测量蓖麻油的黏滞系数（黏度）。

③ 观测落球法测量液体黏滞系数的实验条件是否满足，必要时进行修正。

【实验仪器】

LPH 型落球法变温黏滞系数实验仪，待测液体，金属小球，螺旋测微仪，镊子，天平。

【预习思考题】

(1) 金属小球在靠近筒壁处下落是否可以？为什么？

(2) 实验时室温的变化在实验上将有什么表现？

【实验原理】

(1) 当金属小球在黏性液体中下落时，它受到三个铅直方向的力，如图 3.4.1 所示，分别为小球的重力 mg（m 为小球质量）、小球在液体中受到的浮力 ρVg（V 是小球的体积，ρ 为液体的密度）和黏滞阻力 F（其方向与小球运动方向相反）。如果液体无限宽广，在小球下落速度 v 较小的情况下，有

$$F=6\pi\eta rv \tag{3.4.1}$$

式(3.4.1) 称为斯托克斯公式。式中，r 为小球的半径；η 为液体的黏度，单位是 Pa · s。

小球刚开始下落时，由于速度较小，所以阻力不大；但随着下落速度的增大，阻力也随之增大。最后，小球所受到的重力与浮力和黏滞力达到平衡，即

$$mg=\rho gV+6\pi\eta rv \tag{3.4.2}$$

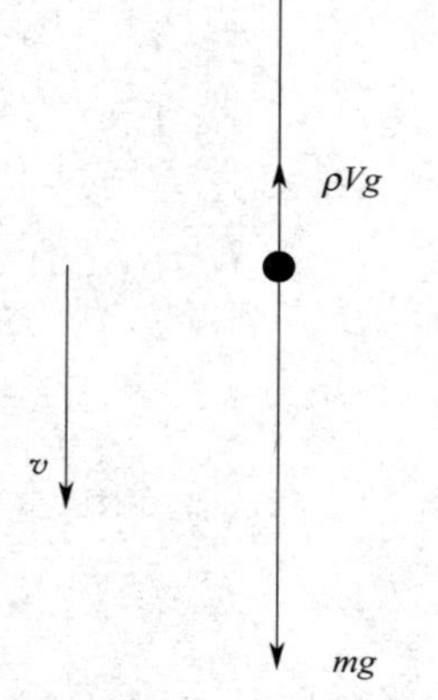

图 3.4.1　金属小球在液体中下落受力示意图

令小球的直径为 d，小球质量 $m=\pi d^3\rho'/6$，小球下落速度 $v=h/t$，小球半径 $r=d/2$，小球体积为 $V=\frac{4}{3}\pi r^3$，将以上参量代入式(3.4.2) 得

$$\eta=(\rho'-\rho)gd^2t/18h \tag{3.4.3}$$

式中，ρ'为金属小球的密度；h 为金属小球匀速下落的距离；t 为小球下落距离 h 所用的时间。

图 3.4.1 为金属小球在液体中下落受力示意图。

(2) 实验时，待测液体必须盛于容器中，故不能满足无限深广的条件，实验证明，若小球沿筒的中心轴线下降。公式需进行修正才能符合实际情况

$$\eta=\frac{(\rho'-\rho)gd^2t}{18h(1+2.4d/D)(1+1.6d/H)} \tag{3.4.4}$$

式中，D 为容器内径；H 为液柱高度。

【实验内容与步骤】

（1）调整黏滞系数测定仪及实验装备。

① 调整底盘水平，在仪器横梁中间部位放铅锤定位器，调节底盘三个旋钮，使铅锤尖顶对准底盘的十字中心点。

② 将实验架上的上、下两个激光器接通电源，可看见其发出红光。调节上、下两个激光器，使其红色激光束平行地对准锤线。

③ 取回铅锤，将盛有被测液体的量筒放置到实验架底盘中央，并将铅锤定位器用滤纸吸干残液，备用。

④ 在实验架上放上落球定位漏斗，落下一小球，看其是否能阻挡光线，若不能，则适当调整激光器位置。

（2）用温度计测量油温，在小球全部下落完成后再测量一次油温，则两次平均值作为实际油温。

（3）用电子分析天平测量 10～20 颗小钢珠的质量 m，测其直径，并算其平均体积，计算小刚球的密度 ρ'，用液体密度计测量蓖麻油的密度 ρ，用游标卡尺测量筒的内径 D，用钢尺测量油柱深度 H。

（4）用秒表测量下落小球的匀速运动速度。

① 从标尺读出上、下两个激光束之间的距离 h。

② 用千分尺测量小球直径，将小球放入落球定位漏斗，当小球落下，阻挡上面的红色激光时，光线受阻，此时用秒表开始计时，到小球下落到阻挡下面的红色激光束时，计时停止，读出下落时间，重复测量 5 次以上。最后计算蓖麻油的黏度。

（5）用激光光电门与电子计时仪器代替电子秒表，测量液体的黏度（注意：激光束必须通过玻璃圆筒中心轴），将测量结果与公认值进行比较。

【实验数据记录】（表 3.4.1）

油温 $T=$____℃；小球密度 $\rho'=$______$\mathrm{kg/m^3}$，油的密度 $\rho=0.960\times10^3\mathrm{kg/m^3}$，量筒直径 $D=6.72\mathrm{cm}$；$h=$______cm；$H=$________cm；$g=9.8\mathrm{m\cdot s^{-2}}$。

表 3.4.1　测量小球的直径 d 和下落时间 t

序号	小刚球直径/mm			下落时间/s		
	d_1	$\bar{d}$	u_d	t_1	$\bar{t}$	u_t
1						
2						
3						
4						
5						
6						
7						
8						
9						
10						

【数据处理】

（1）把相应数据代入式(3.4.4）中计算黏滞系数。

（2）计算不确定度：

$$\frac{u_\eta}{\eta}=\sqrt{4\left(\frac{u_\mathrm{d}}{\bar{d}}\right)^2+\left(\frac{u_\mathrm{t}}{\bar{t}}\right)^2}$$

其中，$u_\mathrm{d}=\sqrt{u_\mathrm{A}^2(d)+u_\mathrm{B}^2(d)}$；$u_\mathrm{t}=\sqrt{u_\mathrm{A}^2(t)+u_\mathrm{B}^2(t)}$。

$$u_\mathrm{A}=\sqrt{\frac{\sum(x_i-\bar{x})^2}{n(n-1)}}\quad u_\mathrm{B}=\frac{\Delta}{\sqrt{3}}$$

（3）测量结果：

$$\eta=\bar{\eta}\pm u_\eta$$

【注意事项】

（1）主机的使用方法。

① 打开电源开关，按仪器面板上的复位键，使显示器初始状态：“00.00”。

② 仪器从激光接收器的第一次触发（有指示灯和显示器显示）开始计时（显示器从 0 开始），到激光接收器第二次出发停止计时，此时间就为小球下降 L 距离所用的时间。

（2）小钢珠直径可用读数显微镜读出，也可由实验室给出。

（3）小钢珠贮存必须用酒精、乙醚混合液清洗干净，并用滤纸吸干残液。

（4）测量液体温度须用精确度较高的温度计，若使用水银温度计，则必须定时校准。

（5）实验时，可另配用手控秒表与激光开关同时计数，以增加实验内容，增强学生动手能力及误差分析的训练。

（6）激光束不能直射人的眼睛，以免损伤眼睛。

【讨论思考题】

请试着分析实验过程中液体温度的变化在实验上会有怎么样的体现？

【扩展训练】

测量不同油温下蓖麻油的黏滞系数。

【扩展阅读】

[1] 蔡永明，王新生．大学物理实验［M］．2 版．北京：化学工业出版社，2009.

[2] 王玉清，任新成．落球法测液体黏度实验的改进［J］．大学物理，2004，23（8）：41-41.

[3] 唐果书．落球法测液体黏滞系数实验的研究［J］．安徽教育学院学报，2006，24（3）：22-23.

[4] 刘竹琴，王玉清，刘艳峰．落球法测定液体黏滞系数实验的改进［J］．延安大学学报（自然科学版），2003（3）：54-56.

【附录】实验装置

整套实验装置由实验仪和实验台两大部分组成，如图 3.4.2 所示。

图中编码表述如下。

1—电源：实验仪电源开关。

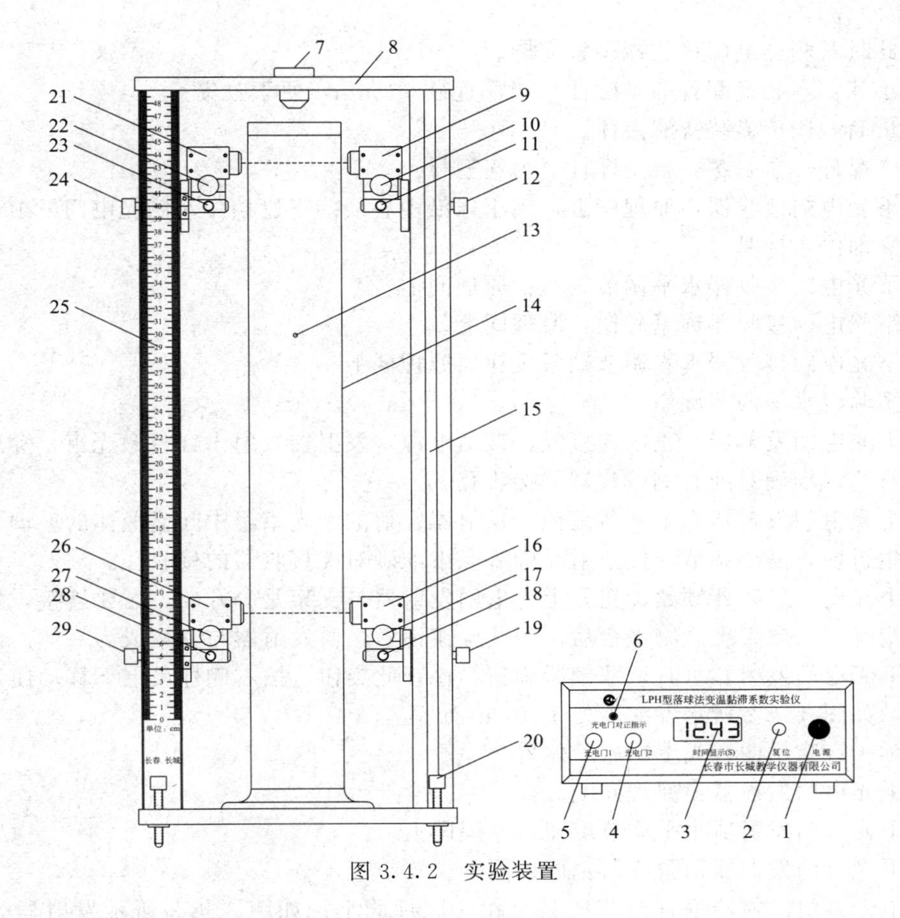

图 3.4.2　实验装置

2—复位：具有清零功能；按一下清零，计时器显示 00.00S。

3—时间显示窗：光电门计时时间显示。

4，5—两个光电门插座：用专用连接线分别与实验台上两个光电门发射器、两个光电门接收器连接，不分上下连接均可正常工作。

6—光电门对正指示：红色灯亮时表示两组光电门都处于正常状态，可以进行测试；灯不亮表示两组光电门至少有一组发射器发射的激光束没有与接收器对正，两组光电门只要有一组没有对正，灯就不亮而是处于乱计时状态，需要对光电门进行调整。

7—落球定位漏斗：用于小球下落时定位；从上面轻轻放下小球，小球从中心孔自由沿中心孔定位的垂直线落下。

8—实验台支架。

9—上光电门接收器：当小球从中心孔落下后遮挡住左侧光电门发射器发射的激光束，立即开始计时。

10—上光电门接收器水平调节旋钮：左侧光电门发射器发射的激光束经中间盛液体的玻璃管时，激光束会发生折射，需要调节，使折射后的激光束准确对准接收器的接收孔。

11—上光电门接收器锁紧旋钮：上光电门接收器与支架是分开的，需要连接，接收器下端两个固定杆插入支架上载物平台后，用此旋钮锁紧，使接收器与支架成为一体。

12—上光电门接收器垂直调节锁紧旋钮：同上理由，折射后的激光束需要调节；经水平调节后的激光束不能准确对准接收器的接收孔，而是处于接收孔的上方或下方，此时就需要松开此旋钮，向上或向下微微移动整个接收器，使激光束准确对准接收器的接收孔，然后锁紧旋钮，此时右侧光电门接收器调整完毕。

13—小球：本装置配置的是磁性小球，直径 Φ3mm，便于收集。

14—量筒：用于盛装待测液体。

15—支撑杆：左右各一根支撑杆，为铝型材。

16—下光电门接收器：原理同上，当小球沿中心线落下遮挡住左侧光电门发射器发射的激光束，立即停止计时。

17—下光电门接收器水平调节旋钮：原理同上。

18—下光电门接收器锁紧旋钮：原理同上。

19—下光电门接收器垂直调节锁紧旋钮：原理同上。

20—实验台水平调节旋钮。

21—上光电门发射器：正确连接线，接通电源，发射器发射出红色激光束，穿透盛装待测液体的量筒，准确对准右侧接收器的接收孔。

22—上光电门发射器水平调节旋钮：发射器发射的激光束经中间盛液体的玻璃管时，激光束会发生折射，需要调节，使折射后的激光束准确对准接收器的接收孔。

23—上光电门发射器锁紧旋钮：上光电门发射器与支架是分开的，需要连接，发射器下端两个固定杆插入支架上载物平台后，用此旋钮锁紧，使发射器与支架成为一体。

24—下光电门发射器垂直调节锁紧旋钮：松开此旋钮，按右侧标尺上下移动使发射器到指定位置，如图 3.4.2 所示发射器处于 40cm 处。

25—标尺：指示两组光电门所处位置。

26—下光电门发射器：原理同上。

27—下光电门发射器水平调节旋钮：原理同上。

28—下光电门发射器锁紧旋钮：原理同上。

29—下光电门发射器垂直调节锁紧旋钮：原理同上；如图 3.4.2 所示发射器处于 5cm 处，此时上下两光电门间距为 35cm，即为测定小球下落时间的下落距离。

该仪器的技术指标如下。

① 激光光电门在立柱上沿柱移动的距离标尺量程：大于 40cm，分度值 1mm。

② 激光光电计时器量程：99.99s；分辨率 0.01s。

③ 盛待测液体量筒规格：大于 1000ml；高度 53cm；内径 6.4cm。

④ 小钢珠（磁性）：直径 3mm；密度 7.874×10^3kg/m；重量 0.109g。在液体中下落测量速度的误差小于 1%。

⑤ 液体黏滞系数测量误差：小于 3%。

⑥ 计时器工作电源：AC220±20V。

3.5 理想气体定律实验

【引言】

理想气体定律实验

理想气体状态方程，又称理想气体定律、普适气体定律，是描述理想气体在处于平衡态时，压强、体积、温度间关系的状态方程。它建立在玻义耳-马略特定律、查理定律、盖-吕萨克定律等定律的基础上，由法国科学家克拉珀龙于 1834 年提出。下面介绍等温过程、变温过程和气体物质的量的测量，从多个角度验证理想气体状态方程。

【实验目的】

（1）理解热力学过程中状态变化及基本物理规律。

（2）验证理想气体状态方程。

（3）由理想气体定律测量气体的物质的量。

【实验仪器】

理想气体定律实验仪、带机械挡板和气体导管的针筒、包括四通阀的数据采集模块和电源线等。

【预习思考题】

请说出理想气体状态方程的内容和各个物理量的含义？

【实验原理】

（1）理想气体状态方程及气体三定律。

理想气体状态方程是描述理想气体处于平衡态时，各个状态参量之间的关系式，该方程是两个多世纪以来许多科学家经过不断地试验、观察、归纳总结才取得的成果，汇集了多个由两个变量的实验定律而构成，建立在玻义耳-马略特定律、查理定律、盖-吕萨克定律等经验定律上。在任何情况下，都能够严格遵从上述三个实验定律的气体称为理想气体。理想气体状态方程为

$$pV=nRT \tag{3.5.1}$$

式中，p 为气体的压强，单位为 kPa；V 为气体的体积，单位为 ml；n 为气体的物质的量，单位是 mol；T 为气体的热力学温度，单位为 K；R 为理想气体常数，国际单位制中 $R=8.31\text{J}/(\text{mol}\cdot\text{K})$。

此方程对常温常压下的空气也近似适用。

① 玻义耳-马略特定律。1662 年，英国化学家玻义耳（R. Boyle，1627—1691）使用 U 型玻璃管，用水银压缩被密封于玻璃管内的空气，加入水银量的不同会使其中空气所受的压力也不同。玻义耳经过观察管内空气的体积随水银柱高度不同而发生的变化，将得到的实验结果总结为玻义耳-马略特定律。即等温条件下，一定量低压气体的体积与压强成反比，或者说气体的体积与压强的乘积为常数。

$$p_1V_1=p_2V_2=\cdots=\text{恒量}$$

② 查理定律。1787 年，法国物理学家查理（J. Charles，1746—1823）研究氧、氮、氢、二氧化碳以及空气等在 0℃与 100℃间热膨胀时，发现每种气体的膨胀率都相同。即某一气体在 100℃中的体积为 V_{100}，而在 0℃时为 V_0，经过实验，表明任意气体由 0℃升高到 100℃，体积增加 37%，当压力维持一定时，定量气体温度每升高（或降低）1℃，体积会增加（或减少）其在 0℃时体积的 1/267，1847 年法国化学家雷诺（H. RegnauLt，1810—1878）修正为 1/273.15。一定量的气体，当体积保持不变时，遵从查理定律，压强与其温度成正比。

$$\frac{p_1}{T_1}=\frac{p_2}{T_2}=\cdots=\text{恒量}$$

③ 盖-吕萨克定律。1802 年，盖-吕萨克在试验也中发现，体积不变时，一定量的气体的压力和温度成正比，即温度每升高（或降低）1℃，其压力也随之增加（或减少）。

盖-吕萨克定律被发现将近一个世纪后，物理学家克劳修斯和开尔文建立了热力学第二定律，并提出了热力学温标（即绝对温标）的概念，盖-吕萨克定律被表述为：压力恒定时，一定量气体的体积与其温度成正比。

$$\frac{V_1}{T_1}=\frac{V_2}{T_2}=\cdots=\text{恒量}$$

19世纪中叶，法国科学家克拉珀龙综合玻义耳-马略特定律、查理定律和盖-吕萨克定律，把描述气体状态的3个参数：p，V，T 归于一个方程，表述为：一定量的气体，体积和压力的乘积与热力学温度成正比。19世纪末，人们开始普遍地使用现行的理想气体状态方程 $pV=nRT$。

（2）实验装置结构及原理。

整个实验装置由理想气体定律实验仪、带机械挡板和气体导管的针筒、包括四通阀的数据采集模块和电源线等组成。数据采集模块中的四通阀的四端分别连接温度采集端口、压力采集端口、针管以及泄气阀。可以通过控制泄气阀的开关以及针筒装置中柱塞的位置，来改变针筒中气体的体积以及压强，体积由针筒上的对应刻度即可读出，单位为ml。温度采集端口为高灵敏的热敏电阻伸入针管内，可精确测量针管内气体的温度变化，针管装置中的机械挡板使针管的柱塞推到底部时气体体积为20ml，给热敏电阻留有空间，以此在实验中保护热敏电阻。连接针管的气体导管直接与实验仪压强传感器相连，可精确测量针管内气体的压强变化。

【实验内容与步骤】

实验1：验证理想气体状态方程

（1）等温过程。

操作步骤：

① 打开泄压阀，将针管柱塞置于体积为40ml处，进入“状态监测”模式。

待温度、压强稳定后，记录40ml处对应的压强。

② 关闭泄压阀。

③ 通过模式按钮选择“等温过程”，见图3.5.1，然后按下确认键，进入等温过程界面，屏幕显示“处理中”，见图3.5.2。

④ 快速推进针管柱塞到底，完全压住柱塞，保持该位置一定时间，此时柱塞所在位置为20ml，直到屏幕上显示温度、压强读数，记录等温过程中20ml时的压强读数。

⑤ 重复上述步骤，测量5次，将读数记录在表3.5.1中。

注意：在等温过程中，如果按下“确认”键，30s内没有按压针管柱塞，会出现图3.5.3错误提示，请按下确认键，重新测量。

图3.5.1　等温过程模式选择界面

图3.5.2　等温过程数据处理界面

表3.5.1　等温过程

V/ml	p/kPa					
	1	2	3	4	5	平均值
40						
20						

数据处理：

对于等温过程，理想气体定律为 $p_1V_1=p_2V_2$，即

$$\frac{V_1}{V_2}=\frac{p_2}{p_1} \tag{3.5.2}$$

图 3.5.3 等温过程异常提示

计算最终压强和初始压强的比值 p_2/p_1，以及初始体积和最终体积的比值 V_1/V_2，比较两者是否相等？通过计算比较发现二者比值不相等，这是因为针管上读出的体积，不包括气体导管中的体积，并且导管内的体积不能够忽略，这里我们假设导管内的体积为 V_0，式(3.5.2) 变为

$$\frac{V_1+V_0}{V_2+V_0}=\frac{p_2}{p_1} \tag{3.5.3}$$

利用测量值 V_1，V_2，p_1 和 p_2，即可计算出导管内的体积 V_0。

(2) 变温过程。

操作步骤：

① 打开泄压阀，将针管柱塞置于体积为 40ml 处，进入“状态监测”模式，待温度、压强稳定后，记录 40ml 体积对应的压强及温度。

② 关闭泄压阀。

③ 通过模式按钮选择“变温过程”，见图 3.5.4，按“确定”键进入变温模式，屏幕上将显示“处理中”，见图 3.5.5。

④ 快速推进针管柱塞到底，完全压住柱塞，保持该位置一定时间，此时柱塞位置为 20ml，直到屏幕上显示温度、压强读数，记录变温过程中 20ml 时的压强及温度，将读数记录在表 3.5.2 中。

注意：仪器显示的温度 t 为摄氏度，而理想气体状态方程中的 T 为热力学温度，$T=t+273.15$。

图 3.5.4 变温过程模式选择界面

图 3.5.5 变温过程数据处理界面

表 3.5.2 变温过程

序号	V/ml	p/kPa	t/℃	T/K
1	$40+V_0$			
2	$20+V_0$			

数据处理：

根据理想气体状态方程

$$\frac{pV}{T}=C \quad (C\text{ 为常数})$$

用测量的数据计算 C_1 和 C_2 的值，并比较它们的值，是否相等？其中 $V_1=40+V_0$，$V_2=20+V_0$，代入下式，

$$C_1=\frac{p_1V_1}{T_1}$$

$$C_2=\frac{p_2V_2}{T_2}$$

计算出实验的相对误差

$$E_r=\frac{C_2-C_1}{C_1}\times100\%$$

实验 2：测量气体的物质的量

操作步骤：

① 打开泄压阀，将针管柱塞初始位置位于 40ml，进入“状态监测”模式待温度及压强稳定后，记录 40ml 体积对应的压强及温度，填入表 3.5.3。

② 关闭泄压阀。

③ 通过模式按钮选择“变温过程”，按“确认”键进入变温过程，屏幕上将显示“处理中”。

④ 快速推进针管柱到指定体积 35ml 后，持续压住柱塞，保持该位置一定时间，直到屏幕上显示温度及压强数据，记录此时对应体积的温度及压强。

⑤ 松开柱塞，让柱塞自由膨胀到原来的位置，等待 1min，以便温度回到室温。

⑥ 重复以上操作，将步骤（4）中的指定体积依次换成 30ml、25ml、20ml，记入表 3.5.3。

⑦ 接下来柱塞初始位置改为 60ml 和 80ml，根据表 3.5.3 的测量方法，完成表 3.5.4 和表 3.5.5。

表 3.5.3　初始位置为 40ml

V/ml	p/kPa	t/℃	T/K	T/p/(K/kPa)
40				
35				
30				
25				
20				

表 3.5.4　初始位置为 60ml

V/ml	p/kPa	t/℃	T/K	T/p/(K/kPa)
60				
55				
50				
45				
40				

表 3.5.5　初始位置为 80ml

V/ml	p/kPa	t/℃	T/K	T/p/(K/kPa)
80				
75				
60				
55				
50				

数据处理：

根据以上测量数据，求出 T/p 的数值填入表格中，作 V-T/p 曲线。用作图法求出3条直线的斜率，根据理想气体状态方程，斜率 $k=nR$，$R=8.31\text{J}\cdot\text{mol}^{-1}\cdot\text{K}^{-1}$ 是普适气体常数，由 k/R 计算针管内气体的摩尔数 n，并与理论值比较，计算百分差 E_r，并分析原因。

【注意事项】

（1）请勿用力拉拽导气管与信号线。

（2）信号线与主机连接采用插拔结构，请勿旋转拆卸。

（3）在数据处理时要注意单位，最后算出的物质的量的量级应为 10^{-3}mol。

【讨论思考题】

（1）当针管的体积突然减少一半，压强为什么变化2倍多？它为什么瞬间达到200kPa以上？

（2）当针管的体积突然减少一半，温度和压强将升高，经过短暂的时间，温度接近室温，但压强会达到更高的值。为什么压强不能像温度那样回到原来的值？

（3）当记录完最后一个数据，松开柱塞后，温度将如何变化？为什么？

【扩展训练】

调研理想气体状态方程在工业测量中的应用。

【扩展阅读】

[1] 姜富强，等．理想气体状态方程实验仪［J］．物理实验，2015，35（3）：40-42.

[2] 莫长涛，吕加．大学物理实验［M］．北京：科学出版社，2015.

【附录】实验装置（图3.5.6）

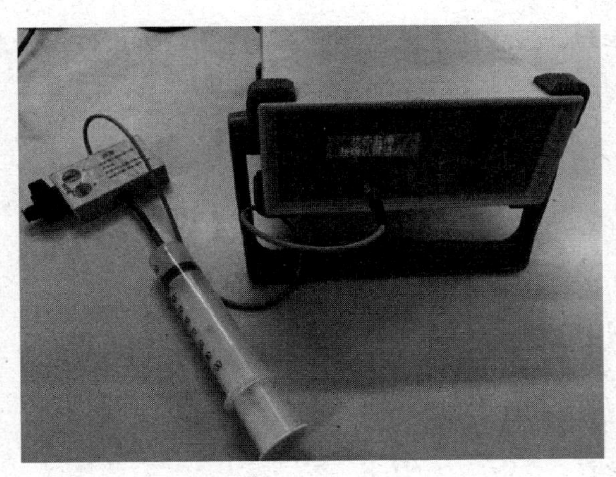

图3.5.6　实验装置

实验装置由理想气体定律实验仪、带机械挡板和气体导管的针筒、包括四通阀的数据采集模块和电源线等组成。

3.6 用拉伸法测量金属丝的杨氏模量

【引言】

用拉伸法测量金属丝的杨氏模量

杨氏模量是 1807 年因英国医生兼物理学家托马斯·杨（Thomas Young，1773—1829）所得到的结果而命名，是描述固体材料抵抗形变能力的重要物理量。当一条长度为 L、横截面积为 S 的金属丝在力 F 作用下伸长 ΔL（为微小变化量）时，F/S 叫应力，即金属丝单位截面积所受到的力；$\Delta L/L$ 叫作应变，即金属丝单位长度所对应的伸长量；应力与应变的比叫弹性模量。杨氏模量又称为拉伸模量，是沿纵向的弹性模量。除了杨氏模量以外，弹性模量还包括体积模量和剪切模量。

杨氏模量是选定机械构件的依据，工程设计上选用材料时常涉及的重要参数之一，一般只与材料的性质和温度有关，与其几何形状无关。杨氏模量的大小标志了材料的刚性大小，杨氏模量越大，越不容易发生形变。实验测定杨氏模量的方法很多，如拉伸法、弯曲法和振动法（前两种方法属于静态法，后一种属于动态法）。

本实验中涉及较多长度测量，应根据不同的测量对象，选择不同的测量仪器，其中金属丝长度改变很小，用一般测量长度的工具不易精确测量，也难保证其精度要求，本实验采用 CCD 测量仪进行测量。它的特点是直观、简便、精度高。

在数据处理上，本实验介绍了一种常用的方法——逐差法，此方法在物理实验中经常使用。

【实验目的】

（1）了解杨氏模量的物理概念，掌握其测量原理和方法。
（2）学会用 CCD 测量仪测量微小伸长量的方法。
（3）掌握逐差法数据处理，学习减少系统误差的方法。
（4）掌握不确定度的计算方法。
（5）通过实验的学习，具备勤于观察、勇于探索、持之以恒的科学精神。

【实验仪器】

米尺、千分尺、CCD 测量仪等。

【预习思考题】

（1）在拉伸法测杨氏模量实验中，关键是测哪几个量？
（2）本实验中必须满足哪些实验条件？

【实验原理】

（1）杨氏模量。

在外力作用下，固体所发生的形状变化称为形变。形变可分为两种：其一为弹性形变，即外力撤出后，物体能完全恢复原状的形变。其二为范式形变，即外力较大，撤除后物体不能完全恢复原状，而留下剩余形变。

本实验只研究弹性形变。最简单的弹性形变是棒状物体受外力后其长度的拉长和收缩。

设物体的原长为 L，横截面积为 S，棒长的改变量 ΔL 与原长 L 的比值 $\Delta L/L$ 称为应变。如果在长度方向施加外力 F 时，其伸长 ΔL。按照胡可定律，比例系数为杨氏模量用 E 表示

$$E=\frac{FL}{S\Delta L} \tag{3.6.1}$$

式中 F、S、L 三个量都比较容易测量。ΔL 是一个很小的量，很难用普通测量长度的仪器测准。本实验用 CCD 测量仪测量 ΔL。需要指出的是 E 与 F、S、L 三个量无关，它是表征材料性质的一个物理量，仅与材料的结构、化学成分及其加工制造方法有关。它是表征固体性质的一个物理量。

（2）实验装置。

CCD 杨氏模量测量仪的结构如图 3.6.1 所示，它由三个部分组成：金属丝和支架、显微镜、成像显示系统。在圆柱中部的方形窗中有一水平细刻线，用作测量时的读数参考线。显微镜用来观测该刻线在加载前后位置的变化。显微镜的目镜焦距为 10mm，目镜前方装有分划板，分划板刻有标尺，刻度范围 0～6.5mm，分度值为 0.05mm，每隔 1mm 刻一数字，显微镜的放大率为 25 倍。CCD 成像显示系统包括一个 CCD 黑白摄像机、一个黑白视频监视器和一个摄像机支架。CCD 成像显示系统的作用是将显微镜中细刻线和分划板的相对位置进一步放大，并将图像显示在监视器上。显微镜和 CCD 成像显示系统的总的图像放大率为 62.5 倍。实验中，钢丝伸长量通过参考刻线在分划板标尺上位置的改变来测量。

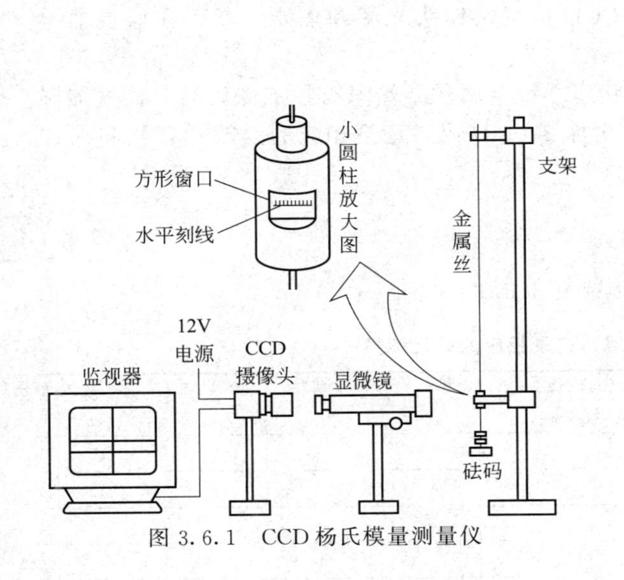

图 3.6.1　CCD 杨氏模量测量仪

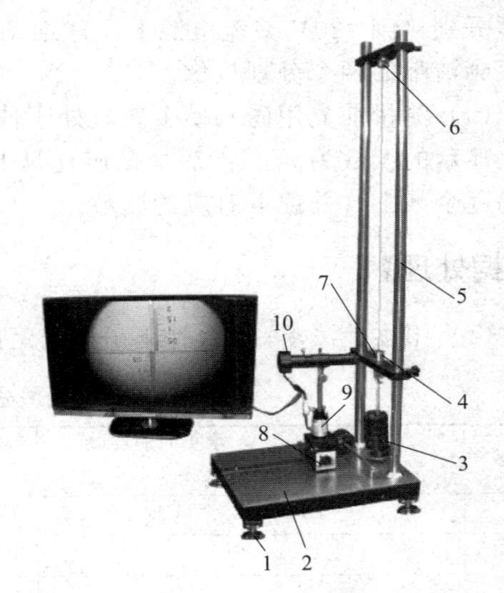

图 3.6.2　光学平台

1—可调底角；2—平台；3—砝码；4—下夹头；5—立柱；6—上夹头；7—数字分划板；8—磁力滑座；9—横向精密调节；10—纵向精密调节

精密光学平台见图 3.6.2，工作台下面由四个可调底角（1）支撑，砝码（3）摆放在砝码支架上，磁力滑座（8）上面连接三维移动，（9,10）即横向、纵向垂直方向精密调节，磁力滑座（8）沿导轨安置在光学平台上，两个立柱（5）固定在台面上，将上夹头（6）和下夹头（4）分别套在横梁上，横梁沿立柱可上下移动，下夹头（4）含有数字分划板在横梁内上下活动自如，砝码托盘挂在下夹头（4）底部，可将砝码轻轻放在托盘中，将显微镜组的十字分划板对准下夹头的数字分划板（7）用眼睛直接可以看到数字分划板像，如图 3.6.3 所示，调节横向纵向垂直微调直到两分划板重合，增加或减少砝码。数字分划板可上下移动，锁紧显微系统上面的锁紧钉，将 CCD 摄像头安装在显微镜上再进行微调，直到两分划

板完全重合，加减砝码就可在监视器上观察到被测线材的长度变化（ΔL）。

【实验内容与步骤】

（1）将水准仪放在精密光学平台上，用四个可调底角钉调平，将被测线材用上下夹头的锁紧机构加紧，上夹头及横梁固定在双立柱上端，下夹头及横梁固定在双立柱下端。砝码托盘挂在下夹头底部（砝码钩不要碰到工作台面）调到适当位置锁紧横梁上的锁紧钉，固定好横梁用一字螺刀调整的顶丝使下夹头在横梁内无摩擦地上下自由移动。

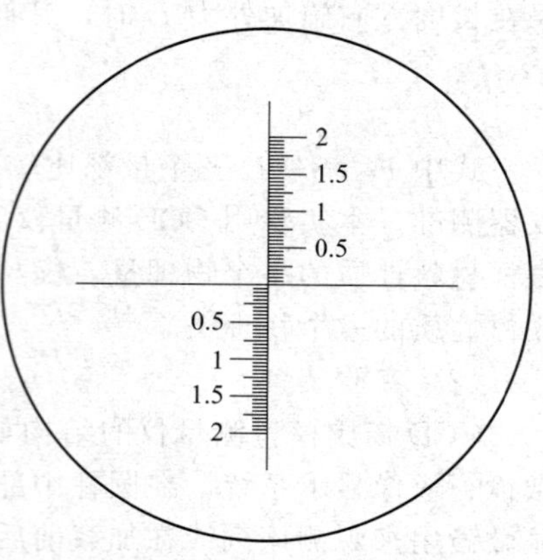

图 3.6.3　数字分划板像

（2）将显微镜组插入磁力滑座内，旋转目镜，用眼睛观察到清晰的十字叉丝像。调整高低位置，沿导轨前后移动滑座，能够看到下夹头数字分划板像，调整横、纵向及垂直微调使十字像与数字分划板的十字线完全重合。

（3）将 CCD 安装在镜筒上，把视频电缆线的一端接摄像机视频输出端子，另一端接监视器的视频输入端子，将 CCD 专用的 12V 直流电源接到摄像头插口内，并将直流电源和监视器分别接到 220V 交流电源上，仔细调整 CCD 位置及镜头光圈和焦距，就可在监视器上观察到清晰的两个分划板像。

（4）测量前先用砝码使金属丝处于伸直状态。设金属丝下端只有预加砝码时，监视器屏幕上显示的读数为 r_0，然后在砝码托盘上逐次加 200g 砝码，记下相应的读数 r_i，再将所加砝码逐个减去，并记下对应的读数。

【数据处理】

（1）用逐差法求 ΔL，并求出不确定度，见表 3.6.1。

表 3.6.1　增减砝码时，记录相应的标尺读数

次数	荷重 /kg	增重时的度数 /($\times10^{-2}$)	减重时的度数 /($\times10^{-2}$m)	两次度数平均值 L_i /($\times10^{-2}$m)	$\Delta L=L_{i+4}-L_i$ /($\times10^{-2}$m)
0					
1					
2					
3					
4					
5					
6					
7					

ΔL 的平均值＝　　　　　　　　　　ΔL 的不确定度＝

（2）测量原长 L、d，并求出其不确定度，见表 3.6.2 和表 3.6.3。

表 3.6.2　测量长度 L、直径 d 数据记录表

测量量	测量值	选用仪器	不确定度
L			

表 3.6.3 钢丝直径

测量次数	1	2	3	4	5	6	平均值	不确定度
d								

(3) 用伸长法测杨氏模量公式：$\overline{E}=\dfrac{FL}{S\Delta L}$。

(4) 不确定度计算

$$\left(\frac{u_{\mathrm{E}}}{E}\right)^2=\left(\frac{u_{\mathrm{L}}}{L}\right)^2+\left(\frac{2u_{\mathrm{d}}}{d}\right)^2+\left(\frac{u_{\Delta\mathrm{L}}}{\Delta L}\right)^2$$

$$u_{\mathrm{E}}=\overline{E}\times\frac{u_{\mathrm{E}}}{E}$$

(5) 结果记为：$E=\overline{E}\pm u_{\mathrm{E}}$。

【注意事项】

(1) 增减砝码时要轻放轻取，以防冲击和摆动，应等标尺稳定后才可读数。标尺读数若在零点两侧，应区分正负。

(2) 因砝码的重心不在其几何中心，所以要正确摆放砝码，以保证钢丝上悬挂的砝码串得稳定。

(3) CCD 不可正对太阳光、激光或其他强光源；CCD 的 12V 直流电源不可随意用其他电源取代，不要使 CCD 视频输出短路。不要用手触摸 CCD 镜头。

【讨论思考题】

(1) 材料相同，粗细长度不同的两根钢丝，他们的杨氏模量是否相同？

(2) 为什么要使钢丝处于伸直状态？如何保证？

【扩展训练】

实验中的各长度量（如 L 和 d）为什么要使用不同的量具来测量？试分析哪一个量的测量对实验结果的影响最大？

【扩展阅读】

[1] 吴世春．普通物理实验［M］．重庆：重庆大学出版社，2015.

[2] 金雪尘，王刚，李恒梅．物理实验［M］．南京：南京大学出版社，2017.

【附录】CCD 的工作原理

CCD 是电荷耦合器件的简称，是目前较实用的一种图像传感器，现在的二维 CCD 器件固态摄像器应用于可视电话和无线电传真领域，在生产过程监视和检测上有着广泛的应用。

图像式由像素组成行，行组成帧，对于黑白图像来说，根据光的强弱每个像素得到不同大小的电信号，并在光照停止之后对电信号保持记忆，直到把信息传出去从而构成图像传感器。

CCD 器件是用（金属-氧化物-半导体）电容构成的像素实现上述功能的。在 P 型硅半导体衬底上通过氧化形成一层 SiO_2，然后再沉积小面积的金属铝作为电极，P 型硅里的多数载流子是带正电荷的空穴，少数载流子是带负电荷的电子。当金属电极上施加正电压时，其电场能够透过 SiO_2 绝缘层对这些载流子进行排斥和吸引。带正电的空穴被排斥到远离电极处，剩下不能移动的带负电的受主杂质离子在紧靠 SiO_2 层处形成负电荷区。电子一旦进入就不能复出，故称为电子势阱。

当器件受到光照射，光子的能量被半导体吸收，产生电子-空穴对，这时出现的电子被吸引存储在势阱中，这些电子可以传导，光越强，势阱中收集的电子越多，光越弱则越少，这样就把光的强弱变成电荷的数量，实现光和电的转换。由于势阱中的电子处于被存储状态，即使停止光照，一定时间内也不会损失，实现了对光照的记忆。

上述结构实质上是个微小的 MOS 电容，用它构成像素，即可“感光”又可留下“潜影”，感光作用是靠光强产生的电子积累电荷，潜影是各个像素留在各个电容中电荷不等而形成的。若能设法把各个电容中的电荷依次传送到他处，再组成行和帧并经过“显影”，就实现了图像的传递。

3.7 自组电桥测电阻

【引言】

电桥是电学中最基本的电路之一，利用电桥平衡原理构成的电学仪器不仅可以测量电子，还可测电容和电感。基于以上物理量的测量可以间接测量非电学量，比如压力和温度等。因此电桥电路在自动控制和自动化仪表中有着广泛的应用。电桥分为交流电桥和直流电桥。直流电桥是用来测量电阻和与电阻有关的物理量，交流电桥是用来测量电容和电感等物理量。直流电桥又分为直流单电桥和直流双电桥。其中直流单电桥是英国物理学家惠斯登发明的，因此又称为“惠斯登电桥”。“惠斯登电桥”可测的电阻范围在 $1\sim10^6\ \Omega$。直流双电桥又称为“开尔文电桥”，可测电阻范围在 $10^{-5}\sim10\Omega$，这里我们将采用惠斯登电桥测量电阻。

自组电桥测电阻

【实验目的】

（1）了解惠斯登电桥测量电阻的原理和方法。

（2）了解电桥灵敏度的定义。

（3）学习用交换法消除自搭电桥的系统误差。

【实验仪器】

直流电阻箱、直流稳压电源、自组电桥与应用设计实验箱。

【预习思考题】

（1）精确测量电阻时为何使用电桥而不用伏安法或欧姆表？

（2）电桥灵敏度与哪些因素有关？

（3）请思考以下因素“电源电压不稳、检流计灵敏度不高、检流计零点没有调节好、比例臂上导线电阻不能忽略”是不是惠斯登电桥测量误差增大的原因？

【实验原理】

（1）惠斯登电桥的工作原理。

惠斯登电桥又称单臂电桥，它的基本电路如图 3.7.1 所示。电路主要由四个桥臂和

“桥”——平衡指示器（通常为电流计）以及电源 E 和开关等构成。选择适当的 R_1 和 R_2 电阻，调节标准电阻 R_s 使 B、D 两点间的电位相等，即使检流计指针指零，此时称电桥达到平衡。单臂电桥达到平衡时满足

$$I_1R_1=I_2R_2,\quad I_xR_x=I_SR_S,\quad I_1=I_x,\quad I_2=I_S$$

由此可得 $\frac{R_1}{R_2}=\frac{R_x}{R_S}$，即

$$R_x=\frac{R_1}{R_2}R_S=kR_S\quad\left(k=\frac{R_1}{R_2}\right)$$

上式称为电桥平衡条件。因此采用直流电桥测电阻 R_x 的实质就是在电桥平衡条件下，把待测电阻 R_x 按已知比率关系 k 直接与标准电阻进行比较，故电桥法又称为平衡比较法。

（2）惠斯登电桥灵敏度。

电桥灵敏度 S 的定义是指：在电桥平衡条件下，桥臂电阻 R_S 改变 ΔR_S 时，检流计偏离平衡位置 Δd 格，则 $S=\frac{\Delta d}{\Delta R_S/R_S}$，容易证明 $\frac{\Delta d}{\Delta R_x/R_x}=\frac{\Delta d}{\Delta R_S/R_S}$，所以 $S=\frac{\Delta d}{\Delta R_x/R_x}$。通常将指针偏转 0.2 格作为眼睛能觉察的界限，所以由灵敏度的限制而引入的测量误差可取作 $\Delta R_x=R_x\frac{0.2}{S}$。

电桥灵敏度的大小由电源电压、检流计内阻和桥臂电阻决定。电源电压高，检流计灵敏度高，则电桥灵敏度高；检流计的内阻大，桥臂电阻大，则电桥灵敏度低。从理论上讲电桥的灵敏度越高，电桥的平衡能够判断得更精确，测量结果的不确定度就能够控制得越小。但实际上电桥的灵敏度也不是一味越高越好，灵敏度越高，调节平衡花费的时间越长，稳定性重复性差，不便操作。因此要根据实际具体情况合理选择电源电压、检流计以及相应的桥臂电阻，适度提高电桥的灵敏度同时兼顾实验要求。

（3）交换测量法。

交换法电路如图 3.7.2 所示，其作用与图 3.7.1 是相同的。图中 $R_m=1\text{M}\Omega$，其作用是保护检流计及便于平衡状态的调节。R_s 为电阻箱，R_x 为待测电阻，R_1 和 R_2 为同一滑线变阻器。用交换 R_x 和 R_s 的测量法可消除因 R_1、R_2 引入的误差。保持 R_1/R_2 比值不变的条件下，将 R_s 和 R_x 交换位置，调节 R_s 为 R_s'，使电桥重新平衡，则 $R_x=\sqrt{R_S\times R_S'}$。上式表明使用交换法可消除由 R_1 和 R_2 引入的误差。

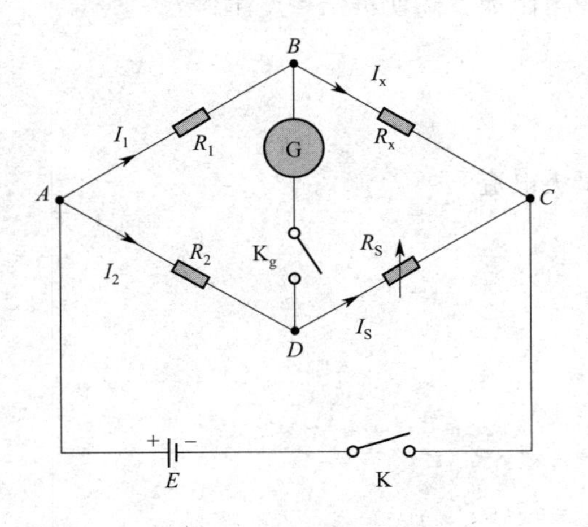

图 3.7.1　惠斯登电桥原理电路

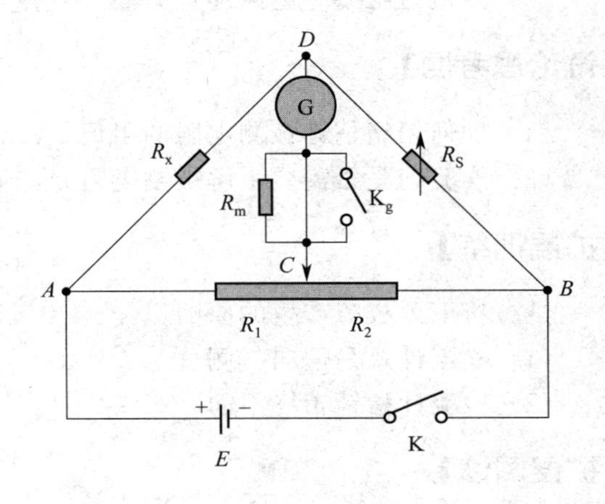

图 3.7.2　惠斯登电桥交换法电路

【实验内容与步骤】

（1）根据实验室提供的器件组装惠斯登电桥，采用交换法测量标称值为510Ω、10kΩ的电阻值。每个电阻进行五次测量，自拟记录表格，根据电阻箱的准确度等级，计算待测电阻的不确定度，写出该电阻的测量结果表达式。

（2）没有检流计的情况下，用惠斯登电桥测量微安表表头内阻。（提示：表头兼作待测桥臂和电桥平衡指示仪。）

【数据处理】

标称值为510Ω，数据填入表3.7.1。

表3.7.1　标称值为510Ω的测量数据记录表

次数	R_s	R'_s	R_x	平均值
1				
2				
3				
4				
5				

标称值为10kΩ，数据填入表3.7.2。

表3.7.2　标称值为10kΩ的测量数据记录表

次数	R_s	R'_s	R_x	平均值
1				
2				
3				
4				
5				

【注意事项】

（1）工作电压的增大可以提高灵敏度，但不要超过桥臂电阻的额定功率。

（2）测量过程中，电路通电时间要尽量短，避免电阻因发热使得结果产生偏差。

【讨论思考题】

（1）如何粗略估计被测电阻的阻值。

（2）实验前是否需要了解被测电阻允许通过的最大电流？

【扩展训练】

试分析下列故障产生的原因：

（1）检流计总是偏向一侧。

（2）检流计指针始终不动。

【扩展阅读】

[1] 吴世春．普通物理实验［M］．重庆：重庆大学出版社，2015.

[2] 金雪尘，王刚，李恒梅．物理实验［M］．南京：南京大学出版社，2017.

[3] 赵黎，王丰．大学物理实验［M］．北京：北京大学出版社，2018.

【附录】

惠斯登（1802—1875），英国物理学家。1802 出生于英格兰的格洛斯特。青少年时代受到严格的正规训练，兴趣广泛，动手能力很强，1834 年被伦敦英王学院聘为实验物理学教授。1836 年当选为英国伦敦皇家学会会员，1837 年当选为法国科学院外国院士。1868 年由英王封为爵士，1875 年 10 月 19 日在巴黎逝世。终年 73 岁。

惠斯登很早就对物理学研究表现出极大兴趣，在物理学的许多方面都做出了重要贡献：在电学研究方面，惠斯登有许多独特的方法和独到的见解。他利用旋转片的方法，巧妙地测定了电磁波在金属导体中的速率，测得的值超过了每秒 28 万公里。惠斯登采用转速这个数值比较大的量代替数值很小的时间间隔，后来这个方法被法国物理学家傅科（1819—1868）用来首次精确测定了光速。惠斯登是真正领悟欧姆定律，并在实际中应用的第一批英国科学家之一。

在光学方面，惠斯登对双筒视觉、反射式立体镜等进行了研究，阐述了视觉可靠性的根源问题。他对人眼的视觉、色觉等生理光学的问题也作了正确的阐述。

惠斯登还对乐音在刚性直导线上传输的问题进行了研究，取得了出色的成果，还用实验验证了吹奏乐器中空气振动问题中的伯努利原理。

3.8　刚体转动惯量的测定

【引言】

转动惯量是刚体转动惯性大小的量度，是表征刚体特性的物理量。它与刚体的质量分布、形状大小和转轴的位置有关。转动惯量的定义式为：$I=\sum_i r_i^2 m_i$ 或 $I=\int r^2\,\mathrm{d}m$ 。形状简单且质量均匀分布的刚体可以直接通过数学计算求得其绕定轴的转动惯量；在日常生活中常常遇到形状复杂且质量分布不均的刚体，其转动惯量理论计算会相当烦琐，通常采用实验方法测定，例如电动机转子和机械部件等。下面介绍一种利用刚体转动惯量仪测定刚体转动惯量的方法。

刚体转动惯量的测定

【实验目的】

（1）用实验方法检验刚体的转动定理。

（2）用作图法处理数据——曲线改直。

（3）观测刚体的转动惯量随其质量分布不同而改变的状况。

【实验仪器】

刚体转动惯量仪，滑轮，卷尺，秒表，砝码。

【预习思考题】

（1）根据你学过大学物理的内容，请你说说转动惯量的物理意义？

（2）请问如何测量本实验中所使用仪器的摩擦力矩？

（3）本实验测量刚体转动惯量的原理是什么？

【实验原理】

（1）刚体的转动定律。

刚体绕固定轴转动时，在外力矩 M 的作用下刚体将获得角加速度 β，其值与外力矩大小成正比，与刚体的转动惯量 I 成反比，即刚体的转动定律为

$$M=I\beta \tag{3.8.1}$$

利用刚体的转动定律，通过实验的方法可求得理论计算相对复杂刚体的转动惯量。

（2）应用转动定律求转动惯量。

图 3.8.1 为刚体转动惯量仪示意图，待测刚体由塔轮、伸杆及杆上的配重物组成。细线的一端缠绕在塔轮上，另一端与砝码相连，实验过程中将细线搭到定滑轮上，刚体将在砝码的拖动下绕竖直轴转动。

设细线不可伸长，砝码将在重力 mg 和细线的张力 T 的共同作用下，由静止开始以恒定加速度 a 下落，其满足的运动方程为 $mg-T=ma$，经过 t 时间内砝码下落的高度满足 $h=at^2/2$。刚体受到张力的力矩为 T_r，受到轴摩擦力的力矩为 T_f。根据转动定律可得到刚体的转动运动方程：$M_r-M_f=I\beta$。绳子与塔轮间不发生相对滑动有 $a=\beta r$，整合上述四个方程可得到

$$m(g-a)r-M_f=2hI/rt^2 \tag{3.8.2}$$

其中摩擦力矩 M_f 与张力力矩 M_r 相比可以忽略（$M_f \ll M_r$），砝码质量 m 比刚体的质量小得多时有 $a \ll g$，因此可得到近似表达式

$$mgr=2hI/rt^2 \tag{3.8.3}$$

式中，r、h、t 分别为塔轮半径，砝码下落高度和砝码下落过程经历的时间。以上参量可直接测量获得。m 是砝码的质量，是实验中任意选定的。因此根据式(3.8.3)通过实验的方法求得刚体的转动惯量 I。

（3）验证转动定律，求转动惯量

从式(3.8.3)出发，考虑用作图法获得刚体的转动惯量。

实验过程中选用不同质量的砝码，砝码在经过相同高度 h 时所用的时间 t 则不同。作 m-$1/t^2$ 图：伸杆上配重物位置不变，即选定一个刚体，取固定力臂 r 和砝码下落高度 h，式(3.8.3)变为

$$m=K_1/t^2 \tag{3.8.4}$$

式中，系数 $K_1=2hI/gr^2$ 为常量。上式表明：所用砝码的质量 m 与下落时间 t 的平方成反比。实验中选用一系列的砝码质量，可测得一组 m 与 $1/t^2$ 的数据，将其在直角坐标系上以纵坐标为 m、横坐标为 $1/t^2$ 作图，应得到一条直线。即若所作的图是直线，便验证了转动定律。

从 m-$1/t^2$ 图中测得斜率 K，将已知的 h、r、g 值代入，由公式 $K_1=2hI/gr^2$ 即可求得刚体的转动惯量

$$I=K_1r^2g/2h \tag{3.8.5}$$

【实验内容与步骤】

（1）实验装置的调节。

首先将水平仪放置在转动惯量仪底座上，通过调节底座下平螺钉使底座水平，进而是转

轴垂直于水平面。调节滑轮高度与位置，使拉线与塔轮轴垂直，并与选定塔轮面（$r=3$cm）共面（也可选取其他半径的塔轮面）。选定砝码下落起点到地面的高度 $h=60$cm（该高度可根据实际情况选为其他值），并据此调节转动惯量仪到桌面距离，实验过程中该高度将保持不变。

（2）测量质量与下落时间关系。

主要内容是更换不同质量 m 的砝码，测量其下落时间 t。

① 保持转动惯量仪的位置不变（即选用半径为3cm的塔轮面），砝码下落过程中起点到终点的高度 $h=60$cm，在横杆上依次置4个配重物，配重物的位置分别为 $1—1'$，$2—2'$。

每个砝码的质量为5g，每次增加一个砝码，直到砝码质量为35g止，用秒表记录砝码经过高度 $h=60$cm的下落时间。对每种质量的砝码，分别测量三次下落时间，并对三次下落时间取平均值。

以纵坐标为 m、横坐标为 $1/t^2$ 建立直角坐标系，将测得的数据在图中依次描点。从图中求出直线的斜率，进而计算刚体的转动惯量。

② 将配重的位置改变为 $3—3'$，$4—4'$，重复上述操作。

【数据处理】

（1）$m—1/t^2$ 的数据。

① 塔轮半径 $r=3$cm，高度 $h=60$cm，配重物的位置为：$1—1'$；$2—2'$（表3.8.1）。

表3.8.1　测量记录表1　　单位：s

m/g	5.0	10.0	15.0	20.0	25.0	30.0	35.0
第一次							
第二次							
第三次							
平均值							
$1/t^2/(s^{-2})$							

② 塔轮半径 $r=3$cm，高度 $h=60$cm，配重物的位置为：$3—3'$；$4—4'$（表3.8.2）。

表3.8.2　数据记录表2　　单位：s

m/g	5.0	10.0	15.0	20.0	25.0	30.0	35.0
第一次							
第二次							
第三次							
平均值							
$1/t^2/(s^{-2})$							

（2）分别绘图，求出斜率 K_1，将已知参数代入式(3.8.5)从而求出 I。

【注意事项】

（1）实验过程中需仔细调节转动惯量仪，使得刚体转轴保持铅直。轴尖和轴槽之间尽量保持为点接触，使转轴转动自如，且不能摇摆，从而减少摩擦力产生的力矩。

（2）拉线在塔轮上缠绕时要避免乱绕，各匝线平行缠绕，以防匝线之间挤压进而增大阻力。

（3）砝码下落计时要准确，避免因计时带来的误差。

（4）实验过程中砝码的质量不易过大，以使砝码下落的加速度不至过大。

（5）砝码下落过程中，应避免拉线与桌边等其他物体接触。

【讨论思考题】

定性分析实验中可能的系统误差和随机误差。

【扩展训练】

试验证配重物放置相同位置时，选取不同的塔轮半径测得的刚体转动惯量是否相同。

【扩展阅读】

[1] 吴世春. 普通物理实验 [M]. 重庆：重庆大学出版社，2015.

[2] 金雪尘，王刚，李恒梅. 物理实验 [M]. 南京：南京大学出版社，2017.

[3] 赵黎，王丰. 大学物理实验 [M]. 北京：北京大学出版社，2018.

【附录】

刚体转动惯量仪的结构及其各部分名称如图 3.8.1 所示。

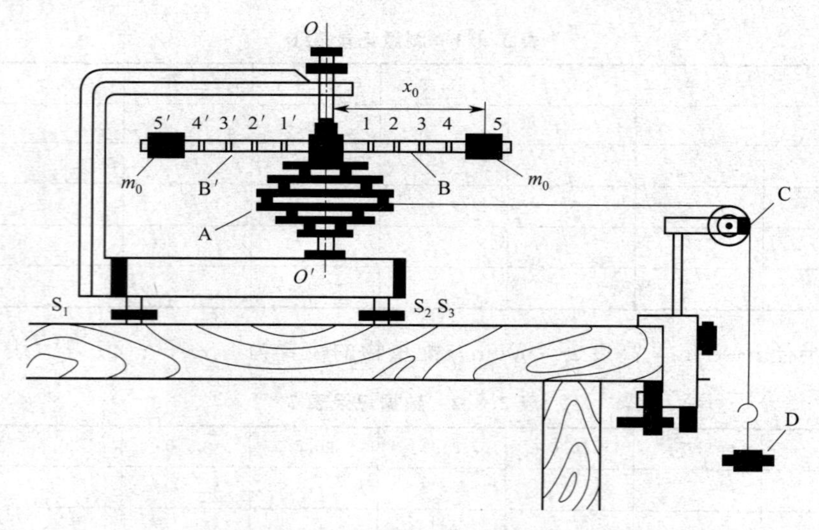

图 3.8.1 刚体转动惯量仪示意图

刚体转动惯量仪主要由以下几部分构成。

A—塔轮，由五个不同半径的圆盘组成。上面绕有挂砝码的拉线，由它对刚体施加外力矩。

B，B′—对称形的细长伸杆，上有圆柱形配重物，调节其在杆上位置即可改变转动惯量。与塔轮和配重物构成一个刚体。

C—定滑轮。

D—砝码。

S_1，S_2，S_3—底座调节螺钉，用于调节底座水平，使转动轴垂直于水平面。

此外还有转向定滑轮，滑轮高度调节螺钉等部分。

3.9　固体密度的测量

【引言】

密度是反应物质特性的物理量，它与物体的质量和体积无关，只与物质的种类有关。同种物质的密度相同，不同种物质的密度通常不同。物体密度的测量在工业生产和生活中具有重要的意义。物体的平均密度公式为 $\rho=\frac{m}{V}$，其中 m 为物体的质量，V 为物体的体积。规则物体的体积可直接测量。对于不规则物体它的体积测量通常采用流体静力称衡法。这里我们主要介绍规则物体的密度测量方法。

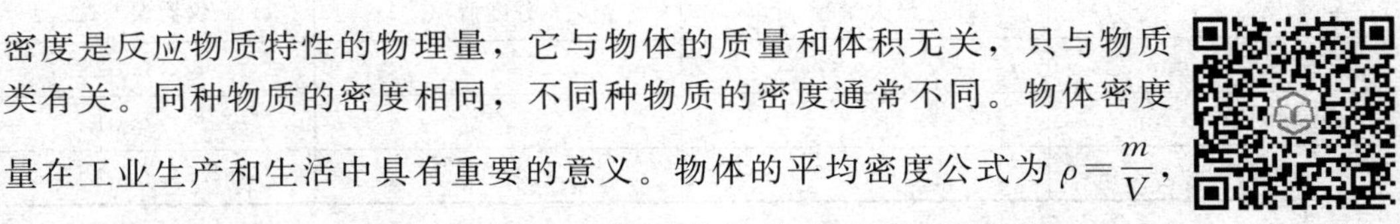

固体密度的测量

【实验目的】

（1）掌握测量固体密度的方法。
（2）掌握游标卡尺和螺旋测微仪的使用方法及其原理。
（3）掌握物理天平的使用方法，了解天平精度的概念。
（4）掌握不确定度的计算以及误差分析。

【实验仪器】

螺旋测微仪，游标卡尺，物理天平，砝码盒，金属环，钢球。

【预习思考题】

（1）天平操作过程中，哪些规定是为了保护天平刀口？
（2）测量误差中 A 类和 B 类不确定度如何理解？
（3）用螺旋测微仪测量时，需要考虑螺距误差吗？

【实验原理】

在某一温度下，某种物质单位体积的质量，即为该物质的密度

$$\rho=\frac{m}{V}$$

式中，ρ 为该物体的密度，m 为该物体的质量，V 为该物体的体积。

对于形状规则的钢球和金属环，可以使用物理天平测出其质量，用螺旋测微仪和游标卡尺测出物体的相应尺寸，根据体积公式计算出钢球和金属环的体积。

【实验内容与步骤】

（1）熟悉仪器，练习它们的使用方法，并能正确读数，确定游标卡尺和螺旋测微仪的零点读数（零点误差）。

（2）用游标卡尺测出金属环的内径和外径，用螺旋测微仪测量金属环的高度，在不同位置分别测 6 次，计算出平均值。

（3）用游标卡尺测钢球直径，在不同位置分别测 6 次，计算出平均值。

（4）调整好物理天平，分别称出金属环及钢球的质量各一次。

【实验数据记录】

实验数据记录见表 3.9.1～表 3.9.4。

表 3.9.1　仪器参数记录

仪器名称	最大量程	分度值	仪器误差（$\Delta_{仪}$）
游标卡尺/mm			0.02
螺旋测微计/mm			0.01
物理天平/g			0.02

表 3.9.2　仪器零点读数

零点误差	1	2	3	4	5	6	平均值
$B_{卡}$/mm							$\overline{B}_{卡}=$
$B_{螺}$/mm							$\overline{B}_{螺}=$

表 3.9.3　金属环测量数据记录

物理量	1	2	3	4	5	6	平均值
外径D_{1i}/mm							$\overline{D_1}=$
内径D_{2i}/mm							$\overline{D_2}=$
高度h_i/mm							$\overline{h}=$
质量m_1/g							$\overline{m}_1=$

表 3.9.4　钢球测量数据记录

物理量	1	2	3	4	5	6	平均值
直径D_{3i}/mm							$\overline{D_3}=$
质量m_2/g							$\overline{m_2}=$

【数据处理】

（1）金属环。

修正后值为

$D_{10}=\overline{D_1}-\overline{B}_{卡}=$　　(mm)

$D_{20}=\overline{D_2}-\overline{B}_{卡}=$　　(mm)

$h_0=\overline{h}-\overline{B}_{螺}=$　　(mm)

不确定度为

$$\Delta D_1=\sqrt{\frac{\sigma_{D_1}^2}{n}+\left(\frac{\Delta_{仪}}{\sqrt{3}}\right)^2}=\sqrt{\frac{\sum_{i=1}^{6}(\overline{D_1}-D_{1i})^2}{n(n-1)}+\left(\frac{0.02}{\sqrt{3}}\right)^2}=\quad(\mathrm{mm})$$

$$\Delta D_2=\sqrt{\frac{\sigma_{D_2}^2}{n}+\left(\frac{\Delta_{仪}}{\sqrt{3}}\right)^2}=\sqrt{\frac{\sum_{i=1}^{6}(\overline{D_2}-D_{2i})^2}{n(n-1)}+\left(\frac{0.02}{\sqrt{3}}\right)^2}=\quad(\mathrm{mm})$$

$$\Delta h=\sqrt{\frac{\sigma_{D_h}^2}{n}+\left(\frac{\Delta_{仪}}{\sqrt{3}}\right)^2}=\sqrt{\frac{\sum_{i=1}^{6}(\overline{D_h}-D_{hi})^2}{n(n-1)}+\left(\frac{0.01}{\sqrt{3}}\right)^2}=\quad(\mathrm{mm})$$

$\Delta\overline{m_1}=\frac{0.02}{\sqrt{3}}=$ (g)

结果表示为

$D_1=D_{10}\pm\Delta D_1=$ (mm)

$D_2=D_{20}\pm\Delta D_2=$ (mm)

$h=h_0\pm\Delta h=$ (mm)

$m_1=\overline{m_1}\pm\Delta\overline{m_1}=$ (g)

$\overline{\rho_{环}}=\frac{4\overline{m_1}}{\pi(D_{10}^2-D_{20}^2)h_0}=$ (kg/m^3)

$$\Delta r_{环}=\frac{\Delta\rho_{环}}{\rho_{环}}=\sqrt{\sum_i\left(\frac{\partial\ln\rho}{\partial x_i}\Delta x_i\right)^2}=\sqrt{\left(\frac{\Delta m_1}{m_1}\right)^2+\left(\frac{2D_{10}\Delta D_1}{D_{10}^2-D_{20}^2}\right)^2+\left(\frac{2D_{20}\Delta D_2}{D_{10}^2-D_{20}^2}\right)^2+\left(\frac{\Delta h}{h_0}\right)^2}$$

(mm)

$\Delta\rho_{环}=\Delta r_{环}\overline{\rho_{环}}=$ (kg/m^3)

$\rho_{环}=\overline{\rho_{环}}\pm\Delta\rho_{环}=$ (kg/m^3)

(2)钢球。

修正后值为

$$D_{30}=\overline{D_3}-\overline{B_{卡}}=$$

不确定度为

$$\Delta D_3=\sqrt{\frac{\sigma_{D_3}^2}{n}+\left(\frac{\Delta_{仪}}{\sqrt{3}}\right)^2}=\sqrt{+\frac{\sum_{i=1}^{6}(\overline{D_3}-D_{3i})}{n(n-1)}+\left(\frac{0.02}{\sqrt{3}}\right)^2}= \quad (mm)$$

$$\Delta m_2=\frac{0.02}{\sqrt{3}}=$$

结果表示为

$D_3=D_{30}\pm\Delta D_3=$ (mm)

$m_2=\overline{m_2}\pm\Delta m_2=$ (g)

$\overline{\rho_{球}}=\frac{6\overline{m_2}}{\pi D_{30}^3}=$ (kg/m^3)

$\Delta r_{球}=\frac{\Delta\rho_{球}}{\rho_{球}}=\sqrt{\left(\frac{\Delta m_2}{\overline{m_2}}\right)^2+\left(3\frac{\Delta D_3}{D_{30}}\right)^2}=$ (mm)

$\Delta\rho_{球}=\Delta r_{球}\overline{\rho_{球}}=$ (kg/m^3)

$\rho_{球}=\overline{\rho_{球}}\pm\Delta\rho_{球}=$ (kg/m^3)

(3) 结果总表（表 3.9.5）。

表 3.9.5 结果总表

物理量	平均值	修正后值	不确定度	结果表示
D_1/mm	$\overline{D_1}$	D_{10}	ΔD_1	$D_1=D_{10}\pm\Delta D_1$
D_2/mm	$\overline{D_2}$	D_{20}	ΔD_2	$D_2=D_{20}\pm\Delta D_2$
h/mm	$\overline{h}$	h_0	Δh	$h=h_0\pm\Delta h$
m_1/g	$\overline{m_1}$	×	$\Delta\overline{m_1}$	$m_1=\overline{m_1}\pm\Delta\overline{m_1}$

续表

物理量	平均值	修正后值	不确定度	结果表示
$\rho_{环}/(kg/m^3)$	$\overline{\rho_{环}}$	×	$\Delta\rho_{环}$	$\rho_{环}=\overline{\rho_{环}}\pm\Delta\rho_{环}$
D_3/mm	$\overline{D_3}$	D_{30}	ΔD_3	$D_3=D_{30}\pm\Delta D_3$
$\rho_{球}/(kg/m^3)$	$\overline{\rho_{球}}$	×	$\Delta\rho_{球}$	$\rho_{球}=\overline{\rho_{球}}\pm\Delta\rho_{球}$

【注意事项】

（1）物理天平使用时要了解天平基本机构，了解各部分的用途和使用方法，先观察后操作。

（2）天平使用时动作要轻、稳，不要在横梁支起时加减砝码，避免横梁左右摆动掉落。

（3）实验结束后要将实验物品摆放整齐，砝码放回砝码盒，加减砝码时应使用镊子，不要用手拨动砝码。

【讨论思考题】

天平的操作规则中，哪些是为了保护刀口，哪些规定是为了保证测量精度？

【扩展训练】

如何测量不规则物体的密度。

【扩展阅读】

蔡永明，王新生．大学物理实验［M］．2版．北京：化学工业出版社，2009.

【附录】

（1）游标卡尺。

游标卡尺是常用的精确测量长度的工具，主要由尺身及能在尺上移动的游标尺构成。它的结构具体如图3.9.1所示。游标与尺身之间通过一弹簧片使得二者靠紧，游标上方有紧固螺钉，通过旋紧螺钉可使游标固定在主尺的任意位置。尺身和游标上都有测量爪，其中内测量爪可测量管的内径和槽的宽度，外测量爪可测量管的外径和零件厚度。深度尺与游标尺连在一起，游标移动时深度尺也相应变长或变短，它可用来测量筒和槽的深度。

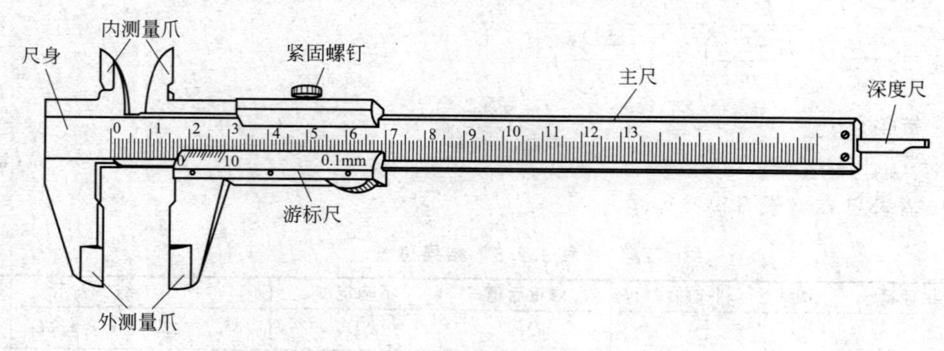

图3.9.1　游标卡尺示意图

游标卡尺的尺身和游标上都有刻度。按照游标的刻度值来区分，可分为0.1、0.05和0.02mm三种。以刻度值精度为0.02mm的游标卡尺为例，主尺的刻度以mm为单位，每

10个格以1、2、3等，来表示10、20、30mm等。此类卡尺的游标尺把主尺刻度49mm分为50等份，每一分度为0.98mm。主尺和游标尺每格相差0.02mm，即精度为0.02mm。

在测量时，主尺游标尺的0刻线要对齐，游标尺相对主尺向右侧移动。若测量大于1mm的长度时，毫米整数要从游标尺0刻线与主尺相对的刻线读出。测量厚度为0.02mm和0.06mm物体时，游标尺的第一个格应与主尺的第一个格对齐。类似的，游标尺的第三个格正好与主尺的第三个格对齐时，待测物体的厚度为0.06mm。

游标卡尺的读数分为以下三步。

① 与游标尺零线左侧最近的主尺上刻度记作整毫米读数。

② 以游标尺零线右侧与主尺刻线对齐的刻线数乘以0.02mm。

③ 将步骤①和②中读的整数和小数两部分加起来就是待测物体总厚度。

游标卡尺使用的注意事项：

① 测量物体宽度和外径时，使用外测量爪。测量内径时使用内测量爪。测量物体深度时使用深度尺。

② 游标卡尺是一种精度较高的测量物体长度的量具，使用前要注意用布擦净两卡脚测量面，合拢两卡脚。检查游标尺和主尺的零刻线是否对齐，若未对齐，应修正测量读数。

③ 测量时，应先拧松螺钉，移动游标尺时不宜用力过猛。两卡脚不易过度夹紧物体。

④ 实际测量时，对于同一长度应多次测量求平均值。

(2) 螺旋测微仪。

螺旋测微仪又称为千分尺，它是比游标卡尺更为精密的测量长度的仪器。如图3.9.2所示为螺旋测微仪的示意图。整体由尺架、测砧、测微螺杆、螺母套管、锁紧装置、绝热板、微分套筒和棘轮组成。它的量程为25mm，分度值为0.01mm。螺母套管上有一水平线，水平线上、下每两个刻线间距为1mm，上面的刻线恰好在下面相邻两刻线中间。微分套筒上的刻线将圆周分为50等份，它是旋转运动的。即微分套筒每旋转一周，前进或后退0.5mm。读数时估读到毫米的千分位。

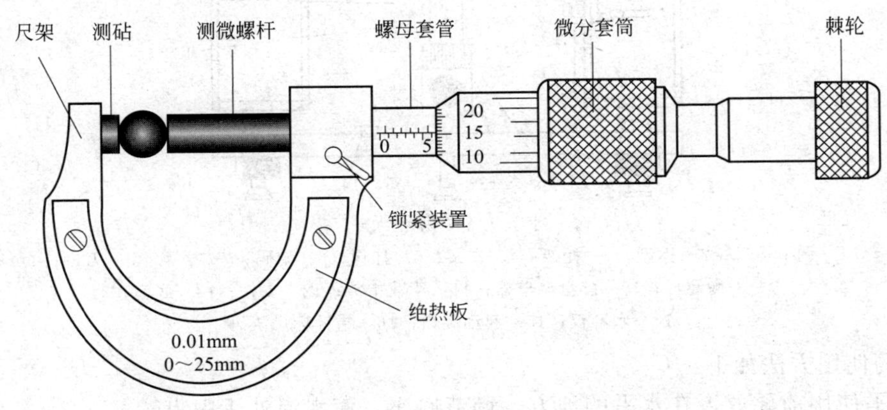

图3.9.2　螺旋测微仪示意图

被测物体长度的半毫米由螺母套管上露出来的刻度读出，不足半毫米的部分由可动刻度读出。最终测量值等于固定刻度数（注意半毫米刻度线是否露出）加上可动刻度数（估读一位）。如图3.9.3所示，固定刻度示数为5.5mm，可动刻度上的示数为19.2，最后读数为：5.5mm＋19.2×0.01mm＝5.692mm。

螺旋测微仪的使用应注意以下几点：

① 螺旋测微仪是一种高精度测量仪器，使用时要尽量小心，轻拿轻放。在测微螺杆快

接近被测物体时应停止旋钮，改用棘轮微调，避免压力过大，这样做不仅可以使得测量结果准确还可以保护螺旋测微仪。

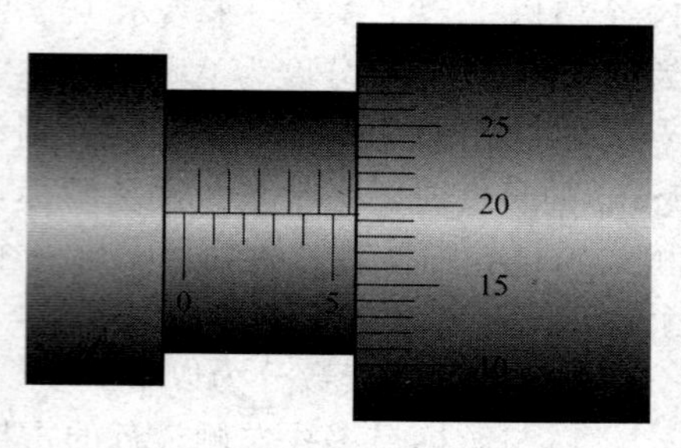

图 3.9.3　螺旋测微仪刻线示数

② 读数时要注意螺母套管上是否有半刻线露出。

③ 读数时千分位有一位估读数字，不可忽略。即使固定刻线的零点正好与可动刻度的某一刻线对齐，千分位上应读为“0”。

④ 当测砧与测微螺杆贴合并拢时，固定刻度零点与可动刻度零点不重合时，会出现零点误差，此时应对测量读数进行修正。

⑤ 螺旋测微仪使用完毕后，应用纱布擦净，测砧和测微螺杆间应留有一点空隙，放入盒中。

（3）物理天平。

物理天平是一种常见的测量物体质量的仪器，它具有测量精准、使用灵活、易维护和坚固耐用等优点。具体的外形结构如图 3.9.4 所示，天平横梁 7 上有三个刀口，其中刀口 8 放置在支柱 12 上，衡量左右两端的刀口用于悬挂托架。横梁上固连着指针 11，当横梁左右摆动时，指针 11 就在标尺 16 前摆动。开关旋钮 17 可以使横梁上升或者下降。横梁左右两侧的平衡螺母 9 是天平空载时调平使用的。横梁上的游码 6 可用于 2g 以下物体的称衡。

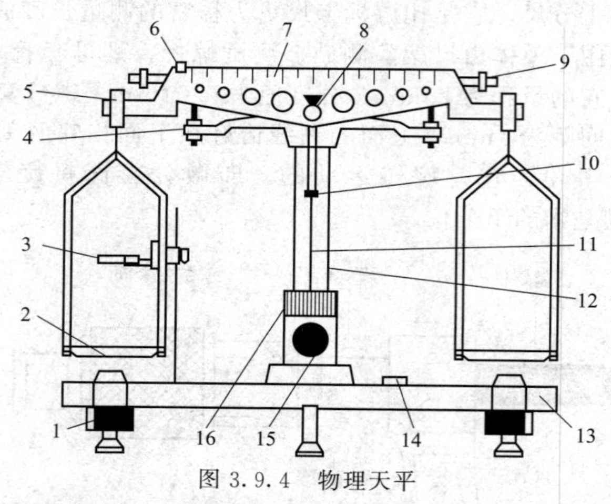

图 3.9.4　物理天平

1—调节螺母；2—称盘；3—托架；4—支架；5—挂钩；6—游码；7—横梁；8—刀口；
9—平衡螺母；10—感量调节器；11—读数指针；12—支柱；13—底座；
14—水准仪；15—起动旋钮；16—指针标尺游码

天平的使用方法如下。

① 天平使用前要放置在水平的地方，调节底座，使水泡处于中央。

② 游码要归零，调节平衡螺母（天平两端的螺母）调节零点直至指针对准中央刻度线。

③ 左托盘放称量物，右托盘放砝码。根据称量物的性状应放在玻璃器皿或洁净的纸上，事先应在同一天平上称得玻璃器皿或纸片的质量，然后称量待称物。

④ 添加砝码从估计称量物的最大值加起，逐步减小。托盘天平只能称准到 0.1g。加减砝码并移动标尺上的游码，直至指针再次对准中央刻度线。

⑤ 过冷过热的物体不可放在天平上称量。应先在干燥器内放置至室温后再称。

⑥ 物体的质量＝砝码数＋游码数。

⑦ 取用砝码时需用镊子，取下的砝码应放在砝码盒中，称量完毕，应把游码移回零点。

⑧ 称量干燥的固体药品时，应在两个托盘上各放一张相同质量的纸，然后把药品放在纸上称量。

⑨ 易潮解的药品，必须放在玻璃器皿上（如小烧杯、表面皿）里称量。

⑩ 砝码若生锈，测量结果偏小；砝码若磨损，测量结果偏大。

注意事项：

① 事先把游码移至0刻度线，并调节平衡螺母，使天平左右平衡；

② 右盘放砝码，左盘放物体；

③ 砝码不能用手拿，要用镊子夹取；在使用天平时游码也不能用手移动；

④ 过冷过热的物体不可放在天平上称量；应先在干燥器内放置至室温后再称；

⑤ 加砝码应该从大到小，可以节省时间；

⑥ 在称量过程中，不可再碰平衡螺母；

⑦ 注意天平最大允许称量的物体质量，不能超重；

⑧ 移动游码、取放砝码和物体时都应将横梁制动，避免损坏刀口。

3.10 铁磁材料的磁滞回线和基本磁化曲线

【引言】

磁性材料应用广泛，从常用的永久磁铁、变压器铁芯到录音、录像、计算机存储用的磁带、磁盘等都采用磁性材料。磁滞回线和基本磁化曲线反映了磁性材料的主要特征。通过实验研究这些性质不仅能掌握用示波器观察磁滞回线以及基本磁化曲线的基本测绘方法，而且能从理论和实际应用上加深对材料磁特性的认识。

铁磁材料的磁滞回线和基本磁化曲线

铁磁材料分为硬磁和软磁两大类，其根本区别在于矫顽磁力 Hc 的大小不同。硬磁材料的磁滞回线宽，剩磁和矫顽磁力大（达 120～20000A/m 以上），因而磁化后，其磁感应强度可长久保持，适宜做永久磁铁。软磁材料的磁滞回线窄，矫顽磁力 Hc 一般小于 120A/m，但其磁导率和饱和磁感强度大，容易磁化和去磁，故广泛用于电机、电器和仪表制造等工业部门。磁化曲线和磁滞回线是铁磁材料的重要特性，也是设计电磁机构作仪表的重要依据之一。

本实验采用动态法测量磁滞回线。需要说明的是用动态法测量的磁滞回线与静态磁滞回线是不同的，动态测量时除了磁滞损耗还有涡流损耗，因此动态磁滞回线的面积要比静态磁滞回线的面积要大一些。另外涡流损耗还与交变磁场的频率有关，所以测量的电源频率不同，得到的 B-H 曲线是不同的，这可以在实验中清楚地从示波器上观察到。

【实验目的】

（1）掌握磁滞、磁滞回线和磁化曲线的概念，加深对铁磁材料的主要物理量：矫顽磁力、剩磁和磁导率的理解。

（2）学会用示波法测绘基本磁化曲线和磁滞回线。

（3）通过测量磁滞回线和基本磁化曲线得出磁性材料的基本特征。

【实验仪器】

配合示波器，即可观察铁磁性材料得基本磁化曲线和磁滞回线。它由励磁电源、试样、电路板以及实验接线等部分组成。

（1）励磁电源。

由 200V，50Hz 的市电经变压器隔离、降压后供试样磁化。电源输出电压共分 11 挡，即 0V，0.5V，1.0V，1.2V，1.5V，1.8V，2.0V，2.2V，2.5V，2.8V 和 3.0V，各挡电压通过安置在电路板上的波段开关实验切换。

（2）试样。

样品 1 和样品 2 为尺寸（平均磁路长度 L 和截面积 S）相同而磁性不同的两只 EI 型铁芯，两者的励磁绕组匝数 N 和磁感应强度 B 的测量绕组匝数 n 亦相同。

$$N=50，n=150，L=60\text{mm}，S=80\text{mm}^2$$

（3）电路板。

该印刷电路板上装有电源开关、样品 1 和样品 2、励磁电源“U 选择”和测量励磁电流（即磁场强度 H）的取样电阻“R_1 选择”，以及为测量磁感应强度 B 所设定的积分电路元件 R_2、C_2 等。

以上各元器件（除电源开关）均已通过电路板与其对应的锁紧插孔连接，只需采用专用导线，便可实现电路连接。

此外，设有电压 U_B（正比于磁感应强度 B 的信号电压）和 U_H（正比于磁场强度 H 的信号电压）的输出插孔，用以连接示波器，观察磁滞回线波形和连接测试仪作定量测试用。

【预习思考题】

（1）什么叫磁滞回线？测绘磁滞回线和磁化曲线为何要先退磁？

（2）为什么用电学量来测量磁学量 H、B？

【实验原理】

（1）磁化曲线。

如果在由电流产生的磁场中放入铁磁物质，则磁场将明显增强，此时铁磁物质中的磁感应强度比单纯由电流产生的磁感应强度增大百倍，甚至在千倍以上。铁磁物质内部的磁场强度 H 与磁感应强度 B 有如下的关系：

$$B=\mu H$$

对于铁磁物质而言，磁导率 μ 并非常数，而是随 H 的变化而改变的物理量，即 $\mu=f(H)$，为非线性函数。从图 3.10.1 中也可以看出，B 与 H 也是非线性关系。

通常使用的是磁介质的相对磁导率 μ，其定义为磁导率 μ 与真空磁导率 μ_0 之比。

铁磁材料的磁化过程为：其未被磁化时的状态称为去磁状态，这时若在铁磁材料上加一个由小到大的磁化场，则铁磁材料内部的磁场强度 H 与磁感应强度 B 也随之变大，其 B-H 变化曲线如图 3.10.1 所示。但当 H 增加到一定值（Hs）后，B 几乎不再随 H 的增加而增加，说明磁化已达饱和，从未磁化到饱和磁化的这段磁化曲线称为材料的起始磁化曲线。如图 3.10.1 中的 OS 端曲线所示。

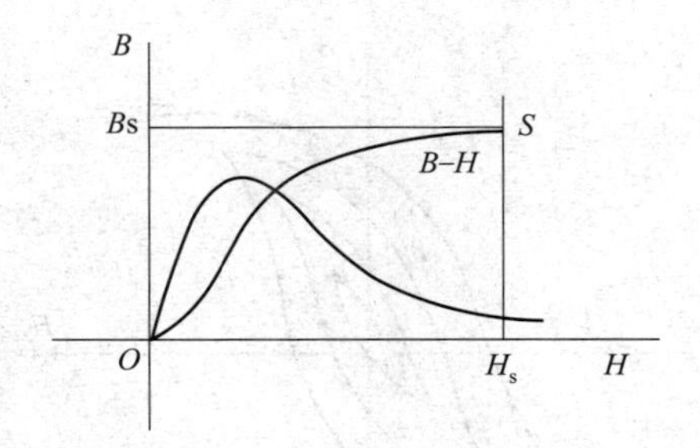

图 3.10.1 磁化曲线和 μ-H 曲线

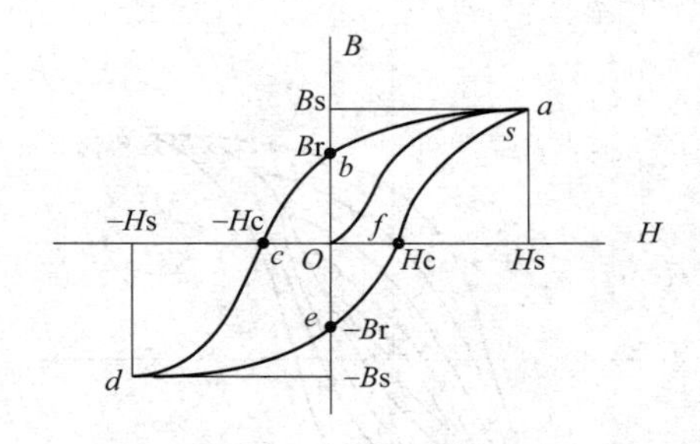

图 3.10.2 起始磁化曲线与磁滞回线

(2) 磁滞回线。

当铁磁材料的磁化达到饱和之后，如果将磁化场减少，则铁磁材料内部的 B 和 H 也随之减少，但其减少的过程并不沿着磁化时的 OS 段退回。从图 3.10.2 可知当磁化场撤销，$H=0$ 时，磁感应强度仍然保持一定数值 $B=B\mathrm{r}$ 称为剩磁（剩余磁感应强度）。

若要使被磁化的铁磁材料的磁感应强度 B 减少到 0，必须加上一个反向磁场并逐步增大。当铁磁材料内部反向磁场强度增加到 $H=H\mathrm{c}$ 时（图 3.10.2 上的 c 点），磁感应强度 B 才是 0，达到退磁。图 3.10.2 中的 bc 段曲线为退磁曲线，$H\mathrm{c}$ 为矫顽磁力。如图 3.10.2 所示，当 H 按 $O\to H_s\to O\to -H\mathrm{c}\to -H\mathrm{s}\to O\to H\mathrm{c}\to H\mathrm{s}$ 的顺序变化时，B 相应沿 $O\to B\mathrm{s}\to B\mathrm{r}\to O\to -B\mathrm{s}\to -B\mathrm{r}\to O\to B\mathrm{s}$ 顺序变化。图中的 Oa 段曲线称起始磁化曲线，所形成的封闭曲线 $abcdefa$ 称为磁滞回线。bc 曲线段称为退磁曲线。由图 3.10.2 可知：

① 当 $H=0$ 时，$B\neq 0$，这说明铁磁材料还残留一定值的磁感应强度 $B\mathrm{r}$，通常称 $B\mathrm{r}$ 为铁磁物质的剩余感应强度（剩磁）；

② 若要使铁磁物质完全退磁，即 $B=0$，必须加一个反方向磁场 $H\mathrm{c}$；这个反向磁场强度 $H\mathrm{c}$，称为该铁磁材料的矫顽磁力；

③ B 的变化始终落后于 H 的变化，这种现象称为磁滞现象；

④ H 上升与下降到同一数值时，铁磁材料内的 B 值并不相同，退磁化过程与铁磁材料过去的磁化经历有关；

⑤ 当从初始状态 $H=0$，$B=0$ 开始周期性地改变磁场强度的幅值时，在磁场由弱到强地单调增加过程中，可以得到面积由大到小的一簇磁滞回线，如图 3.10.3 所示。其中最大面积的磁滞回线称为极限磁滞回线。

由于铁磁材料磁化过程的不可逆性及具有剩磁的特点，在测定磁化曲线和磁滞回线时，首先必须将铁磁材料预先退磁，以保证外加磁场 $H=0$，$B=0$；其次，磁化电流在实验过程中只允许单调增加或减少，不能时增时减。在理论上，要消除剩磁 $B\mathrm{r}$，只需通一反向磁化电流，使外加磁场正好等于铁磁材料的矫顽磁力即可。实际上，矫顽磁力的大小通常并不知道，因而无法确定退磁电流的大小。我们从磁滞回线得到启示，如果使铁磁材料磁化达到磁饱和，然后不断改变磁化电流的方向，与此同时逐渐减少磁化电流，直至于零。则该材料的磁化过程中就是一连串逐渐缩小而最终趋于原点的环状曲线，如图 3.10.4 所示。当 H 减小到零时，B 亦同时降为零，达到完全退磁。

实验表明，经过多次反复磁化后，B-H 的量值关系形成一个稳定的闭合的“磁滞回线”。通常以这条曲线来表示该材料的磁化性质。这种反复磁化的过程称为“磁锻炼”。本实验使用交变电流，所以每个状态都是经过充分的“磁锻炼”，随时可以获得磁滞回线。

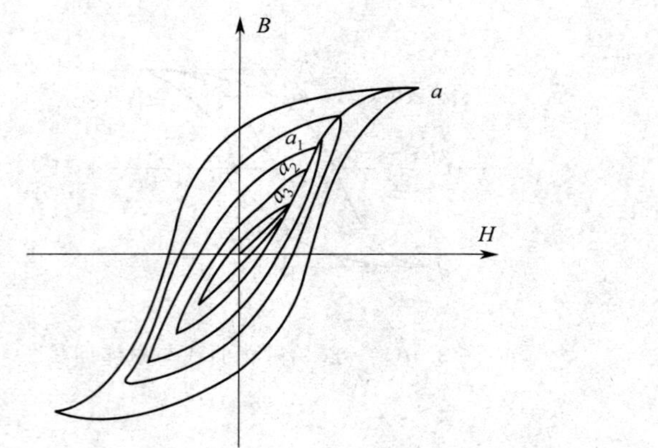

图 3.10.3　磁化曲线

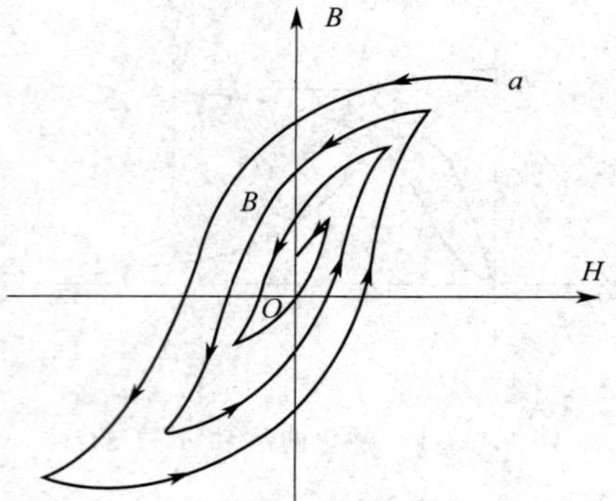

图 3.10.4　退磁过程

我们把图 3.10.3 中原点 O 和各个磁滞回线的顶点 a_1，a_2，…，a 所连成的曲线，称为铁磁性材料的基本磁化曲线。不同的铁磁材料其基本磁化曲线是不相同的。为了使样品的磁特性可以重复出现，也就是指所测得的基本磁化曲线都是由原始状态（$H=0$，$B=0$）开始，在测量前必须进行退磁，以消除样品中的剩余磁性。

在测量基本磁化曲线时，每个磁化状态都要经过充分的“磁锻炼”。否则，得到的 B-H 曲线即为开始介绍的起始磁化曲线，两者不可混淆。

(3) 示波器的定标。

从前面说明中可知从示波器上可以显示出待测材料的动态磁滞回线，但为了定量研究磁化曲线磁滞回线，必须对示波器进行定标。即还须确定示波器的 X 轴的每格代表多少 H 值(A/m)，Y 轴每格实际代表多少 B(T)。

一般示波器都有已知的 X 轴和 Y 轴的灵敏度，设 X 轴灵敏度为 S_X(V/格)，Y 轴的灵敏度为 S_Y(V/格)。将 X 轴、Y 轴的灵敏度旋钮顺时针打到底并锁定，则上述 S_X 和 S_Y 均可从示波器的面板上直接读出，则有

$$U_X=S_X X,\quad U_Y=S_Y Y$$

式中，X，Y 分别为测量时记录的坐标值（单位：格。注意，指一大格，示波器一般有 8～10 大格），可见通过示波器就可测得 U_X、U_Y 值。

由于本实验使用的 R_1、R_2 和 C 都是阻抗值已知的标准元件，误差很小，其中的 R_1R_2 为无感交流电阻，C 的介质损耗非常小。这样就可结合示波器测量出 H 值和 B 值的大小。

综合上述分析，本实验定量计算公式为

$$H=\frac{N_1 S_X}{LR_1}X \tag{3.10.1}$$

$$B=\frac{R_2 C S_Y}{N_2 S}Y \tag{3.10.2}$$

式中，各量的单位为：R_1，R_2 为 Ω；L 为 m；S 为 m^2；C 为 F；S_X，S_Y 为 V/格；X，Y 为格（分正负向读数）；H 的单位为 A/m；B 的单位为 T。

实验样品的参数如下：

样品 1：平均磁路长度 $L=0.130\mathrm{m}$；铁芯实验样品截面积 $S=1.24\times10^{-4}\mathrm{m}^2$；线圈匝数：$N_1=150\mathrm{T}$，$N_2=150\mathrm{T}$，$N_3=150\mathrm{T}$。

样品 2：平均磁路长度 $L=0.075\mathrm{m}$；铁芯实验样品截面积 $S=1.20\times10^{-4}\mathrm{m}^2$；线圈匝

数：N_1＝150T，N_2＝150T，N_3＝150T。

【实验内容与步骤】

实验前先熟悉实验的原理和仪器的构成。使用仪器前先将信号源输出幅度调节旋钮逆时针到底（多圈电位器），使输出信号为最小。

标有红色箭头的线表示接线的方向，样品的更换是通过换接线来完成的。

注意：由于信号源、电阻 R_1 和电容 C 的一端已经与地相连，所以不能与其他接线端相连接。否则会短路信号源、U_R 或 U_C，从而无法正确做出实验。测磁化曲线和动态磁滞回线，用样品 1 进行实验。

（1）在实验仪上接好实验线路，逆时针调节幅度调节旋钮到底，使信号输出最小。将示波器光点调至显示屏中心，调节实验仪频率调节旋钮，频率显示窗显示 50.00Hz。

（2）退磁。

① 单调增加磁化电流，即缓慢顺时针调节幅度调节旋钮，使示波器显示的磁滞回线上 B 值增加变得缓慢，达到饱和。改变示波器上 X,Y 输入增益波段开关和 R_1,R_2 的值，示波器显示典型美观的磁滞回线图形。磁化电流在水平方向上的读数为（－5.00，＋5.00）格，此后，保持示波器上 X,Y 输入增益波段开关和 R_1，R_2 值固定不变并锁定增益电位器（一般为顺时针到底），以便进行 H，B 的标定。

② 单调减小磁化电流，即缓慢逆时针调节幅度调节旋钮，直到示波器最后显示为一点，位于显示屏的中心，即 X 和 Y 轴线的交点，如不在中间，可调节示波器的 X 和 Y 位移旋钮。实验中可用示波器 X,Y 输入的接地开关检查示波器的中心是否对准屏幕 X,Y 坐标的交点。

（3）磁化曲线（即测量大小不同的各个磁滞回线的顶点的连线）。

单调增加磁化电流，即缓慢顺时针调节幅度调节旋钮，磁化电流在 X 方向读数为 0，0.20，0.40，0.60，0.80，1.00，2.00，3.00，4.00，5.00，单位为格，记录磁滞回线顶点在 Y 方向上读数如表 3.10.1 所示，单位为格，磁化电流在 X 方向上的读数为（－5.00，＋5.00）格时，示波器显示典型美观的磁滞回线图形。此后，保持示波器上 X,Y 输入增益波段开关和 R_1,R_2 值固定不变并锁定增益电位器（一般为顺时针到底），以便进行 H,B 的标定。

（4）动态磁滞回线。

在磁化电流 X 方向上的读数为（－5.00，＋5.00）格时，记录示波器显示的磁滞回线在 X 坐标为 5.0，4.0，3.0，2.0，1.0，0.80，0.60，0.40，0.20，0，－0.20，－0.40，－0.60，－0.80，－1.0，－2.0，－3.0，－4.0，－5.0 格时，相对应的 Y 坐标，如表 3.10.2 所示。

显然 Y 最大值对应饱和磁感应强度 B_s；

X＝0，Y 读数对应剩磁 B_r；Y＝0，X 读数对应矫顽力 H_e。

【数据处理】

（1）填写表格（表 3.10.1 和表 3.10.2）。

表 3.10.1　磁化曲线数据记录表　　R_1＝　　　　R_2＝

序号	1	2	3	4	5	6	7	8	9	10
X/格	0	0.20	0.40	0.60	0.80	1.00	2.00	3.00	4.00	5.00
H/(A/m)										
Y/格										
B/mT										

表 3.10.2　磁滞回线数据记录表　　$R_1=$　　　　$R_2=$

X/格	H/(A/m)	Y/格	B/mT	X/格	H/(A/m)	Y/格	B/mT
5.00				−5.00			
4.00				−4.00			
3.00				−3.00			
2.00				−2.00			
1.00				−1.00			
0.80				−0.80			
0.60				−0.60			
0.40				−0.40			
0.20				−0.20			
0				0			
−0.20				0.20			
−0.40				0.40			
−0.60				0.60			
−0.80				0.80			
−1.00				1.00			
−2.00				2.00			
−3.00				3.00			
−4.00				4.00			
−5.00				5.00			

(2) 作磁化曲线。

由前所述 H，B 的计算公式为

$$H=\frac{N_1S_X}{LR_1}X$$

$$B=\frac{R_2CS_Y}{N_2S}Y$$

上述公式中，实验样品 1 的参数如下：$L=0.130\text{m}$，$S=1.24\times10^{-4}\text{m}^2$，$N_1=150\text{T}$，$N_2=150\text{T}$，$R_1$，$R_2$ 值根据仪器面板上的选择值计算，$C=2.0\times10^{-6}\text{F}$。其中，$L$ 为铁芯实验样品平均磁路长度；S 为铁芯实验样品截面积；N_1 为磁化线圈匝数；N_2 为副线圈匝数；R_1 为磁化电流采样电阻，单位为 Ω；R_2 为积分电阻，单位为 Ω；C 为积分电容，单位为 F。S_X 为示波器 X 轴灵敏度，单位为 V/格；S_Y 为示波器 Y 轴灵敏度，单位为 V/格；X 轴灵敏度为 0.05V/格，Y 轴灵敏度为 10mV/格。

【注意事项】

测量磁滞回线时，如果 R_1，R_2 和的阻值选取不合适，磁滞回线曲线将产生畸变。

【讨论思考题】

(1) 怎样使样品完全退磁，使初始状态在 $H=0$，$B=0$ 点上？

(2) 磁滞回线包围面积的大小有何意义？

(3) 磁滞回线的形状随交流信号频率如何变化？为什么？

【扩展训练】

一个钢制部件不慎被磁化，请设计一种退磁方案。

【扩展阅读】

[1] 吴世春．普通物理实验［M］．重庆：重庆大学出版社，2015.

[2] 金雪尘，王刚，李恒梅．物理实验［M］．南京：南京大学出版社，2017.

【附录】示波器显示 *B-H* 曲线的原理线路

示波器测量 B-H 曲线的实验线路如图 3.10.5 所示。

本实验研究的铁磁物质是一个环状试样（如图 3.10.6 所示）。在试样上绕有励磁线圈 N_1 匝和测量线圈 N_2 匝。若在初级线圈 N_1 中通过磁化电流 i_1 时，此电流在试样内产生磁场，根据安培环路定律 $HL=N_1i_1$，磁场强度 H 的大小为

$$H=\frac{N_1i_1}{L} \tag{3.10.3}$$

式中，L 为环状式样的平均磁路长度（在图 3.10.6 中用虚线表示）。

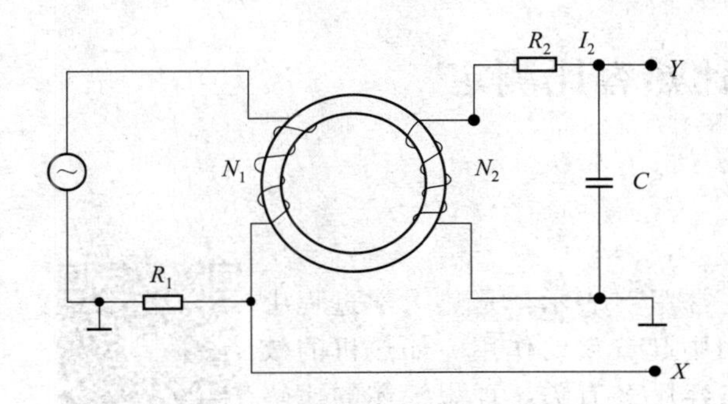

图 3.10.5　示波器测量 B-H 曲线的实验线路

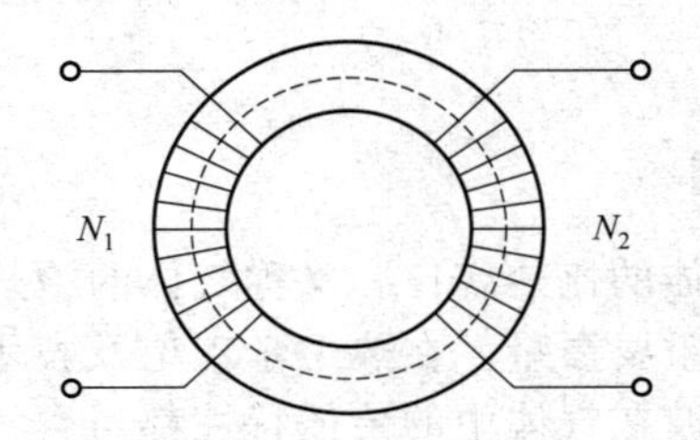

图 3.10.6　环状式样磁路

由图 3.10.5 可知示波器 X 轴偏转板输入电压为

$$U_x=U_R=i_1R_1 \tag{3.10.4}$$

由式(3.10.3) 和式(3.10.4) 得

$$U_x=\frac{LR_1}{N_1}H \tag{3.10.5}$$

式(3.10.5) 表明在交变磁场下，任一时刻电子束在 X 轴的偏转正比于磁场强度 H。

为了测量磁感应强度 B，在次级线圈 N_2 上串联一个电阻 R_2 与电容 C 构成一个回路，同时 R_2 与 C 又构成一个积分电路。取电容 C 两端电压 U_c 至示波器 Y 轴输入，若适当选择 R_2 和 C 使 $R_2 \gg 1/(\omega C)$，则

$$I_2=\frac{E_2}{\left[R_2^2+(1/\omega C)^2\right]^{\frac{1}{2}}}\approx\frac{E_2}{R_2} \tag{3.10.6}$$

式中，ω 为电源的角频率，E_2 为次级线圈的感应电动势。

因交变的磁场 H 的样品中产生交变的磁感应强度 B，则

$$E_2=N_2\frac{\mathrm{d}Q}{\mathrm{d}t}=N_2S\frac{\mathrm{d}B}{\mathrm{d}t}$$

式中，$S\left(S=\frac{(D_2-D_1)h}{2}\right)$为环式样的截面积，设磁环厚度为 h，则

$$U_x=U_c=\frac{Q}{C}=\frac{1}{C}\int I_2\,\mathrm{d}t\,\frac{1}{CR_2}=\int E_2\,\mathrm{d}t=\int\frac{N_2S}{CR_2}\mathrm{d}B=\frac{N_2S}{CR_2}B \tag{3.10.7}$$

式(3.10.7) 表明接在示波器 Y 轴输入的 U_Y 正比于 B。

R_2C 构成的电路在电子技术中称为积分电路，表示输出的电压 U_c 是感应电动势 E_2 对时间的积分。为了如实地绘出磁滞回线，要求：① $R_2 \gg \frac{1}{2\pi fc}$；② 在满足上述条件下，$U_c$ 振幅很小，不能直接绘出大小适合需要的磁滞回线。为此，需将 U_c 经过示波器 Y 轴放大器增幅后输至 Y 轴偏转板上。在较低的频率时，由于相位失真，磁滞回线经常会出现畸变。这时需要选择合适的 R_1，R_2 和 C 的阻值，可避免这种畸变，得到最佳磁滞回线图形。

这样，在磁化电流变化的一个周期内，电子束的径迹描出一条完整的磁滞回线。适当调节示波器 X 和 Y 轴增益，再由小到大调节信号发生器的输出电压，即能在屏上观察到由小到大扩展的磁滞回线图形。逐次记录其正顶点的坐标，并在坐标纸上把它连成光滑的曲线，就得到样品的基本磁化曲线。

3.11 空气比热容比测定

【引言】

气体的比热容比，又称气体的绝热系数，常用 γ 表示，是热力学过程中的一个重要参量。在热力学理论及技术的应用中起着重要作用。如热机的效率及声波在气体中的传播特性都与空气的比热容比 γ 有关，理想气体的比热容比为摩尔定压热容 $C_{p,m}$ 和摩尔定容热容 $C_{\nu,m}$ 之比，即 $\gamma = C_{p,m}/C_{\nu,m}$。

空气比热容比测定

【实验目的】

（1）用绝热膨胀法测定空气的比热容比。

（2）观测热力学过程中系统的状态变化及基本物理规律。

（3）学习使用空气比热容比测定仪。

【实验仪器】

DH-NCD-III 空气比热容比测定仪。

【预习思考题】

（1）根据学过的大学物理内容，说说理想气体的摩尔定压热容和摩尔定容热容的物理意义？

（2）请问测量空气比热容比的方法有哪几种？

【实验原理】

若以比大气压 p_0 稍高的压力 p_1 向容器内压入适量的空气，并以与外部环境温度 T_1 相等的单位质量的气体体积（称为比体积或比容）作为 V_1，用图 3.11.1 中的Ⅰ(p_1, V_1, T_1) 表示这一状态。然后急速打开阀门，令其绝热膨胀，降至大气压力 p_0，并以Ⅱ(p_1, V_2, T_2) 表示该状态。由于是绝热膨胀，$T_2 < T_1$，所以，若再迅速关闭阀门并放置一段时间，则系统将从外界吸收热量且温度升高至 T_1；因为吸热过程中体积（比容）V_2 不变，所以，压力将随之增加为 p_2；即系统又变至状态Ⅲ (p_2, V_2, T_1)。因状态Ⅰ至状态Ⅱ的变化是绝热的，故满足泊松公式

$$p_1V_1^{\gamma}=p_0V_2^{\gamma} \tag{3.11.1}$$

而状态Ⅲ与状态Ⅰ是等温的，所以，玻义耳定律成立，即

$$p_1V_1=p_2V_2 \tag{3.11.2}$$

由式(3.11.1)及式(3.11.2)式消去 V_1，V_2 可解得

$$\gamma=\frac{\ln p_1-\ln p_0}{\ln p_1-\ln p_2} \tag{3.11.3}$$

可见，只要测得 p_1，p_2，就可求出 γ。

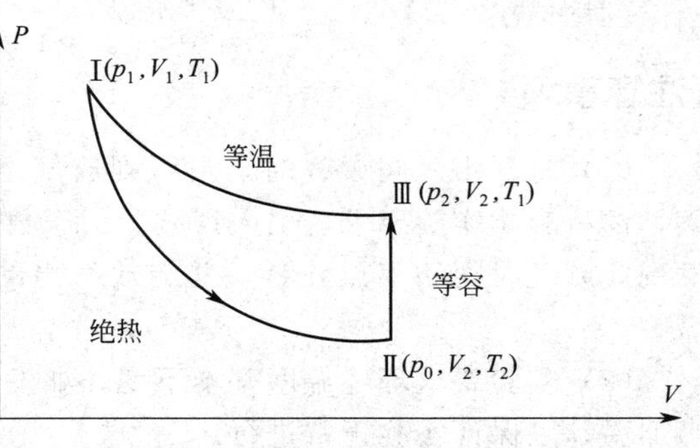

图 3.11.1 实验过程状态变化示意图

$$p_1=p_0+\frac{p_1'}{2000};\ p_2=p_0+\frac{p_2'}{2000}$$

这里 $p_0=1.01325\times10^5\text{Pa}$。

【实验内容与步骤】

(1) 用电缆线连接好实验装装置和仪器面板。

(2) 以储气瓶内空气作为研究的热学系统。打开电源开关，打开出气阀，储气瓶与大气相通，再关闭出气阀，瓶内充满与周围空气同温同压的气体。

(3) 关闭出气阀，打开充气阀，挤压打气球，向容器内压入适量的空气，压强示数不超过120mV，等待内部气体温度稳定，即与周围温度平衡，瓶内气体处于状态Ⅰ，记录 p_1'，T_1' 值。

(4) 迅速打开出气阀，使瓶内空气与大气相通，当瓶内压强降为 p_0 时，变为状态Ⅱ(p_0,V_2,T_2)，迅速关闭出气阀，由于放气过程很短，瓶内保留的气体来不及与外界进行热交换，即绝热膨胀过程，由于是绝热膨胀（$T_2<T_1$），放置一段时间，则系统温度将升至 T_1，压强将随之增加为 p_2，其状态为Ⅲ (p_2,V_2,T_1)，记录此状态时 p_2',T_2' 值。

(5) 根据式(3.11.3)，即可求出空气的比热容比。

【数据处理】

将实验数据记录到表 3.11.1 中。

表 3.11.1 实验数据记录表

	p_1'/Pa	T_1'/V	p_2'/Pa	T_2'/V	p_1/Pa	p_2/Pa	γ
1							
2							
3							
4							
5							
6							
7							
8							
9							
10							

$$\overline{\gamma}=\frac{\sum_{i=1}^{10}\gamma_i}{10}$$

$$E=\frac{|\overline{\gamma}-\gamma|}{\gamma}\times100\%$$

理论值 $\gamma=1.402$

【注意事项】

（1）打开出气阀放气时，当听到放气声结束应迅速关闭出气阀，提早或推迟关闭出气阀，都将影响实验要求，引入误差。由于数字电压表尚有滞后显示，如用计算机实时测量，发现此放气时间约零点几秒，并与放气声的产生消失很一致，所以关闭出气阀用听声更可靠些。

（2）实验要求环境温度基本不变，如发生环境温度不断下降情况，可在远离实验仪处适当加温，以保证实验正常进行。

【讨论思考题】

如何检查系统是否漏气？如有漏气，对实验结果有何影响？

【扩展训练】

试分析本实验的误差来源，并提出减少这些误差的措施和方法。

【扩展阅读】

[1] 吴世春．普通物理实验［M］．重庆：重庆大学出版社，2015.
[2] 金雪尘，王刚，李恒梅．物理实验［M］．南京：南京大学出版社，2017.

【附录】DH-NCD-Ⅱ空气比热容比测定仪

DH-NCD-Ⅱ空气比热容比测定仪由测试仪、扩散硅压力传感器、电流集成温度传感器AD590、充气阀、放气阀、充气球、玻璃储气瓶组成，如图3.11.2所示。

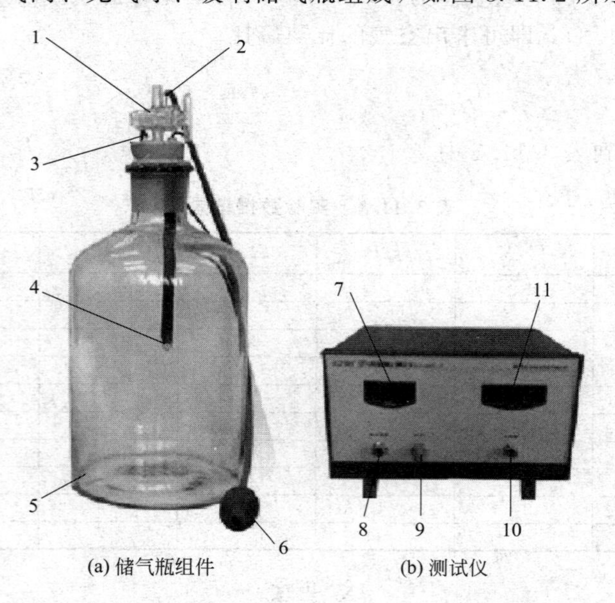

图3.11.2　DH-NCD-Ⅱ空气比热容比测定仪

1—放气阀A；2—充气阀B；3—扩散硅压力传感器；4—AD590集成温度传感器；5—玻璃储气瓶
6—充气球；7—压强显示电压表；8—扩散硅压力传感器接口；9—调零电位器；
10—温度传感器接口；11—温度显示电压表

3.12 电表的改装与校正

【引言】

电表在电路的测量和故障检测中有着广泛的应用。电学实验中经常要用电表（电压表和电流表）进行测量，常用的直流电流表和直流电压表都有一个共同的部分，常称作表头。表头通常是一只磁电式微安表，它只允许通过微安级的电流，一般只能测量很小的电流和电压。如果用它来测量较大的电流或电压，就必须进行改装，以扩大其量程。经过改装后的微安表具有测量较大电流、电压和电阻等多种用途。若在表中配以整流电路将交流变为直流，则它还可以测量交流电的有关参量。我们日常接触到的各种电表几乎都是经过改装的。

电表的改装与校正

【实验目的】

(1) 掌握电表扩大量程的原理和方法。

(2) 能够对电表进行改装和校正。

(3) 通过实验操作培养学生严谨求真、注重细节的实验态度。

【实验仪器】

微安表、滑线变阻器、电阻箱、直流稳压电源、毫安表、伏特表、开关等。

【预习思考题】

校正电流表时，如果发现改装表的读数偏高，应如何调整？

【实验原理】

常用的直流电流表和直流电压表都有一个共同部分，即表头。表头通常是磁电式微安表。微安表的表头满度电流很小，一般只适用于测量毫安级以下的电流，用来测电压，也只能在零点几伏以下。

微安表允许通过的最大电流称为电流计的量程，用I_g表示，电流计的线圈内有一定的内阻，用R_g表示，I_g和R_g是两个表示电流计特性的重要参数。若要测量较大的电流、电压，就需要扩大量程和改装电表做到多量程、多用途以适应需要。根据分流和分压原理，将表头并联或串联适当阻值的电阻，即可改装成所需量程的电流表或电压表。

(1) 将微安表改装成电流表。

微安表的量程I_g很小，在实际应用中，若测量较大的电流，就必须扩大量程。扩大量程的方法是在微安表的两端并联一分流电阻R_s。如图3.12.1所示，这样就使大部分被测电流从分流电阻上流过，而通过微安表的电流不超过原来的量程。

设微安表的量程为I_g，内阻为R_g，改装后的量程为I，根据欧姆定律可得

$$(I-I_g)R_s=I_gR_g$$

$$R_s=\frac{I_g R_g}{n-1}$$

设 $n=I/I_g$，则

$$R_s=\frac{R_g}{n-1} \tag{3.12.1}$$

由式(3.12.1) 可见，要想将微安表的量程扩大原来量程的 n 倍，那么只需在表头上并联一个分流电阻，其电阻值为 $R_s=\frac{R_g}{n-1}$。

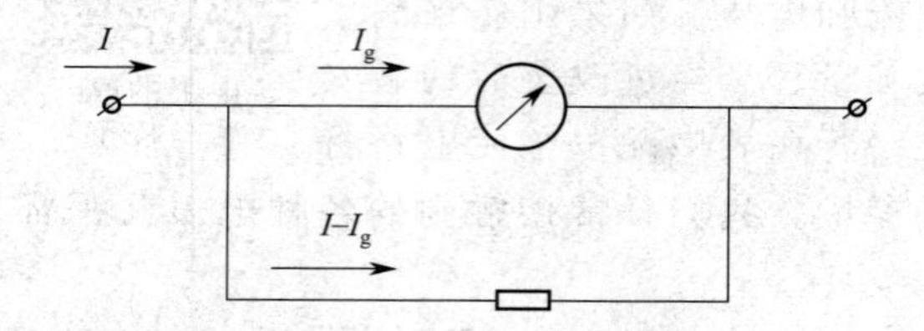

图 3.12.1　并联分流电阻

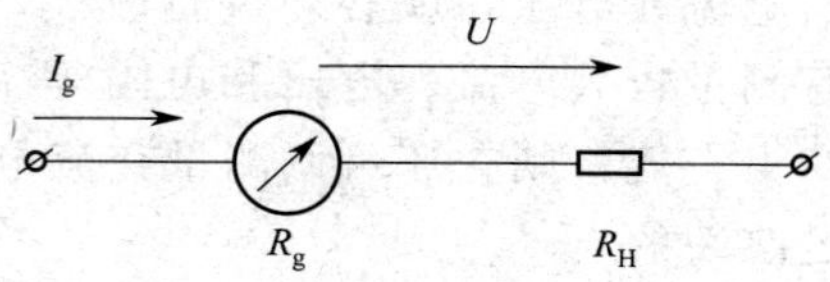

图 3.12.2　串联分压电阻

(2) 将微安表改装成电压表。

我们知道，微安表虽然可以测量电压，但是它的量程为$I_g R_g$，是很低的。在实际应用中，为了能测量较高的电压，在微安表上串联一个分压电阻R_H，如图 3.12.2 所示，这样就可使大部分电压降在串联分压电阻上，而微安表上的电压降很小，仍不超过原来的电压量程$I_g R_g$。

设微安表的量程为I_g，内阻为R_g，欲改装电压表的量程为 U，根据欧姆定律可得

$$I_g(R_g+R_H)=U$$

$$R_H=\frac{U}{I_g}-R_g \tag{3.12.2}$$

(3) 改装表的校准。

改装后的电表必须经过校准方可使用。改装后的电流表和电压表的校准电路分别如图 3.12.3 和图 3.12.4 所示。

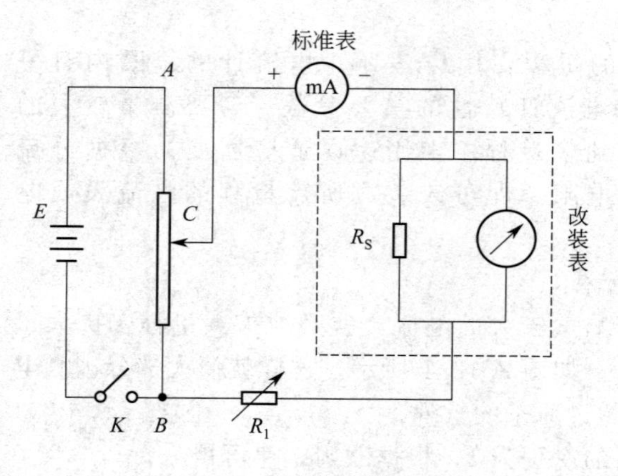

图 3.12.3　改装后的电流表

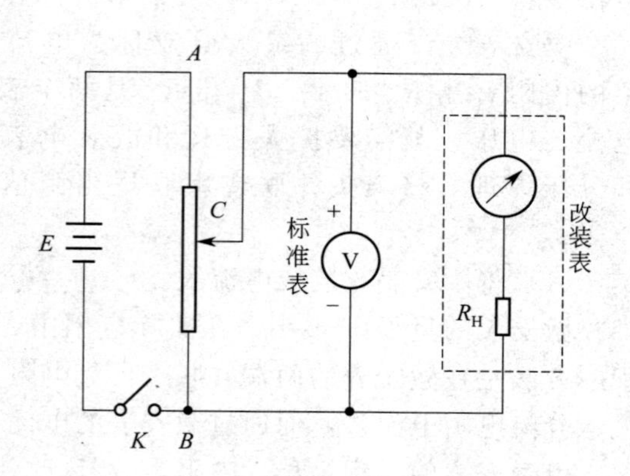

图 3.12.4　改装后的电压表

首先调好表头的机械零点，再把待校的电流表（电压表）与标准表接入图 3.12.3（或图 3.12.4）中。然后一一校准各个刻度，同时记下待校电流表（或电压表）的示值 I（或 U）和标准表的示值和 I_S（或 U_S）。以待校表的示值 I（或 U）为横坐标，示值 I（或 U）的校准值 $\Delta I = I_S - I$（或 $\Delta U = U_S - U$）为纵坐标，作校准曲线。作校准曲线时，相邻两点一律用直线连接，成为一个折线图，不能连成光滑曲线。

【实验内容与步骤】

(1) 电流表的改装和校准。

①将量程为 100μA 的微安表改装成量程为 15mA 的毫安表。根据式(3.12.1) 计算出 R_S 的理论值，用电阻箱作为 R_S，将电阻箱调到理论值并与表头并联构成改装电流表。

② 以实验室给出的毫安表为标准表，按图 3.12.3 连接好电路，然后校准标准表和改装表的机械零点，再校准改装表量程。

③ 校准量程：将滑线变阻器调至输出电压为零处，经老师检查无误后合上开关 K。再将输出电压缓慢增加，使改装表正好指向满刻度，观察标准表是否指在满刻度 50mA 处。若不是，则调节电阻箱的阻值，并调节滑线变阻器，使改装表和标准表同时满刻度，这一过程称为校准改装表的量程。校准量程后电阻箱的读数为分流电阻的实际值。

④ 校准刻度：校准量程后，调节滑线变阻器，使电流逐渐从大到小，然后再从小到大地变化到满刻度，改装表每改变 10mA，记下对应的标准表的读数，填入表 3.12.1 中。

⑤ 作校准曲线：根据校准表和改装表的对应值，算出它们的修正值 $\Delta I = I_S - I_x$。在坐标纸上画出以 ΔI 为纵坐标，ΔI_x 为横坐标的校准曲线。

(2) 电压表的改装和校准。

将量程为 100μA 的微安表改装成量程为 3V 的电压表。根据式(3.12.2) 计算出 R_H 的理论值，用电阻箱作为 R_H，将电阻箱调到理论值并与表头串联构成电压表，示值 U 的校准值 $\Delta U = U_S - U_x$。将改装电压表数据填入表 3.12.2 中。在坐标纸上画出以 ΔU 为纵坐标，U_x 为横坐标的校准曲线。

【数据处理】

(1) 实验数据处理（表 3.12.1，表 3.12.2）

表 3.12.1 改装电流表数据表

实验次数	改装表格数	改装表示数 I_1	标准表示数 I_2	示数差 ΔI
1				
2				
3				
4				
5				
6				
7				

续表

实验次数	改装表格数	改装表示数I_1	标准表示数I_2	示数差 ΔI
8				
9				
10				

表 3.12.2 改装电压表数据表

实验次数	改装表格数	改装表示数V_1	标准表示数V_2	示数差 ΔV
1				
2				
3				
4				
5				
6				
7				
8				
9				
10				

（2）请在坐标纸上画出校正曲线。

【注意事项】

（1）接通电源前，应检查滑线变阻器的滑键是否在安全位置。
（2）调节电阻箱时，防止电阻值从 9 到 0 的突然减小。
（3）记录时注意有效数字的位数。

【讨论思考题】

（1）校正电流表时发现改装表的读数相对于标准表的读数偏高，试问要达到标准表的数值，改装表的分流电阻应调大还是调小？

（2）一量程为 500μA，内阻 1kΩ 的微安表，它可以测量的最大电压是多少？如果将它的量程扩大为原来的 N 倍，应如何选择扩程电阻？

【扩展训练】

以串联分压式为例，设计一种将微安表改装成欧姆表的实验。

【扩展阅读】

[1] 吴世春．普通物理实验［M］．重庆：重庆大学出版社，2015.
[2] 金雪尘，王刚，李恒梅．物理实验［M］．南京：南京大学出版社，2017.

【附录】

常见电气仪表面板上的标记见表 3.12.3。

表 3.12.3　常见电气仪表面板上的标记

名称	符号
整流系仪表(带半导体整流器和磁电系测量机构)	
热电系仪表(带接触式热变换器和磁电系测量机构)	

C—3　电流种类的符号

名　　称	符　　号
直流	—
交流(单相)	～
直流和交流	≂
具有单元件的三相平衡负载交流	≋

C—4　准确度等级的符号

名　　称	符　　号
以标度尺量限百分数表示的准确度等级，例如 1.5 级	1.5
以标度尺长度百分数表示的准确度等级，例如 1.5 级	1.5
以指示值的百分数表示的准确度等级，例如 1.5 级	(1.5)

C—5　工作位置的符号

名　　称	符　　号
标度尺位置为垂直的	⊥
标度尺位置为水平的	⊓
标度尺位置与水平面倾斜成一角度例如 60°	∠60°

C—6　绝缘强度的符号

名　　称	符　　号
不进行绝缘强度试验	☆0
绝缘强度试验电压为 2kV	☆2

C—7　端钮、调零器的符号

名　　称	符　　号
负端钮	-
正端钮	+
公共端钮(多量限仪表和复用电表)	✕
接地用的端钮(螺钉或螺杆)	⏚
与外壳相连接的端钮	
与屏蔽相连接的端钮	
调零器	↔

C—8　按外界条件分组的符号

名　　称	符　　号
Ⅰ级防外磁场(例如磁电系)	
Ⅰ级防外磁场(例如静电系)	
Ⅱ级防外磁场及电场	Ⅱ　Ⅱ
Ⅲ级防外磁场及电场	Ⅲ　Ⅲ
Ⅳ级防外磁场及电场	Ⅳ　Ⅳ

3.13　示波器的使用

【引言】

示波器是一种用途广泛的电子测量仪器。根据示波器对信号的处理方式，可将示波器分为模拟示波器和数字示波器。本实验主要使用数字示波器。

示波器的使用

【实验目的】

(1) 了解示波器的主要结构和显示波形的基本原理。

(2) 学会使用函数信号发生器。

(3) 学会用示波器观察波形以及测量电压、周期和频率等。

(4) 理解李萨如图形合成原理及方法。

【实验仪器】

SDS 1152 CML 型数字存储示波器、YB1610 函数信号发生器、连接线（2 根）。

实验仪器功能介绍如下。

(1) 熟悉示波器（图 3.13.1）上各旋钮的功能和用法。

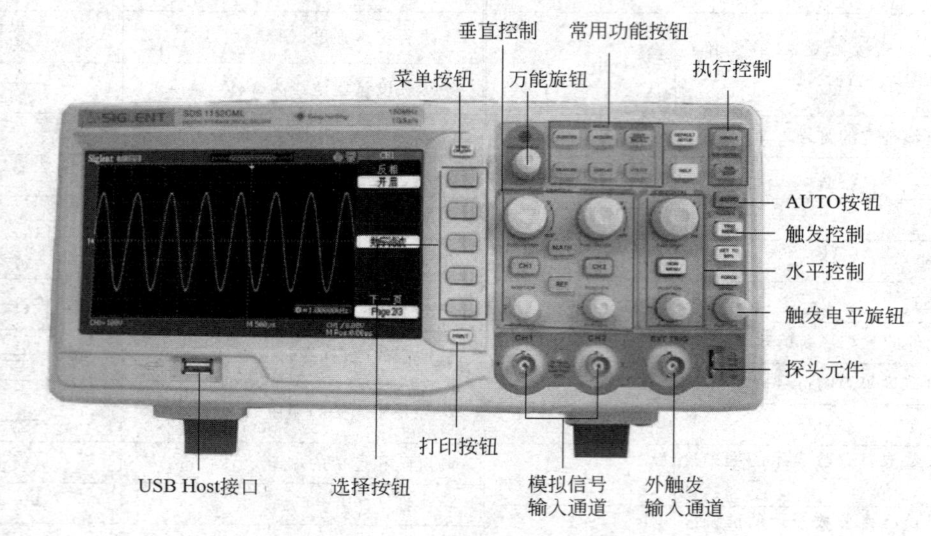

图 3.13.1　示波器面板上功能旋钮图

设置垂直系统 VERTICAL [CH1、CH2、MATH、REF、OFF、POSITION（垂直位置）、SCALE（垂直范围）]

· CH1、CH2　① 可设置耦合的方式：直流、交流、接地。

　　　　　　② 探头的衰减系数。

　　　　　　③ 数字滤波的频率上线。

· MATH　为系统的数学运算界面。

· REF　为导入导出已保存的文件菜单或保存文件，但不存储 *X*-*Y* 方式的波形

设置水平系统 HORIZONTAL [MENU、POSITION（水平位置）、SCALE（水平范围）]

· MENU　① 延迟扫描：用来放大一段波形，以便查看图形细节。

　　　　② 时基：*Y*-*T*、*X*-*Y*（水平轴上显示通道 1 电压，垂直轴上显示通道 2 电压）、Roll。

　　　　③ 采样率：显示系统采样率。

设置触发系统 TRIGGER（LEVEL、MENU、50%、FORCE）

MENU 中的触发模式有边沿触发、脉宽触发、斜率触发、视频触发、交替触发（稳定触发双通道不同步信号，此触发模式下，不能产生 *X*-*Y* 波形，且交替触发菜单中触发类型为视频触发时它的同步分为：所有行、指定行、奇数场、偶数场）；触发方式：自动、普通、单次，如在自动下无法稳定两波形，可选择单次稳定波形；触发设置：灵敏度；触发抑制：设置重新启动触发电路的时间间隔，时间范围为：500ns～1.5s；触发释抑：使触发释抑复位到 500ns。

设置采样系统（Acquire）

获取方式：普通、平均、峰值检测，其中平均采样方式图像更细，期望减少所显示信号

中的随机噪声。如期望观察信号的包络，避免混淆，选用峰值检测方式；采样方式：观察单次信号选用实时采样方式，观察高频周期性信号选用等效采样方式。

设置显示系统（Display）

显示类型：矢量（采样点之间通过连线的方式显示）、点（直接显示采样点）；清除显示：清除所有先前采集的显示及任何从内部存储区或USB存储设备中调出的轨迹。

存储和调出（Storage）

存储类型：位图存储与CSV存储（适用于外部存储器）、波形存储与设置存储（适用于内部存储）、可从存储位置中调出或删除已存文件。出厂设置则设置调出出厂设置操作。

设置辅助系统（Utility）

接口设置、声音、频率计、Language（1/3）、通过测试、波形录制、打印设置（2/3）、参数设置、自校正（3/3）。

按Utility→通过测试→规则设置中的Mask可设置水平容限范围与垂直容限范围，均为（0.04～4.00div）。

按Utility→波形录制→模式→录制可对波形进行录制，最大帧数为1000，各帧之间时间间隔设置为1.00ms～1000s。

按Utility→波形录制→模式→回放执行RUN/STOP键停止或继续波形回放功能。

按Utility→波形录制→模式→存储根据当前设置的帧数存储或调出当前录制的波形。

按Utility→参数设置可设置屏幕保护、界面方案、键盘密码设置等。

运行自校正程序以前，请确认示波器已预热或运行达30min以上。如果操作温度变化范围达到或超过5℃，必须打开系统功能菜单，执行“自校正”程序。

自动测量（Measure）

该示波器提供20种自动测量的波形参数，包括10种电压参数和10种时间参数：峰峰值（V_{pp}）、最大值（V_{max}）、最小值（V_{min}）、顶端值（V_{top}）、底端值（V_{base}）、幅值（V_{amp}）、平均值（$V_{Average}$）、均方根值（V_{rms}）、过冲（Overshoot）、预冲（Preshoot）、频率、周期、上升时间（RiseTime）、下降时间（FallTime）、正占空比（＋Duty）、负占空比（－Duty）、延迟1→2↑、延迟1→2↓、正脉宽（＋Width）和负脉宽（－Width）。

光标测量（Cursor）

手动模式：出现水平调整或垂直调整的光标线。追踪模式：水平与垂直光标交叉构成十字光标。自动测量模式：系统会显示对应的电压或时间光标。此方式在未选择任何自动测量参数时无效。

使用执行按键（AUTO、RUN/STOP）

AUTO（自动设置）：自动设定仪器各项控制值，以产生适宜观察的波形显示。RUN/STOP（运行/停止）：运行和停止波形采样。

（2）YB1610型信号发生器。

面板操作键作用说明（以下①～⑳，对应图中①～⑳）

YB1600P系列函数信号发生器操作前面板如图3.13.2所示，后面板如图3.13.3所示。

① 电源开关（POWER）：将电源开关按键弹出即为“关”位置，将电源线接入，按电源开关，以接通电源。

② LED显示窗口：此窗口指示输出信号的频率，当“外测”开关按入，显示外测信号的频率。如超出测量范围，溢出指示灯亮。

③ 频率调节旋钮（FREQUENCY）：调节此旋钮改变输出信号频率，顺时针旋转，频率增大，逆时针旋转，频率减小，微调旋钮可以微调频率。

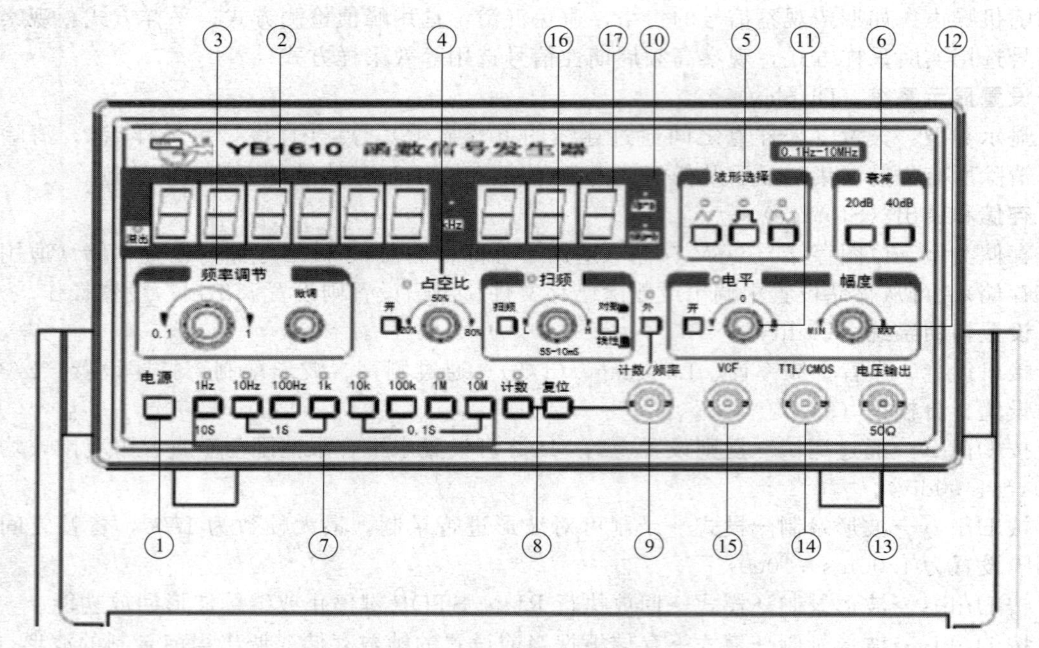

图 3.13.2 信号发生器面板

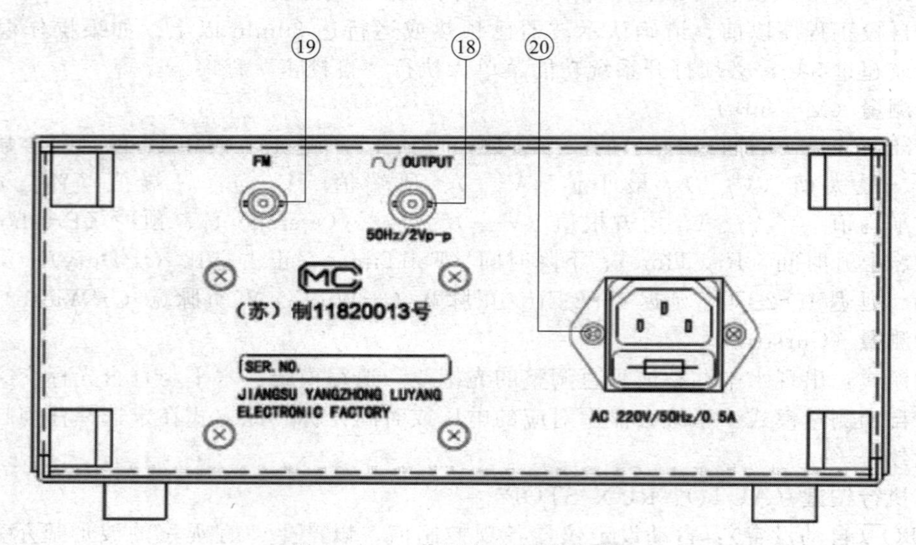

图 3.13.3 信号发生器背部面板

④ 占空比（DUTY）：占空比开关，占空比调节旋钮，将占空比开关按入，占空比指示灯亮，调节占空比旋钮，可改变波形的占空比。

⑤ 波形选择开关（WAVE FORM）：按对应波形的某一键，可选择需要的波形。

⑥ 衰减开关（ATTE）：电压输出衰减开关，二档开关组合为 20dB、40dB、60dB。

⑦ 频率范围选择开关：根据所需要的频率，按其中一键。

⑧ 计数、复位开关：按计数键，LED 显示开始计数，按复位键，LED 显示全为 0。

⑨ 计数/频率端口：计数、外测频率输入端口。

⑩ 外测频开关：此开关按入 LED 显示窗显示外测信号频率或计数值。

⑪ 电平调节：按入电平调节开关，电平指示灯亮，此时调节电平调节旋钮，可改变直

流偏置电平。

⑫ 幅度调节旋钮（AMPLITUDE）：顺时针调节此旋钮，增大电压输出幅度。逆时针调节此旋钮可减小电压输出幅度。

⑬ 电压输出端口（VOLTAGE OUT）：电压输出由此端口输出。

⑭ TTL/CMOS 输出端口：由此端口输出 TTL/CMOS 信号。

⑮ 功率输出端口：功率输出由此端口输出。

⑯ 扫频：按入扫频开关，电压输出端口输出信号为扫频信号，调节速率旋钮，可改变扫频速率，改变线性/对数开关可产生线性扫频和对数扫频。

⑰ 电压输出指示：3 位 LED 显示输出电压值，输出接 50Ω 负载时应将读数÷2。

⑱ 50Hz 正弦波输出端口：50Hz 约 $2V_{P-P}$ 正弦波由此端口输出。

⑲ 调频（FM）输入端口：外调频波由此端口输入。

⑳ 交流电源 220V 输入插座。

基本操作方法

打开电源开关之前，首先检查输入的电压，将电源线插入后面板上的电源插孔，如表 3.13.1 所示设定各个控制键。

表 3.13.1　控制键

控制键	说　明	控制键	说　明
电源(POWER)	电源开关弹出	电平	电平开关弹出
衰减开关(ATTE)	弹出	扫频	扫频开关弹出
外测频(COUNTER)	外测频开关弹出	占空比	占空比开关弹出

所有的控制键如上设定后，打开电源。函数信号发生器默认 10K 档正弦波，LED 显示窗口显示本机输出信号频率。

① 将电压输出信号由幅度（VOLTAGE OUT）端口通过连接线送入示波器 Y 输入端口。

② 三角波、方波、正弦波产生：

a. 将波形选择开关（WAVE FORM）分别按正弦波、方波、三角波，此时示波器屏幕上将分别显示正弦波、方波、三角波；

b. 改变频率选择开关，示波器显示的波形以及 LED 窗口显示的频率将发生明显变化；

c. 幅度旋钮（AMPLITUDE）顺时针旋转至最大，示波器显示的波形幅度将 $\geqslant 20V_{P-P}$；

d. 将电平开关按入，顺时针旋转电平旋钮至最大，示波器波形向上移动，逆时针旋转，示波器波形向下移动，最大变化量 ±10V 以上；注意：信号超过 ±10V 或 ±5V（50 Ω）时被限幅；

e. 按下衰减开关，输出波形将被衰减。

【预习思考题】

（1）如何通过示波器读出信号的周期？

（2）如何调出李萨如图形？

【实验原理】

电子示波器（简称示波器）能够简便地显示各种电信号的波形，一切可以转化为电压的电学量和非电学量及它们随时间作周期性变化的过程都可以用示波器来观测，示波器是一种用途十分广泛的测量仪器。

示波器的基本结构

示波器的主要部分有示波管、带衰减器的 Y 轴放大器、带衰减器的 X 轴放大器、扫描发生器（锯齿波发生器）、触发同步和电源等，其结构方框图如图 3.13.3 所示。为了适应各种测量的要求，示波器的电路组成是多样而复杂的，这里仅就主要部分加以介绍。

（1）示波管。

如图 3.13.4 所示，示波管主要包括电子枪、偏转系统和荧光屏三部分，全都密封在玻璃外壳内，里面抽成高真空。下面分别说明各部分的作用。

① 荧光屏：它是示波器的显示部分，当加速聚焦后的电子打到荧光屏上时，屏上所涂的荧光物质就会发光，从而显示出电子束的位置。当电子停止作用后，荧光剂的发光需经一定时间才会停止，称为余辉效应。

② 电子枪：由灯丝 H、阴极 K、控制栅极 G、第一阳极 A_1、第二阳极 A_2 五部分组成。灯丝通电后加热阴极。阴极是一个表面涂有氧化物的金属筒，被加热后发射电子。控制栅极是一个顶端有小孔的圆筒，套在阴极外面。它的电位比阴极低，对阴极发射出来的电子起控制作用，只有初速度较大的电子才能穿过栅极顶端的小孔然后在阳极加速下奔向荧光屏。示波器面板上的“亮度”调整就是通过调节电位以控制射向荧光屏的电子流密度，从而改变了屏上的光斑亮度。阳极电位比阴极电位高很多，电子被它们之间的电场加速形成射线。当控制栅极、第一阳极、第二阳极之间的电位调节合适时，电子枪内的电场对电子射线有聚焦作用，所以第一阳极也称聚焦阳极。第二阳极电位更高，又称加速阳极。面板上的“聚焦”调节，就是调节第一阳极电位，使荧光屏上的光斑成为明亮、清晰的小圆点。有的示波器还有“辅助聚焦”，实际是调节第二阳极电位。

③ 偏转系统：它由两对相互垂直的偏转板组成，一对垂直偏转板 Y，一对水平偏转板 X。在偏转板上加以适当电压，电子束通过时，其运动方向发生偏转，从而使电子束在荧光屏上的光斑位置也发生改变。

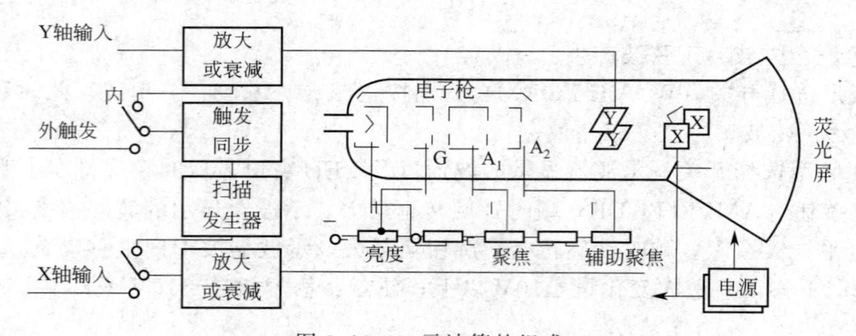

图 3.13.4　示波管的组成

（2）信号放大器和衰减器。

示波管本身相当于一个多量程电压表，这一作用是靠信号放大器和衰减器实现的。由于示波管本身的 X 及 Y 轴偏转板的灵敏度不高（约 0.1～1mm/V），当加在偏转板的信号过小时，要预先将小的信号电压放大后再加到偏转板上。为此设置 X 轴及 Y 轴电压放大器。衰减器的作用是使过大的输入信号电压变小以适应放大器的要求，否则放大器不能正常工作，使输入信号发生畸变，甚至使仪器受损。对一般示波器来说，X 轴和 Y 轴都设置有衰减器，以满足各种测量的需要。

（3）扫描系统。

扫描系统也称时基电路，用来产生一个随时间作线性变化的扫描电压，这种扫描电压随时间变化的关系如同锯齿，故称锯齿波电压，这个电压经 X 轴放大器放大后加到示波管的水平偏转板上，使电子束产生水平扫描。这样，屏上的水平坐标变成时间坐标，Y 轴输入的被测信号波形就可以在时间轴上展开。扫描系统是示波器显示被测电压波形必需的重要组成部分。

示波器显示波形的原理

如果只在竖直偏转板上加一交变的正弦电压，则电子束的亮点将随电压的变化在竖直方向来回运动，如果电压频率较高，则看到的是一条竖直亮线，如图 3.13.5(a) 所示。要能显示波形，必须同时在水平偏转板上加一扫描电压，使电子束的亮点沿水平方向拉开。这种扫描电压的特点是电压随时间成线性关系增加到最大值，最后突然回到最小，此后再重复地变化。这种扫描电压即前面所说的“锯齿波电压”，如图 3.13.5(b) 所示。当只有锯齿波电压加在水平偏转板上时，如果频率足够高，则荧光屏上只显示一条水平亮线。

如果在竖直偏转板上（简称 Y 轴）加正弦电压，同时在水平偏转板上（简称 X 轴）加锯齿波电压，电子受竖直、水平两个方向力的作用，电子的运动就是两个相互垂直运动的合成。当锯齿波电压比正弦电压变化周期稍大时，在荧光屏上将能显示出完整周期的所加正弦电压的波形图，如图 3.13.5(c) 所示。

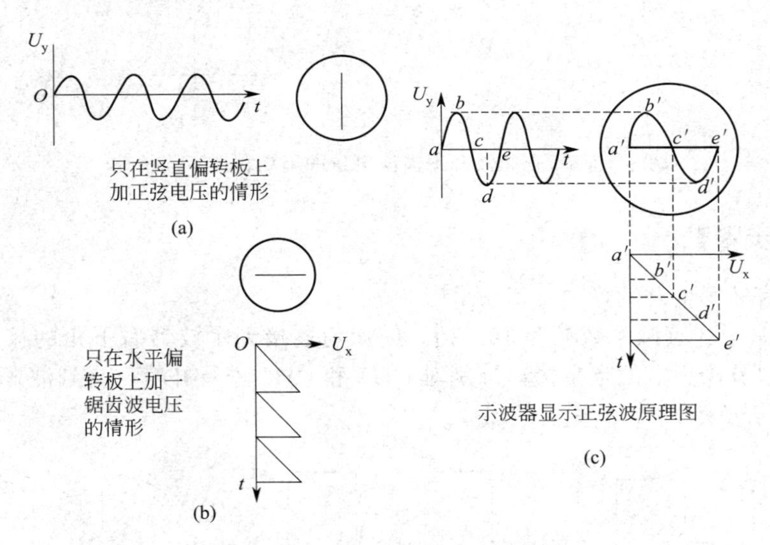

图 3.13.5　示波器的显示原理图

同步的概念

如果正弦波和锯齿波电压的周期稍微不同，屏上出现的是一个移动着的不稳定图形。这种情形可用图 3.13.6 说明。设锯齿波电压的周期 T_x 比正弦波电压周期 T_y 稍小，比方说 $T_x/T_y=7/8$。在第一扫描周期内，屏上显示正弦信号 0～4 点之间的曲线段；在第二周期内，显示 4～8 点之间的曲线段，起点在 4 处；第三周期内，显示 8～11 点之间的曲线段，起点在 8 处。这样，屏上显示的波形每次都不重叠，好象波形在向右移动。同理，如果 T_x 比 T_y 稍大，则好象在向左移动。以上描述的情况在示波器使用过程中经常会出现。其原因是扫描电压的周期与被测信号的周期不相等或不成整数倍，以致每次扫描开始时波形曲线上的起点均不一样所造成的。为了使屏上的图形稳定，必须使 $T_x/T_y=n(n=1,2,3,\cdots)$，$n$ 是屏上显示完整波形的个数。为了获得一定数量的波形，示波器上设有“扫描时间”（或“扫描范围”）、“扫描微调”旋钮，用来调节锯齿波电压的周期 T_x（或频率 f_x），使之与被

测信号的周期 T_y（或频率 f_y）成合适的关系，从而在示波器屏上得到所需数目的完整的被测波形。输入 Y 轴的被测信号与示波器内部的锯齿波电压是互相独立的。由于环境或其他因素的影响，它们的周期（或频率）可能发生微小的改变。这时，虽然可通过调节扫描旋钮将周期调到整数倍的关系，但过一会儿又变了，波形又移动起来。在观察高频信号时这种问题尤为突出。为此示波器内装有扫描同步装置，让锯齿波电压的扫描起点自动跟着被测信号改变，这就称为整步（或同步）。有的示波器中，需要让扫描电压与外部某一信号同步，因此设有“触发选择”键，可选择外触发工作状态，相应设有“外触发”信号输入端。

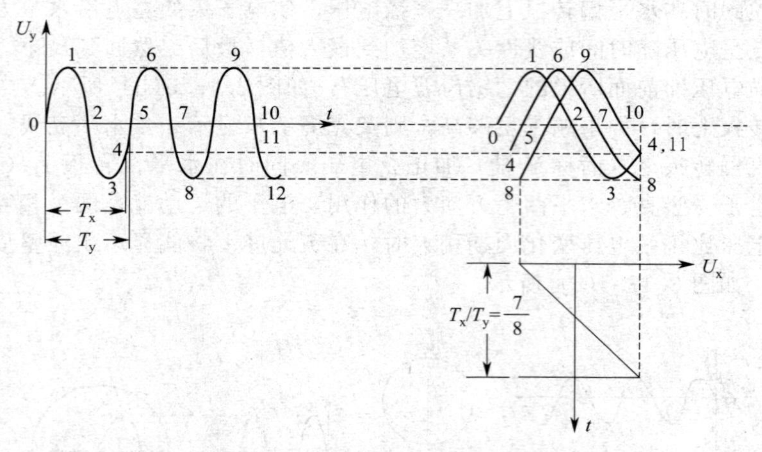

图 3.13.6　正弦波和锯齿波电压的周期稍微不同情况

【实验内容与步骤】

(1) 观察信号发生器波形。

① 将两探头上的衰减系数调为 10X 挡，使探勾连接到示波器右下角的接头上，探头上的夹子接地，调节探头上的十字接口分别对 CH1 和 CH2 进行补偿，直到波形为补偿正确图示（如图 3.13.7 所示）。

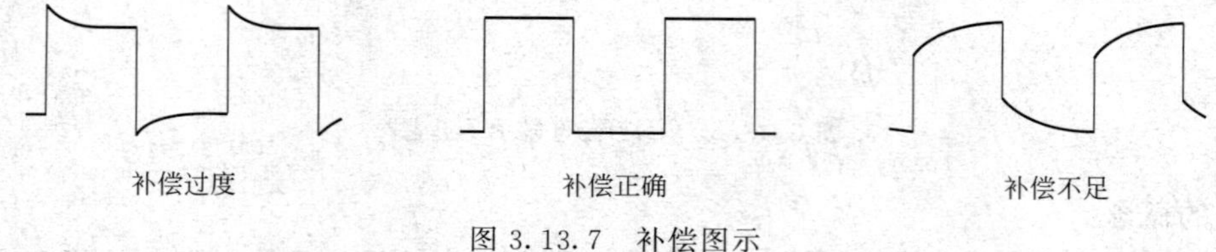

图 3.13.7　补偿图示

② 拔出探头，将信号发生器的输出端 CH1 或 CH2 接到示波器对应的 CH1 和 CH2 通道输入端上，开启信号发生器，按下发生器的 Output 按钮，启动 AuTo 键。调节示波器（注意信号发生器频率与扫描频率），观察波形，并使其稳定。

(2) 测量周期、频率、电压。

在示波器上调节出大小适中、稳定的波形，选择按下正弦波、方波、锯齿波中其中一个，按下 Measure 键打开全部测量，从表中读出周期 Prd、频率 Freq、电压值 U_{pp}，正弦波电压峰峰值$=U_{pp}\times$(探头衰减率)。

理论上波形发生器的幅值＝正弦波电压峰峰值，也可以选择 Cursor 光标键进行手动或追踪测量。

注意：每换一种波形，示波器屏幕上的波形如不自动转换，可按 RUN/STOP 键转换对应选择的波形。

（3）李萨如图形合成。

如果，示波器的 X,Y 偏转板都加上随时间变化的正弦信号，电子束在荧光屏上形成的轨迹是两个互相垂直振动的合成。当两个正弦信号或一个正弦信号与一个锯齿波信号合成，二者频率简单整数比例时，亮点轨迹为一稳定的闭合曲线——李萨如图形。

① 接上示波器 CH1、CH2 通道探头。并按下 CH1 和 CH2 将衰减系数设定为 10X（与补偿值一致）。

② 打开两台信号发生器，保持两台信号发生器的频率基本相同。

③ 将 CH1、CH2 通道探头各自与信号发生器相连。并按下 CH1 和 CH2 的 Output 键。

④ 若通道未被显示，则按下 CH1 和 CH2 菜单按钮。

⑤ 按下 AUTO（自动设置）按钮。

⑥ 调整垂直 SCALE 旋钮使两路信号显示的幅值大约相等。

⑦ 按下 DISPLAY 键。

⑧ 按下水平控制区域的 MENU 按钮选择时基中的 X-Y 模式。

⑨ 调整垂直 SCALE、垂直 POSITION 和水平 SCALE 旋钮使波形达到最佳效果。

⑩ 用发生器中的旋钮改变 CH1 或 CH2 的频率，会得到一系列的李萨如图形，CH1 和 CH2 通道输入成倍数关系的频率信号，测试如下倍数的李萨如图形（CH1∶CH2）为 1∶1，1∶2，1∶3，2∶3。令 f_X，f_Y 分别代表 Y 轴和 X 轴电压的频率，n_X 代表 X 方向的切线和图形相切的切点数，n_Y 代表 Y 方向的切线和图形相切的切点数。当 CH1∶CH2＝1∶2 时（$f_Y/f_X=n_X/n_Y=2/1$），李萨如图形形成原理如图 3.13.8 所示。

$$\frac{f_X}{f_Y}=\frac{\text{图形与 }Y\text{ 轴的切点数}(n_Y)}{\text{图形与 }X\text{ 轴的切点数}(n_X)}=\frac{1}{2}$$

其中$\frac{f_Y}{f_X}=\frac{1}{1}$，$\frac{2}{1}$，$\frac{3}{1}$，$\frac{3}{2}$，李萨如图大致形状如图 3.13.9 所示。

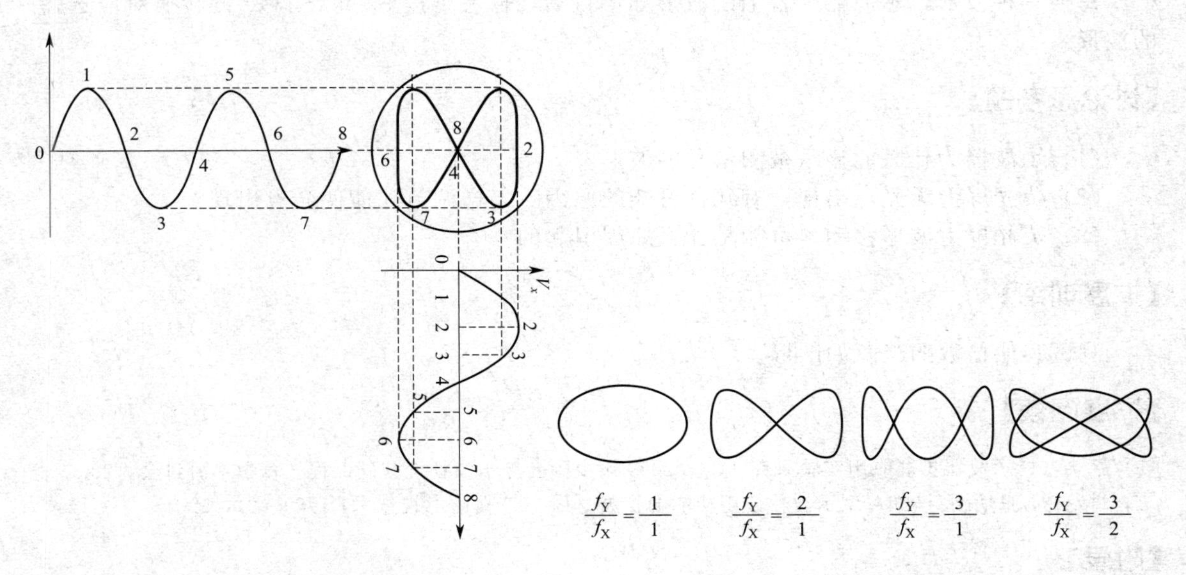

图 3.13.8　李萨如图形原理图

图 3.13.9　李萨如图形形状图

【数据处理】

数据处理结果填入表 3.13.2～表 3.13.4 中。

表 3.13.2　观察与测量示波器电压及波形

波形	电压峰-峰值			周期			频率 f_Y/kHz
	V/div	div	U_{p-p}/V	ms/div	div	T_Y/ms	
正弦波							
方波							
锯齿波							

表 3.13.3　电压测量

	1	2	3	4	5
示波器测量波形幅值 U/V					
信号发生器显示幅值 U/V					
百分差/%					

表 3.13.4　李萨如图形观察参数选择

$f_X:f_Y$	1∶1	1∶2	1∶3	2∶3	3∶2	3∶4	2∶1
李萨如图形							
N_X							
N_Y							
f_Y(Hz)							
f_Y(Hz)							

如果已知 f_Y，则由李萨如图形可求出未知信号的频率 f_Y。

【注意事项】

每换一种波形，示波器屏幕上的波形如不自动转换，可按 RUN/STOP 键转换对应选择的波形。

【讨论思考题】

(1) 示波器为什么能显示被测信号的波形？

(2) 荧光屏上无光点出现，有几种可能的原因？怎样调节才能使光点出现？

(3) 荧光屏上波形移动，可能是什么原因引起的？

【扩展训练】

测试其他倍数的李萨如图形。

【扩展阅读】

[1] 孟立志．示波器扩展应用实验研究［C］．2009 年全国高等学校物理基础课程教育学术研讨会，2009.

[2] 刘爱林，张炳刚．528A 型示波器使用功能的扩展［J］．广播与电视技术，1989 (2)：5.

【附录】

(1) 如果按下电源开关示波器仍然黑屏，没有任何显示，请按下列步骤处理：

① 检查电源接头是否接好；

② 检查电源开关是否按实；

③ 做完上述检查后，重新启动仪器；

④ 如果仍然无法正常使用本产品，请与设备制造厂联系。

(2) 采集信号后，画面中并未出现信号的波形，请按下列步骤处理：

① 检查探头是否正常接在信号连接线上；

② 检查信号连接线是否正常接在 BNC 上；

③ 检查探头是否与待测物正常连接；

④ 检查待测物是否有信号产生；

⑤ 再重新采集信号一次。

(3) 测量的电压幅度值比实际值大 10 倍或小 10 倍：检查通道衰减系数是否与实际使用的探头衰减比例相符。

(4) 有波形显示，但不能稳定下来：

① 检查触发面板的信源选择项是否与实际使用的信号通道相符；

② 检查触发类型，一般的信号应使用“边沿触发”方式，视频信号应使用“视频触发”方式；只有应用适合的触发方式，波形才能稳定显示；

③ 尝试改变“耦合”为“高频抑制”和“低频抑制”显示，以滤除干扰触发的高频或低频噪声。

(5) 按下“RUN/STOP”钮无任何显示。检查触发面板的触发方式是否在“正常”或“单次”挡，且触发电平超出波形范围。如果是，触发电平居中，或者设置触发方式为“自动”挡。另外，按“AUTO”按钮可自动完成以上设置。

(6) 选择打开平均采样方式或设置较长余辉时间后，显示速度变慢。

(7) 波形显示呈阶梯状：

① 此现象正常。可能水平时基挡位过低，增大水平时可提高水平分辨率，改善显示；

② 可能显示类型为“矢量”，采样间的连线，可能造成波形阶梯状显示。将显示类型设置为“点”显示方式，即可解决。

3.14 利用气垫导轨研究物体的运动

【引言】

气垫导轨是为研究无摩擦现象而设计的力学实验设备，在导轨表面分布着许多小孔，压缩空气从这些小孔中喷出，在导轨和滑块之间形成了约 0.1mm 厚的空气层，即气垫，由于气垫的形成，滑块被托起，使滑块在气垫上作近似无摩擦的运动。利用气垫导轨，再配以光电计时系统和其他辅助部件，可以对做直线运动的物体（即滑块）进行许多研究，如测定速度、加速度、验证牛顿第二定律、研究物体间的碰撞、研究简谐运动的规律等。

【实验目的】

(1) 了解气垫导轨的工作原理。

(2) 掌握利用气垫导轨测量运动物体的速度和加速度。

(3) 验证牛顿第二定律。

【实验仪器】

气垫导轨，滑块，MUJ-613 电脑式数字毫秒计，砝码。

【预习思考题】

（1）在实验中如何调节导轨水平？

（2）在实验中如何测量速度？

（3）在验证牛顿第二定律的实验中如何保持系统总质量 M 不变，而合外力 F 改变？

【实验原理】

仪器使用原理

（1）气垫导轨。

如图 3.14.1 所示，气垫导轨是一种摩擦力很小的实验装置，它利用从导轨表面小孔喷出的压缩空气，在滑块与导轨之间形成很薄的空气膜，将滑块从导轨面上托起，使滑块与导轨不直接接触，滑块在滑动时只受空气层间的内摩擦力和周围空气的微弱影响，这样就极大地减少了力学实验中难于克服的摩擦力的影响，滑块的运动可以近似看成无摩擦运动，使实验结果的精确度大为提高。

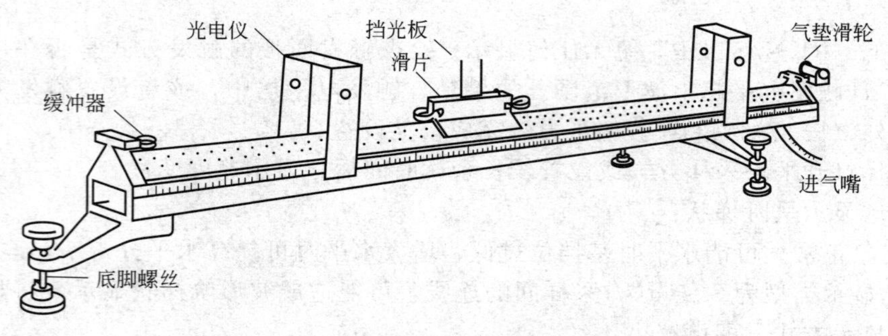

图 3.14.1　气垫导轨装置图

（2）MUJ—613 电脑式数字毫秒计。

在用气垫导轨验证牛顿第二定律实验中，我们采用 MUJ—613 电脑式数字毫秒计测量时间。利用它的测加速度程序，可以同时测量出滑块通过两个光电门的时间及滑块通过两个光电门之间的时间间隔。

使用计数器时，首先将电源开关打开（后板面），连续按功能键。使得加速度功能旁的灯亮，气垫导轨通入压缩空气后，使装有两个挡光杆的滑块依次通过气垫导轨上的两个光电门计数器按表 3.14.1 顺序显示测量的时间。

表 3.14.1　显示字符及含义

显示字符	含　义	单位
1	通过第一个光电门的速度	cm/s
2	通过第二个光电门的速度	cm/s
1—2	在第一和第二个光电门之间运动的加速度	cm/s^2

也可以通过按转换键改变单位。

验证牛顿第二定律实验原理

验证性实验是在已知某一理论的条件下进行的。所谓验证是指实验结果与理论结果的完全一致，这种一致实际上是实验装置、方法在误差范围内的一致。由于实验条件和实验水平的限制，有时可以使实验结果与理论结果之差超出了实验误差的范围，因此验证性实验是属于难度很大的一类实验，要求具备较高的实验条件和实验水平。本实验通过直接测量牛顿第二定律所涉及的各物理量的值，并研究它们之间的定量关系，进行直接验证。

(1) 速度的测量。

悬浮在水平气垫导轨上的滑块，当它所受合外力为零时，滑块将在导轨上静止或做匀速直线运动。在滑块上装两个挡光杆如图3.14.2所示，当滑块通过某一个光电门时，第一个挡光杆挡住照在光电管上的光，计数器开始计时，当另一个挡光杆再次挡光时，计数器计时停止，这样计数器数字显示屏上就显示出两个挡光杆通过光电门的时间 Δt。

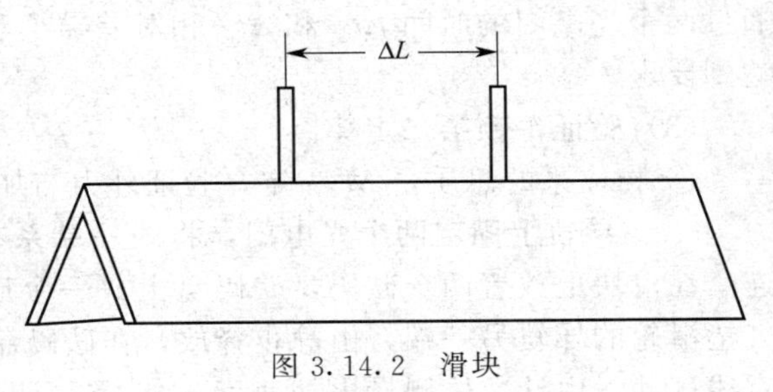

图 3.14.2 滑块

如果两个挡光杆轴线之间的距离为 ΔL，可以计算出滑块通过光电门的平均速度 $\bar{v}$ 为

$$\bar{v}=\frac{\Delta L}{\Delta t} \tag{3.14.1}$$

由于 ΔL 比较小（1cm 左右），在 ΔL 范围内滑块的速度变化很小，所以可把 $\bar{v}$ 看作滑块经过光电门的瞬时速度。

(2) 加速度的测量。

在气垫导轨上，设置两个光电门，其间距为 S。使受到水平恒力作用的滑块（做匀加速直线运动）依次通过这两个光电门，计数器可以显示出滑块分别通过这两个光电门的时间 Δt_1、Δt_2 及通过两个光电门的时间间隔 Δt。滑块滑过第一个光电门的初速度为 $v_1=\frac{\Delta L}{\Delta t_1}$，滑块滑过第二个光电门的末速度为 $v_2=\frac{\Delta L}{\Delta t_2}$，则滑块的加速度为

$$a=\frac{v_2-v_1}{\Delta t} \text{ 或 } a=\frac{v_2^2-v_1^2}{2s} \tag{3.14.2}$$

(3) 验证牛顿第二定律。

按照牛顿第二定律，对于一定质量 M 的物体，其所受的合外力 $F_{合}$ 和物体获得的加速度 a 之间的关系如下

$$F_{合}=Ma \tag{3.14.3}$$

验证此定律可分为两步：①验证物体的质量 M 一定时，其所受合外力 $F_{合}$ 和物体的加速度 a 成正比；②验证合外力 $F_{合}$ 一定时，物体的加速度 a 的大小和其质量 M 成反比。

若实验中所用滑块质量为 m_1，砝码盘和砝码的质量为 m_2，则该系统的总质量 $M=m_1+m_2$，该系统所受的合外力的大小 $F=m_2g$，则有

$$F=Ma \tag{3.14.4}$$

【实验内容与步骤】

(1) 调节光电计时系统。

将气垫导轨上的两个光电门引线接入 MUJ—613 电脑式数字毫秒计后面板的 P1 及 P2 插口上，打开 MUJ—613 电脑式数字毫秒计电源开关。将气垫导轨气源接通，用适当的力

推动滑块一下，使它依次通过两个光电门，看 MUJ—613 电脑式数字毫秒计是否能正常记录时间，若不正常请检查挡光杆是否挡光及检查光电管照明是否充分。

（2）调节气垫导轨水平。

① 静态调平（粗调）。调节导轨底脚螺丝使滑块在导轨上无定向地自然运动，也就是滑块能静止在导轨上，可以认为导轨被初步调平。

② 动态调平（细调）。用适当的力推动滑块一下，使它依次通过两个光电门，要求滑块通过两个光电门的时间 Δt_1 和 Δt_2 相对差异小于 1%。否则应继续调节导轨底脚螺丝，直至达到要求。

（3）验证牛顿第二定律。

① 物体系的总质量 M 一定，验证外力与加速度成正比。

a. 在导轨上固定两个光电门，将线一端系在滑块上，另一端通过气垫滑轮与砝码盘相连。在滑块上放置两个砝码，砝码盘上放一个砝码，砝码盘自身质量为 5g。滑块置于远离气垫滑轮的导轨另一端，由静止释放，在砝码盘及一个砝码所受重力作用下，滑块做匀加速直线运动，由计数器测量出加速度 a_1。重复测量三次（注意：滑块释放的初始位置必须一致，靠近气垫滑轮的光电门安放位置要合适，防止滑块尚未通过此光电门而砝码盘已落到地面上）。

b. 将一个砝码从滑块上取下，放入砝码盘中，重复上述实验步骤，测出滑块加速度 a_2。

c. 再将滑块上的另一个砝码取下，也放入砝码盘中（盘中砝码总数为 3 个），仍然重复上述实验步骤，测出滑块加速度 a_3。

d. 记录 m_1，m_2 和 M 的值，计算出作用力 F_1，F_2 和 F_3（m_2 指砝码盘及盘中砝码的质量之和，M 为滑块、砝码盘及盘中砝码的质量之和）。

② 物体系所受外力 F 一定，验证物体系的质量与加速度成反比。

a. 在砝码盘中放入一个砝码，测出在此作用力下，质量为 m_1 的滑块运动的加速度 a。

b. 保持砝码盘中的砝码不变（外力一定），将一质量为 m_1' 的砝码放在质量为 m_1 的滑块上，测出在此作用力下，滑块组运动的加速度 a'。

c. 以上测量重复进行三次。记录 m_2 的值并求出物体系的总质量 M 和 M'。

【数据处理】

（1）保持系统合外力 F 不变，改变系统总质量 M，验证 a 和 M，即 $Ma=F$，两光电门之间距离 $S=50\text{cm}$，挡光片宽度 $L=1\text{cm}$（表 3.14.2）。

表 3.14.2　验证实验数据记录 1

系统质量/g	Δt_1	Δt_2	加速度/(cm/s²)	加速度平均值/(cm/s²)	力 F/N
$M_1=$					
$M_2=$					
$M_3=$					

M：砝码 1 只＋砝码盘；

M_1：小滑块＋砝码 1 只＋砝码盘＋挡光片＋套钩＋钩＋固定螺钉 3 只；

M_2：M_1＋配重块 2 个＋固定螺钉 2 只；

M_3：M_2＋配重块 2 个。

（2）保持系统总质量不变，改变系统的合外力 F 的大小，验证 F 正比于 a 两光电门之间距离 S＝50cm，挡光片宽度 L＝1cm，系统总质量 M＝ g（表 3.14.3）。

表 3.14.3 验证实验数据记录 2

m/g	Δt_1	Δt_2	加速度/(cm/s^2)	加速度平均值/(cm/s^2)
$m21$＝砝码盘质量				
m 22＝$m21$＋1 只砝码质量				
$m23$＝$m21$＋2 只砝码质量				
m 23＝$m21$＋3 只砝码质量				
m 24＝m 21＋4 只砝码质量				

【注意事项】

（1）禁止用手接触轨面和滑块内表面。防止轨面和滑块内表面损伤或变形。

（2）气轨通气后，用薄纸条检查气孔，发现堵塞要疏通。

（3）使用前先将气轨通气，再在气轨上放滑块；使用完毕先取下滑块，再断开气轨气源。

【讨论思考题】

（1）空气阻力的影响，滑块运动的过程中总会受到空气阻力的影响，无法到达理想状况。

（2）做实验时温度气压等外在因素的影响，使得 g 的理论值不是那么准确。

（3）验证牛顿第二定律时，砝码盘的质量因为不可直接放到天平上称量，可能不是那么准确。

（4）实验存在系统误差和读数上的误差。

【扩展训练】

测滑块在倾斜导轨上的加速度 a 和当地的重力加速度 g。

【扩展阅读】

[1] 谭家杰，陆魁春，李刚权．气垫导轨上物体受变力作用运动规律的研究［J］．广西物理，2005，26

(3): 19-22.
[2] 叶鸣扬. 利用气垫导轨演示匀速直线运动中的二力平衡 [J]. 物理之友, 2018, 34 (11): 2.

【附录】光电测量系统

光电测量系统由光电门和光电计时器组成，其结构和测量原理如图 3.14.3 所示。当滑块从光电门旁经过时，安装在其上方的挡光片穿过光电门，从光电门发射器发出的红外光被挡光片遮住而无法照到接收器上，此时接受器产生一个脉冲信号。在滑块经过光电门的整个过程中，挡光片两次遮光，则接受器共产生两个脉冲信号，计时器测出这两个脉冲信号之间的时间间隔 Δt。它的作用与停表相似：第一次挡光相当于开启停表（开始计时），第二次挡光相当于关闭停表（停止计时）。这种计时方式比手动停表所产生的系统误差要小得多，光电计时器显示的精度也比停表高得多。如果预先确定了挡光片的宽度，即挡光片两翼的间距 ΔS，则可求得滑块经过光电门的速度 $v=\Delta S/\Delta t$。本实验中 $\Delta S=1.00\text{cm}$。

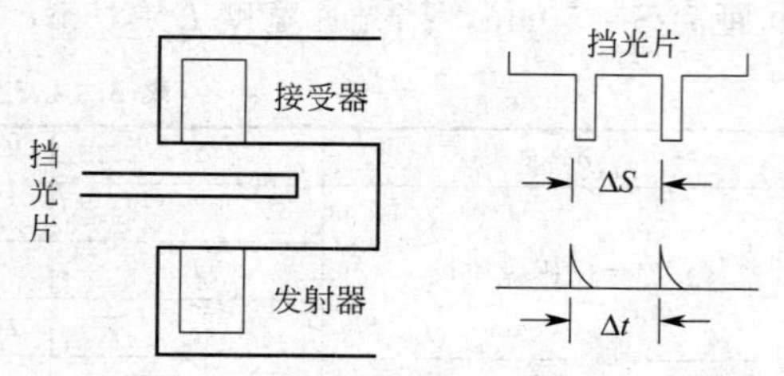

图 3.14.3 光电测量系统结构和测量原理

光电计时器是以单片机为核心，配有相应的控制程序，具有计时 1、计时 2、碰撞、加速度、计数等多种功能。“功能键”兼具“功能选择”和“复位”两种功能：当光电门没遮过光，按此键选择新的功能；当光电门遮过光，按此键则清除当前的数据（复位）。转换键则可以在计时 1 和计时 2 之间交替翻查 24 个时间记录。

近代与综合性实验

4.1 迈克尔逊干涉仪的调整和使用

【引言】

迈克尔逊是一位伟大的实验物理学家。迈克尔逊干涉仪就是他为测量“以太”的速度于1881年精心设计的，并得出零结果。他于1887年又和莫雷合作共同改进原来的实验装置，创造出更精密的迈克尔逊干涉仪，再次作“以太”漂移实验，同样得到零结果，从而否定了“以太”的存在，却促进了爱因斯坦相对论的建立。为近代物理学的发展作出了卓越贡献，1907年他荣获诺贝尔物理学奖。

迈克尔逊干涉仪的调整和使用

迈克尔逊干涉仪作为测长仪其精度可达亿分之一米。利用迈克尔逊干涉仪可做许多有关光的干涉实验。如观察各种不同几何形状，不同定域状态的干涉条纹；测量各种单色光的波长；研究光源的时间相干性，测量各种通明介质的折射率等。

【实验目的】

（1）了解迈克尔逊干涉仪的原理、结构和熟练掌握调节使用方法。

（2）测出 H_e-N_e 激光的波长。

（3）观察白光的干涉。

【实验仪器】

迈克尔逊干涉仪，氦氖激光器

【预习思考题】

（1）画出迈克尔逊干涉仪的光路图。指出各光学元件的位置关系，怎样才能调出等倾干涉条纹？

（2）M_1 和 M_2 两个反射镜的作用是什么，哪个镜的法线方位已调好，实验时不准再动？

（3）在毛玻璃前放一针状物体，在 E 处一般能看到3个此物的像。试分析这3个像是怎样形成的？怎样利用它们来调节干涉仪？

【实验原理】

迈克尔逊干涉仪的原理图如图 4.1.1 所示，它由两块平面反射镜 M_1、M_2 与两块平行平面玻璃 G_1、G_2 所组成。反射镜 M_2 装在与导轨成直角的臂上，称为定镜。定镜与动镜的法线相互垂直。在两镜法线的相交处以 45°角安装一块半透膜分光板 G_1，它的作用是能将入射光分成振幅（或光强）近于相等的一束反射光和一束透射光，在 G_1 和 M_2 之间装一块补偿板 G_2，G_2 与 G_1 材质相同，厚度相等，且严格平行，起补偿光程的作用。

自扩展光源 S 发出的一束光射到分光板 G_1 的半透膜 P 后，被分解为振幅（或光强）相近的反射光 1 和透射光 2，1 光经过 G_1 垂直投射到 M_1 上，而后沿原路返回，且透过 G_1 射向 E 方向；2 光透过 G_2 垂直投射到 M_2 上并沿原路返回，再透过 G_2 射到 G_1 半透膜 P 下，经半透膜反射将这束光也射到 E 方向。1 光和 2 光在无穷远处相干涉，即定域在无穷远。观察者在 E 处，借助调焦无穷远的望远镜，照相机和眼睛即可观察到干涉现象。

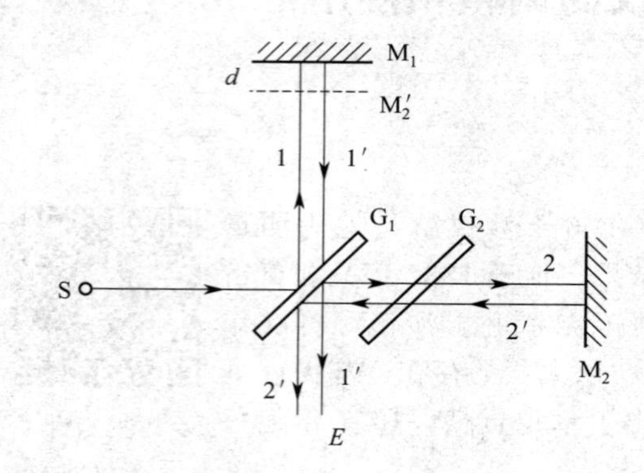

图 4.1.1　干涉原理图

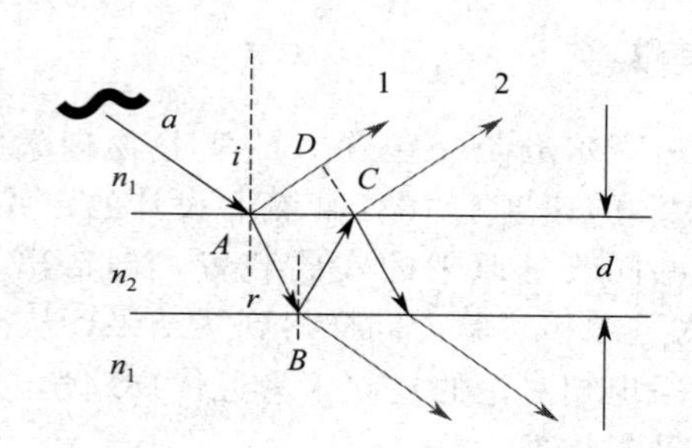

图 4.1.2　光程差示意图

当观察者从 E 处向 G_1 看去时，除直接看到 M_1 外，还能看到 M_2 在 G_1 中的虚像 M_2'，于是 1 和 2 光就如同从 M_1，M_2' 反射来的两束光，因此迈克尔逊干涉仪中的干涉与厚度为 d 的空气平行平板所产生的干涉一样，这里 d 为 M_1 和 M_2' 虚像的间隔。

1 和 2 两束光到 E 处的光程差 δ 由图 4.1.2 可知

$$\delta=AB+BC+AD \tag{4.1.1}$$

因 $M_1 /\!/ M_2'$，所以

$$AB=BC=\frac{d}{\cos\varphi}，而 AD=AC\sin\varphi，又 AC=2d\tan\varphi$$

将这些关系式代入式(4.1.1) 整理后得

$$\delta=2d\cos\varphi \tag{4.1.2}$$

根据光的干涉加强和减弱的条件

$$\delta=2d\cos\varphi=\begin{cases}k\lambda, & 明条纹\\ (2k+1)\dfrac{\lambda}{2}, & 暗条纹\end{cases} \tag{4.1.3}$$

式中，$k=0,1,2,\cdots$。

由式(4.1.3) 可见：

(1) 若 d，λ 一定时。

干涉级次随倾角（入射角）φ 变化，具有相同倾角 φ 的所有光线的光程差 δ 都相同，对应同一干涉级次 K。故称这种干涉为等倾干涉。不同倾角的光对应于不同的干涉级次，于是干涉图样是以光轴为中心的同心圆环。

当 $\varphi=0$ 时（相当于垂直入射），干涉级次最大，对应干涉圆环中心处。

当 $\varphi\neq0$ 时，随着 φ 角的增大，干涉级次 K 变小，对应干涉圆环越往外移。即越向边缘，干涉圆环的级次越低（这与牛顿的等厚干涉圆环不同）。

(2) 若 K，λ 一定时。

对应于不同干涉级次 K，当 d 减小时，倾角 φ 必须减小，则该级圆环越往内缩小，条纹随之变宽，看到的现象是干涉圆环“内缩”，中心圆环“消失”。当 $d=0$ 时，（即 M_1 与 M_2' 重合）整个视场无干涉圆环出现。当 d 增加时，倾角 φ 势必增大，看到的现象是条纹变窄，干涉圆环“外扩”，中心圆环“生出”，当 d 增大到一定程度时，也看不到干涉现象了。

如果 M_1 与 M_2 不严格垂直，即 M_1 与 M_2' 有一较小的夹角 θ，这时仍可观察到干涉花样，其圆心将偏离视场中心，而处于 M_1 与 M_2' 距离较大处，甚至处于视场之外，据此，就可判断 M_1 与 M_2' 不平行的情况，如果 θ 过大，将观察不到干涉花样。

【实验内容与步骤】

(1) 测量 He-Ne 激光的波长。

根据式(4.1.3) 可知，当 $\varphi=0$ 时，产生中心亮点的条件是 $2d=k\lambda$，当转动手轮改变 d 时，k 将改变。d 减小，则 k 减小，干涉圆环“内缩”，每改变 1 环，光程改变 1 个波长，也就是 d 改变半个波长。

如果改变 Δk 环，对应 M_1 与 M_2' 间距 d 将改变 Δd，于是式(4.1.3) 可写成下面形式

$$2\Delta d=\Delta k\cdot\lambda$$

$$\lambda=\frac{2\Delta d}{\Delta k}$$

① 选定清晰的干涉环区域，调整仪器的零点方法是将微动手轮 13 对准零，再转动粗动手轮 14 使某一刻线标志线（两者转动方向一致），记下此时 M_1 位置（起始点）。

② 按调整零点是手轮转动方向，继续转动微动手轮，以望远镜中叉丝为标记线，仔细数干涉圆环“内缩”或“外扩”100 环时停转手轮，记下 M_1 的位置，再继续转微动手轮，每变化 100 环记一次 M_1 的位置，共测量 1500 环，16 次。

(2) 观察白光干涉现象。

由于白光的相干长度极短，只能在 d 趋近于零的很小范围内看到彩色干涉条纹。因此可用白光干涉条纹来准确地确定 M_1 和 M_2 至半透膜 p 为等光程时 M_1 的位置，观察白光干涉的方法是：

① 转动粗动手轮，使等倾干涉圆环“内缩”，条纹间距变疏，直到视域内只能看到 1～2 环时，说明 M_1 和 M_2 相距极近。

② 这时转动 M_2 的水平拉簧螺丝，使 M_2 镜倾斜一个很小的角度，于是 M_1 与 M_2' 就形成了对顶空气劈尖（但尖不一定在中心），条纹便偏一侧并出现弯曲的现象。这时必须向使

弯曲条纹逐渐变直的方向缓慢转动微调手轮。

③ 当条纹侧移将要出现直条纹时，停转手轮，把白炽灯照明毛玻璃移近视场中。使视场中能看到一半白光和一半激光的弯曲条纹。

④ 此时要特别缓慢转动手轮，注意激光干涉条纹真的出现条纹时，视场中就会出现几条彩色条纹。这时去掉激光，让白光照亮全视场。观察白光干涉条纹特点，记下条纹的形状和色彩及 M_1 的位置。

【数据处理】

（1）试验数据记录表格（表 4.1.1）。

表 4.1.1　数据记录表格

环数（内缩或外扩）	0	100	200	300	…	1500
M_1 位置/mm				…		

（2）数据处理过程及不确定度的计算。

① 用逐差法由公式 $\lambda=\frac{2\Delta d}{\Delta k}$ 求出 λ，即 $\Delta d=\frac{\sum\limits_{i=0}^{7}(d_{8-i}-d_i)}{8\times 8}$。

② 由 $\Delta_\lambda=\sqrt{\Delta_A^2+\Delta_B^2}$，求出 λ 的不确定度 Δ_λ，其中：Δ_A 由 $\delta=\sqrt{\frac{\sum\limits_{i=1}^{8}(\lambda_1-\bar{\lambda})^2}{N(N-1)}}$ 代替；$\Delta_B=\frac{1}{10000\times 2\times 800}\text{mm}$。

【注意事项】

（1）迈克尔逊干涉仪是较为精密的光学仪器，切忌用手去触摸光学元件表面。

（2）迈克尔逊分光仪中各调节螺丝都有一定的调节度，切忌强行拧动螺丝，以免损坏仪器。

【讨论思考题】

（1）本试验中能否用点光源？为什么？

（2）等倾干涉条纹为什么随 d 的增大而变密？

【扩展训练】

用迈克尔逊干涉仪测水的折射率。

【扩展阅读】

[1] 褚润通．大学物理实验［M］．北京：北京大学出版社，2019.
[2] 王丽南，郎成，王显德．物理实验教程［M］．长春：吉林科学技术出版社，2002.
[3] 路大勇．普通物理实验［M］．长春：吉林大学出版社，2010.

【附录】

干涉仪的结构如图 4.1.3 所示。

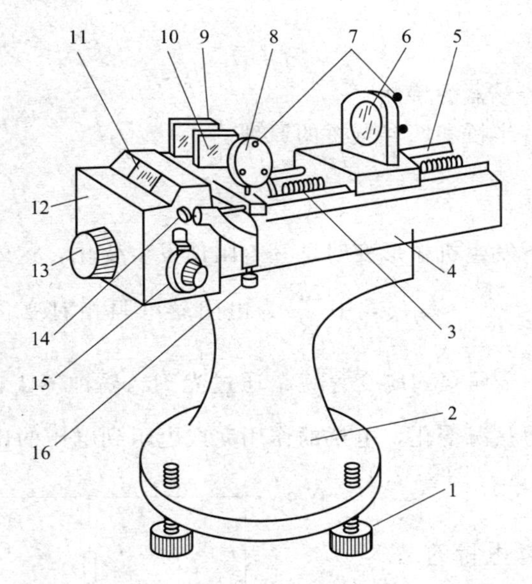

图 4.1.3　干涉仪结构图

1—水平调节螺钉；2—底座；3—精密丝杠；4—机械台面；5—导轨；6—可动镜（M_1）；7—螺钉；8—固定镜（M_2）；9—分光束板（G_1）；10—补偿板（G_2）；11—读数窗；12—齿轮系统外壳；13—粗调手轮（C）；14—水平拉簧螺丝；15—微调手轮（D）；16—垂直拉簧螺丝

4.2　压力传感器特性测量

【引言】

压力传感器是把一种非电量转换成电信号的传感器。弹性体在压力（重量）作用下产生形变（应变），导致（按电桥方式连接）粘贴于弹性体中的应变片产生电阻变化。压力传感器的主要指标是它的最大载重（压力）、灵敏度、输出输入电阻值、工作电压（激励电压）　（VIN）范围、输出电压（VOUT）范围。压力传感器是由特殊工艺材料制成的弹性体以及电阻应变片、温度补偿电路组成，并采用非平衡电桥方式连接，最后密封在弹性体中。

压力传感器特性测量

【实验目的】

（1）了解金属箔式应变片的应变效能，电桥的工作原理。

（2）了解单臂电桥、半桥、全桥的性能，并比较其灵敏度和非线性度。

（3）学习信号处理电路。

（4）设计电子秤系统。

【实验仪器】

直流恒压源 DH—VC3、九孔板接口平台、电子秤传感器模块、万用表、20g 砝码、差动放大器模块、22kΩ 电位器模块、350Ω 电阻模块、1kΩ 电阻模块、应变片转换盒模块。

【预习思考题】

(1) 如何测量压力传感器的特性。

(2) 单臂电桥、双臂半桥和四臂全桥的原理。

【实验原理】

电阻丝在外力作用下发生机械形变时，其电阻值发生变化，这就是电阻应变效应，描述电阻应变效应关系式为：$\frac{\Delta R}{R}=k\varepsilon$，式中$\frac{\Delta R}{R}$为电阻丝电阻相对变化，$K$ 为应变灵敏系数，$\varepsilon=\frac{\Delta L}{L}$为长度相对变化，金属箔式应变片就是通过光刻、腐蚀等工艺制成的应变敏感元件，通过它转换被测部位受力状况变化，电桥的作用完成电阻到电压的比例变化，电桥的输出电压反映了相应的受力状况。图 4.2.1 为实验电路图。

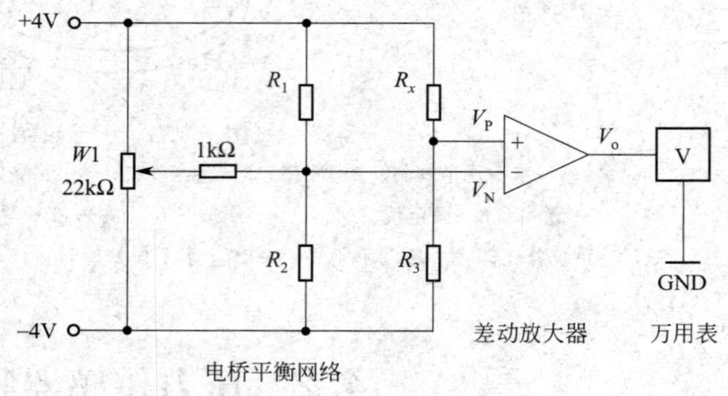

图 4.2.1　实验电路图

(1) 图 4.2.2 为单臂电桥的基本电路。

四个桥臂上只有一个桥臂接有电阻应变片。电桥平衡时，$R_1/R_2=R_3/R_4$。当传感器不受外力作用时，电桥满足平衡条件，在电路中 A，B 间电位差 $U_{AB}=0$，在实验中，当梁受到载荷 F 的作用时，使一个桥臂的电阻有个很小的增加量 ΔR 即 $R=\Delta R+R_1$，则电桥失去平衡，电路中 A，B 两点间存在一定的电势差 U_{AB} 即为电桥不平衡时输出电压。若电桥供电电源的电压为 U_0，根据串联电阻分压原理，若以图 4.2.2 所示电路中 C 点为零电势参考点，则电桥的输出电压如下

$$U_{AB}=U_A-U_B=U_0\left(\frac{R_1+\Delta R}{R_1+\Delta R+R_2}-\frac{R_3}{R_3+R_4}\right)=U_0\frac{R_4\Delta R}{(R_1+\Delta R+R_2)(R_3+R_4)}$$
$$=U_0\frac{\Delta R}{R_1\left(1+\frac{\Delta R}{R_1}+\frac{R_2}{R_1}\right)\left(1+\frac{R_3}{R_4}\right)} \tag{4.2.1}$$

根据电桥平衡条件，令电桥比率 $K=\frac{R_3}{R_4}=\frac{R_1}{R_2}$，且当 $\Delta R\ll R_1$ 时，略去分母中的微小项$\frac{\Delta R}{R_1}$，有 $U_{AB}=\frac{KU_0}{(1+K)^2(R_1/\Delta R)}$若$\frac{\Delta R}{R_1}$不能略去，则式(4.2.1)应为

$$U_{AB}=\frac{\Delta R/R_1}{(1+K)+(\Delta R/R_1)K}\times\frac{K}{(1+K)}U_0 \tag{4.2.2}$$

定义 $S_U=\frac{U_{AB}}{\Delta R}$为电桥的输出电压灵敏度，即电阻变化所引起的输出电压变化。则有 $S_U=\frac{KU_0}{(1+K)^2R_1}$，电桥的输出电压灵敏度由选择的电桥比率 K 及供电电源电压决定。

（2）半桥差动电路中电桥电压输出特性。

在惠斯登电桥电路中，若在相邻臂内接入两个变化量大小相等、符号相反的可变电阻应变片，剩余两臂电阻值不发生变化，只起连接电路作用，这种电桥电路称为半桥差动电路。应变传感器上贴的相同的电阻片，其电阻值相同。即 $R_1=R_2=R_3=R_4$，假设 $R_3=R_4=R$ 电桥开始处于平衡。

$$U_{AB}=U_A-U_B=U_0\left(\frac{R_1}{R_1+R_2}-\frac{R_4}{R_3+R_4}\right) \tag{4.2.3}$$

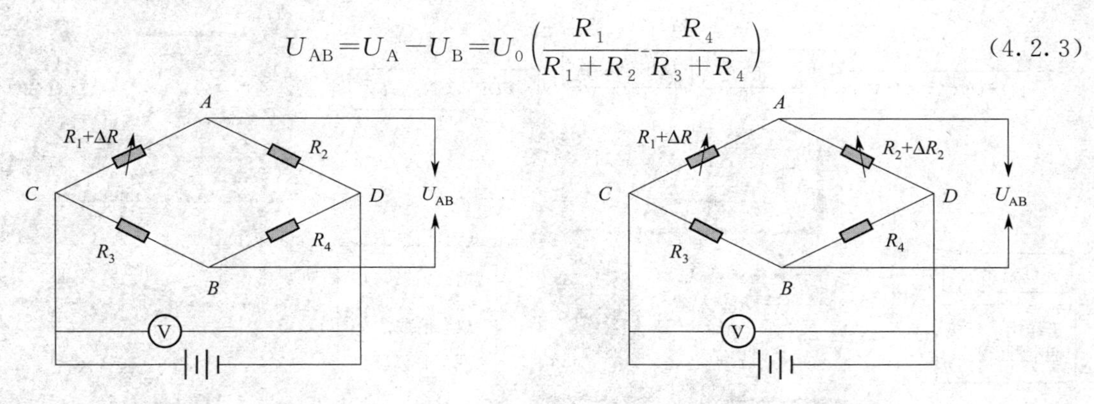

图 4.2.2　单臂电桥电路　　　　图 4.2.3　双臂半桥电路图

当传感器不受外力作用时，电桥满足平衡条件，a、b 两端输出的电压 $U_{AB}=0$。当梁受到载荷 F 的作用时，R_1 增大，R_2 减小，如图 4.2.3 所示，这时电桥不平衡，并有

$$U_{AB}=U_A-U_B=U_0\left(\frac{R_1+\Delta R_1}{R_1+\Delta R_1+R_2-\Delta R_2}-\frac{R_4}{R_3+R_4}\right) \tag{4.2.4}$$

（3）四臂全桥差动电路的电压输出特性。

在惠斯登电桥电路中，若电桥的四个臂均采用可变电阻应变片，将两个变化量符号相同的可变电阻接入相对桥臂内，而将两个变化量符号相反的可变电阻接入相邻桥臂内，这种电桥电路称为全桥差动电路。

当传感器不受外力作用时，电桥满足平衡条件，a，b 两端输出的电压 $U_{AB}=0$。

当梁受到载荷 F 的作用时，R_1 和 R_3 增大，R_2 和 R_4 减小，如图 4.2.4 所示，这时电桥不平衡，并有

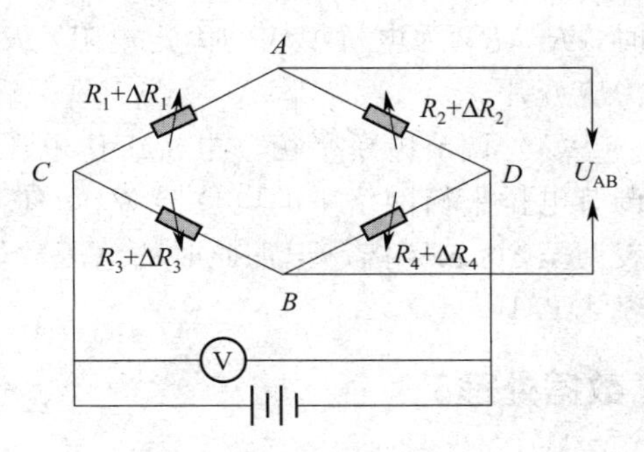

图 4.2.4　四臂全桥电路图

$$U_0=E\left(\frac{R_1+\Delta R_1}{R_1+\Delta R_1+R_2-\Delta R_2}-\frac{R_4-\Delta R_4}{R_3+\Delta R_3+R_4-\Delta R_4}\right) \tag{4.2.5}$$

式中　　　$R_1=R_2=R_3=R_4$，$\Delta R_1=\Delta R_2=\Delta R_3=\Delta R_4=\Delta R$

【实验内容与步骤】

（1）实验模块合理摆放。按实验原理图 4.2.1，将实验线路接好。差动放大器：V＋与调零 V＋相连，接至直流恒压源的＋15V，V－与调零 V－相连，V－接至－15 V，差动放大器模块的 GND 与调零模块的 GND 相连，接至±15V 电源地，VREF 与 VREF 相连。差动放大器的说明如图 4.2.5 所示，差动放大器组合如图 4.2.6 所示。

（2）差动放大器调零：用导线将差动放大器的输入端同相端 V_P（＋）、反相端 V_N（－）短接。差动放大器的增益打到最大回调一点，万用表置 20V 挡，用万用表测差动放大器输

出端的电压，开启直流恒压源，调节调零旋钮使万用表显示为零。

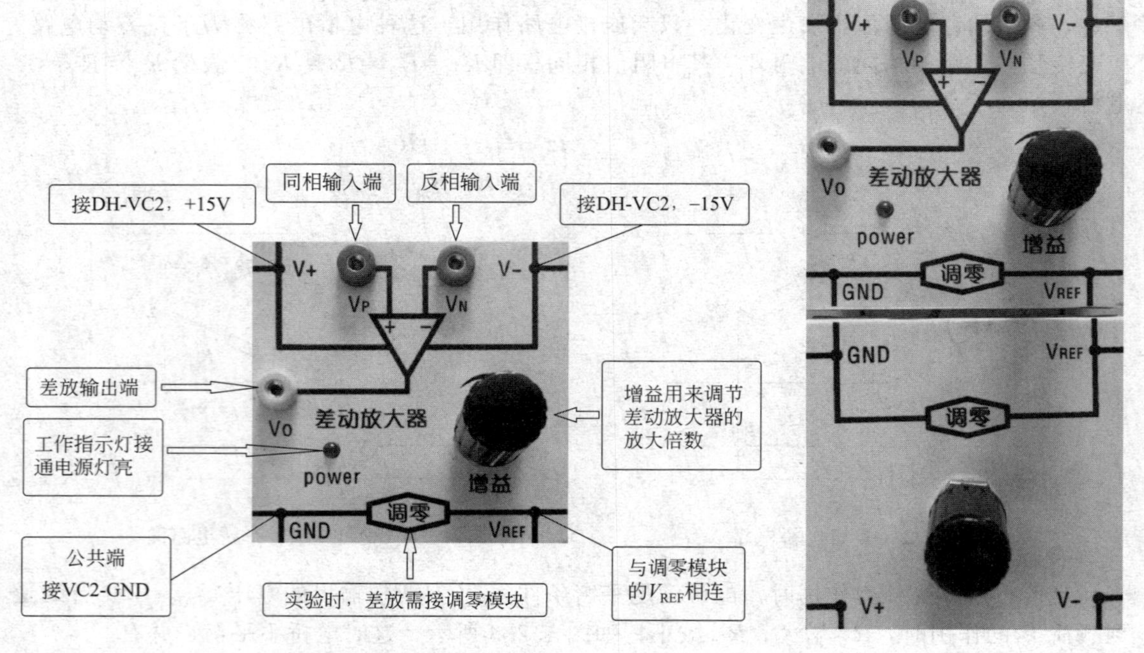

图 4.2.5　差动放大器的说明　　　　图 4.2.6　差动放大器组合

（3）接成单臂电桥时，R_1,R_2,R_3 为电桥模块的固定电阻，R_X 则为应变片；接成半桥时，R_1,R_2 为电桥模块的固定电阻，R_3,R_X 则为应变片；接成全桥时，R_1,R_2,R_3,R_X 都为应变片。

（4）调节电桥平衡。电桥工作电压打至±4V 挡，万用表置 20V 挡。开启直流恒压源，调节电桥平衡网络中的电位器 W_1，使万用表显示为零。在托盘未放砝码之前，然后将万用表调至 200mV 挡，记下此时的电压数值，每增加一只砝码记下一个数值并将这些数值填入表 4.2.1～表 4.2.3。

【数据处理】

根据所得结果计算系统灵敏度 $S=\dfrac{\Delta U}{\Delta W}$，并作出 U-W 关系曲线，ΔU 为电压变化率，ΔW 为相应的质量变化率。(质量用 W 表示，电压用 U 表示)。单臂电桥、半桥和全桥的灵敏度依次记作 S_1、S_2 和 S_3。

$$\Delta U=\frac{(U_5-U_0)+(U_6-U_1)+(U_7-U_2)+(U_8-U_3)+(U_9-U_4)}{5\times 5} \tag{4.2.6}$$

$$\Delta W=(W_{n+1}-W_n)\times 9.8 \tag{4.2.7}$$

表 4.2.1　单臂电桥电路记录数据

W/g	0	20	40	60	80	100	120
U/mV							

表 4.2.2　双臂半桥电路记录数据

W/g	0	20	40	60	80	100	120
U/mV							

表 4.2.3 四臂全桥电路记录数据

W/g	0	20	40	60	80	100	120
U/mV							

比较三种桥路的灵敏度 S_1,S_2 和 S_3。

【注意事项】

（1）仔细调节实验装置，保持转轴铅直。使轴尖与轴槽尽量为点接触，使轴转动自如，且不能摇摆，以减少摩擦力矩。

（2）拉线要缠绕平行而不重叠，切忌乱绕，以防各匝线之间挤压而增大阻力。

（3）把握好启动砝码的动作，计时与启动一致，力求避免计时误差。

（4）砝码质量不宜太大，以使下落的加速度不太大。

【讨论思考题】

本实验电路对直流恒压源和放大器有何要求？

【扩展训练】

根据原理图，简要分析差动放大器的工作原理。

【扩展阅读】

[1] 贺长伟，刘增良，王宝林，等．压力传感器特性测量实验的智能化设计［J］．山东建筑大学学报，2015（3）：288-292.

[2] 薛莉莉，方憧平，丘佳俊，等．利用压力传感器测量溶质质量分数［J］．大学物理实验，2010，23（5）：2.

【附录】

电阻应变片是一种将被测件上的应变变化转换成为一种电信号的敏感器件。它是压阻式应变传感器的主要组成部分之一。电阻应变片应用最多的是金属电阻应变片和半导体应变片两种。金属电阻应变片又有丝状应变片和金属箔状应变片两种。通常是将应变片通过特殊的黏合剂紧密地黏合在产生力学应变基体上，当基体受力发生应力变化时，电阻应变片也一起产生形变，使应变片的阻值发生改变，从而使加在电阻上的电压发生变化。这种应变片在受力时产生的阻值变化通常较小，一般这种应变片都组成应变电桥，并通过后续的仪表放大器进行放大，再传输给处理电路（通常是 A/D 转换和 CPU）显示或执行机构。

金属电阻应变片由基体材料、金属应变丝或应变箔、绝缘保护片和引出线等部分组成。根据不同的用途，电阻应变片的阻值可以由设计者设计，但电阻的取值范围应注意：阻值太小，所需的驱动电流太大，同时应变片的发热致使本身的温度过高；在不同的环境中使用时，应变片的阻值变化太大，输出零点漂移明显，调零电路过于复杂。而电阻太大，阻抗太高，抗外界的电磁干扰能力较差。一般均为几十欧至几十千欧左右。

电阻应变片的工作原理：金属电阻应变片的工作原理是吸附在基体材料上应变电阻随机械形变而产生阻值变化的现象，俗称为电阻应变效应。金属导体的电阻值可用下式表示

$$R=\rho L/S \tag{4.2.8}$$

式中，ρ 为金属导体的电阻率，单位是 $\Omega \cdot cm^2/m$；S 为导体的截面积，cm^2；L 为导体的长度，m。

我们以金属丝应变电阻为例，当金属丝受外力作用时，其长度和截面积都会发生变化，从式(4.2.8) 中可很容易看出，其电阻值也会发生改变，假如金属丝受外力作用而伸长时，其长度增加，而截面积减少，电阻值便会增大。当金属丝受外力作用而压缩时，长度减小而截面积增加，电阻值则会减小。只要测出加在电阻的变化（通常是测量电阻两端的电压），即可获得应变金属丝的应变压力。

4.3 霍尔效应

【引言】

霍尔效应是导电材料中的电流与磁场相互作用而产生电动势的效应。1879 年美国霍普金斯大学研究生霍尔在研究金属导电机理时发现了这种电磁现象，故称霍尔效应。后来曾有人利用霍尔效应制成测量磁场的磁传感器，但因金属的霍尔效应太弱而未能得到实际应用。随着半导体材料和制造工艺的发展，人们又利用半导体材料制成霍尔元件，由于它的霍尔效应显著而得到实用和发展，现在广泛用于非电量的测量、电动控制、电磁测量和计算装置方面。在磁现象的研究和应用中，霍尔效应及其元件是不可缺少的，利用它观测磁场直观、干扰小、灵敏度高、效果明显。

霍尔效应

【实验目的】

（1）掌握霍尔效应原理，了解霍尔元件有关参数的含义和作用。

（2）测绘霍尔元件的 V_H-I_H，V_H-I_M 曲线，了解霍尔电势差 V_H 与霍尔元件工作电流 I_H、磁感应强度 B 及励磁电流 I_M 之间的关系。

（3）学习利用霍尔效应测量磁感应强度 B 及磁场分布。

（4）学习用“对称交换测量法”消除负效应产生的系统误差。

【实验仪器】

HLS—Ⅱ型系列霍尔效应实验仪。

【预习思考题】

请问运动的带电粒子在磁场中会受到什么力的作用？

【实验原理】

霍尔效应从本质上讲，是运动的带电粒子在磁场中受洛仑兹力的作用而引起的偏转。当带电粒子（电子或空穴）被约束在固体材料中，这种偏转就导致在垂直电流和磁场的方向上产生正负电荷在不同侧的聚积，从而形成附加的横向电场。如图 4.3.1 所示，磁场 B 位于 Z 的正向，与之垂直的半导体薄片上沿 X 正向通以电流I_H（称为工作电流），假设载流子为电子（n 型半导体材料），它沿着与电流I_H 相反的 X 负向运动。

由于洛仑兹力 F_L 作用，电子即向图中虚线箭头所指的位于 Y 轴负方向的 B 侧偏转，并使 B 侧形成电子积累，而相对的 A 侧形成正电荷积累。与此同时运动的电子还受到由于两种积累的异种电荷形成的反向电场力 F_E 的作用。随着电荷积累的增加，F_E 增大，当两力大小相等（方向相反）时，$F_L=-F_E$，则电子积累便达到动态平衡。这时在 A、B 两端面之间建立的电场称为霍尔电场 E_H，相应的电势差称为霍尔电势 V_H。

设电子按均一速度 $\overline{V}$，向图 4.3.1 所示的 X 负方向运动，在磁场 B 作用下，所受洛仑兹力为

$$F_L=-e\overline{V}B \tag{4.3.1}$$

式中，e 为电子电量；$\overline{V}$ 为电子漂移平均速度；B 为磁感应强度。

同时，电场作用于电子的力为

$$F_E=-eE_H=-eV_H/I \tag{4.3.2}$$

式中，E_H 为霍尔电场强度；V_H 为霍尔电势；I 为霍尔元件宽度。

当达到动态平衡时

$$F_L=-F_E \tag{4.3.3}$$

$$\overline{V}B=V_H/I \tag{4.3.4}$$

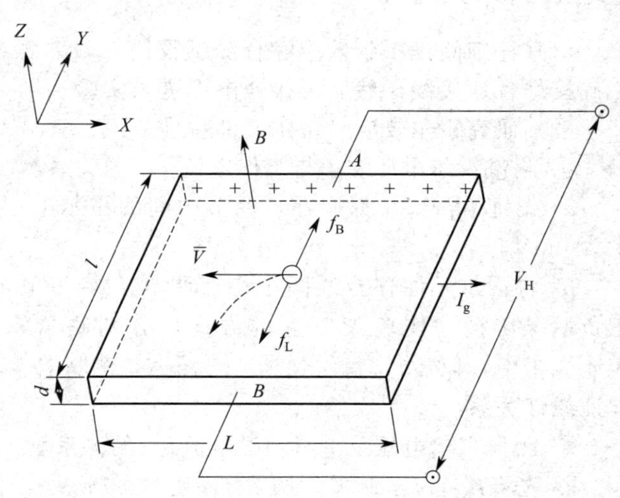

图 4.3.1 霍尔元件示意图

设霍尔元件宽度为 l，厚度为 d，载流子浓度为 n，则霍尔元件的工作电流为

$$I_H=ne\overline{V}Id \tag{4.3.5}$$

由式(4.3.4)、式(4.3.5) 两式可得

$$V_H=E_HI=\frac{1}{ne}\frac{I_HB}{d}=R_H\frac{I_HB}{d} \tag{4.3.6}$$

即霍尔电压 V_H（A、B 间电压）与 I_H，B 的乘积成正比，与霍尔元件的厚度成反比，比例系数 $R_H=\frac{1}{ne}$称为霍尔系数，它是反映材料霍尔效应强弱的重要参数，根据材料的电导率 $\sigma=ne\mu$ 的关系，还可以得到

$$R_H=\mu/\sigma=\mu p \quad 或 \quad \mu=|R_H|\sigma \tag{4.3.7}$$

式中，μ 为载流子的迁移率，即单位电场下载流子的运动速度，一般电子迁移率大于空穴迁移率，因此制作霍尔元件时大多采用 n 型半导体材料。

当霍尔元件的材料和厚度确定时，设

$$K_H=R_H/d=l/ned \tag{4.3.8}$$

将式(4.3.5) 代入式(4.3.3) 中得

$$V_H=K_HI_HB \tag{4.3.9}$$

式中，K_H 称为元件的灵敏度，它表示霍尔元件在单位磁感应强度和单位控制电流下的霍尔电势大小，其单位是 mV/(mAT)，一般要求 K_H 愈大愈好。由于金属的电子浓度（n）很高，所以它的 R_H 或 K_H 都不大，因此不适宜作霍尔元件。此外元件厚度 d 愈薄，K_H 愈高，所以制作时，往往采用减少 d 的办法来增加灵敏度，但不能认为 d 愈薄愈好，因为此时元件的输入和输出电阻将会增加，这对霍尔元件是不希望的。本实验采用的双线圈霍尔片的厚度 d 为 0.2mm，宽度 l 为 2.5mm，长度 L 为 3.5mm。螺线管霍尔片的厚度 d 为 0.2mm，宽度 l 为 1.5mm，长度 L 为 1.5mm。

霍尔元件测量磁场的基本电路（图 4.3.2），将霍尔元件置于待测磁场的相应位置，并使元件平面与磁感应强度 B 垂直，在其控制端输入恒定的工作电流 I_H，霍尔元件的霍尔电

势输出端接毫伏表，测量霍尔电势 V_H 的值。

【实验内容与步骤】

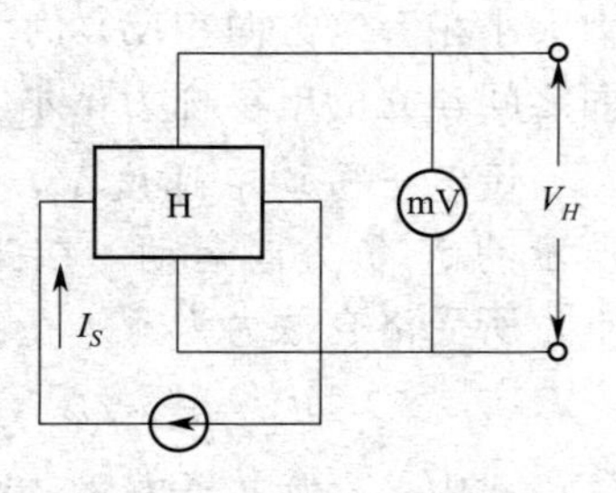

图 4.3.2　霍尔元件测量磁场的基本电路

（1）仔细阅读霍尔效应综合测试仪简介，熟悉各部件功能，正确接好各连接线，然后再接通电源进入实验。

（2）研究霍尔效应与霍尔元件特性。

① 测量霍尔电压 V_H 与工作电流 I_H 的关系。

a. 先将 I_H、I_M 都调零，调节中间的霍尔电压表，使其显示为 0mV。

b. 将霍尔元件移至线圈中心，调节 $I_M=800$mA，调节 $I_H=0.5$mA，按表中 I_H、I_M 正负情况切换“实验架”上的方向，分别测量霍尔电压 V_H 值（V_1,V_2,V_3,V_4）填入表 4.3.1 中，以后 I_H 每次递增 0.50mA，测量各 V_1、V_2、V_3、V_4 值。绘出 V_H-I_H 曲线，验证线性关系。

② 测量霍尔电压 V_H 与励磁电流 I_M 的关系。

a. 先将 I_M，I_H 调零，调节 I_H 至 3.00mA。

b. 调节 $I_M=100$，200，300，…，1000mA（间隔为 100mA），分别测量霍尔电压 V_H 值填入表 4.3.2 中。

c. 根据表 4.3.2 中所测得的数据，绘出 V_H-I_M 曲线，验证线性关系的范围，分析当 I_M 达到一定值以后，V_H-I_M 直线斜率变化的原因。

③ 测量通电圆线圈中磁感应强度 B 的分布。

a. 先将 I_M、I_H 调零，调节中间的霍尔电压表，使其显示为 0mV。

b. 将霍尔元件置于通电圆线圈中心，调节 $I_M=1$A，调节 $I_H=5.00$mA，测量相应的 V_H。

c. 将霍尔元件从中心向边缘移动每隔 5mm 选一个点测出相应的 V_H，填入表 4.3.3 中。

d. 由以上所测 V_H 值，由公式

$$V_H=K_H I_H B \quad 得到 \quad B=\frac{V_H}{K_H I_H}$$

计算出各点的磁感应强度，并绘 B-X 图，得出通电圆线圈内 B 的分布。

【数据处理】

将相应数据填入表 4.3.1、表 4.3.2 和表 4.3.3 中。

表 4.3.1　V_H-I_H，$I_M=800$mA　　（单位：mV）

I_H/mA	V_1	V_2	V_3	V_4	$V_H=\frac{V_1-V_2+V_3-V_4}{4}$
	$+I_H,+I_M$	$+I_H,-I_M$	$-I_H,-I_M$	$-I_H,+I_M$	
0.50					
1.00					
1.50					
2.00					
2.50					
3.00					
3.50					
4.00					
4.50					
5.00					

表 4.3.2 V_H-I_M，I_H=3.00mA （单位：mV）

I_M/mA	V_1	V_2	V_3	V_4	$V_H=\frac{V_1-V_2+V_3-V_4}{4}$
	$+I_H,+I_M$	$+I_H,-I_M$	$-I_H,-I_M$	$-I_H,-I_M$	
100					
200					
300					
400					
500					
600					
700					
800					
900					
1000					

表 4.3.3 V_H-X，I_H=5.00mA，I_M=1A （单位：mV）

X/mm	V_1	V_2	V_3	V_4	$V_H=\frac{V_1-V_2+V_3-V_4}{4}$
	$+I_H,+I_M$	$+I_H,-I_M$	$-I_H,-I_M$	$-I_H,+I_M$	
0					
5					
10					
15					
20					
25					
30					
35					
40					

【注意事项】

（1）使用时绝不允许超过霍尔元件最大允许电流（参考厂家给定参数），否则会损坏原件。

（2）绝不允许将测试仪的励磁电流“I_M 输出”接到实验仪的“I_H 输入”或“V_H 输出”处，否则一旦通电，霍尔元件即遭破坏。

（3）开机前，需将各正反向开关打到空档位，各旋钮均需逆时针方向旋到底。

（4）开机后需预热 5～10min，使仪器内部处于稳定状态，再进行实验。

【讨论思考题】

（1）什么是霍尔效应？

（2）如何测量霍尔元件的灵敏度？

【扩展训练】

查找相关资料，了解霍尔传感器在实际生活中有哪些应用。

【扩展阅读】

曹钢．大学物理实验教程［M］．北京：高等教育出版社，2016.

【附录】

仪器由测试装置和物理参数测量部分及转换开关组成。

(1) 测试装置部分：由电磁铁、二维移动标尺、霍尔元件、换向开关及引线组成（图4.3.3）。

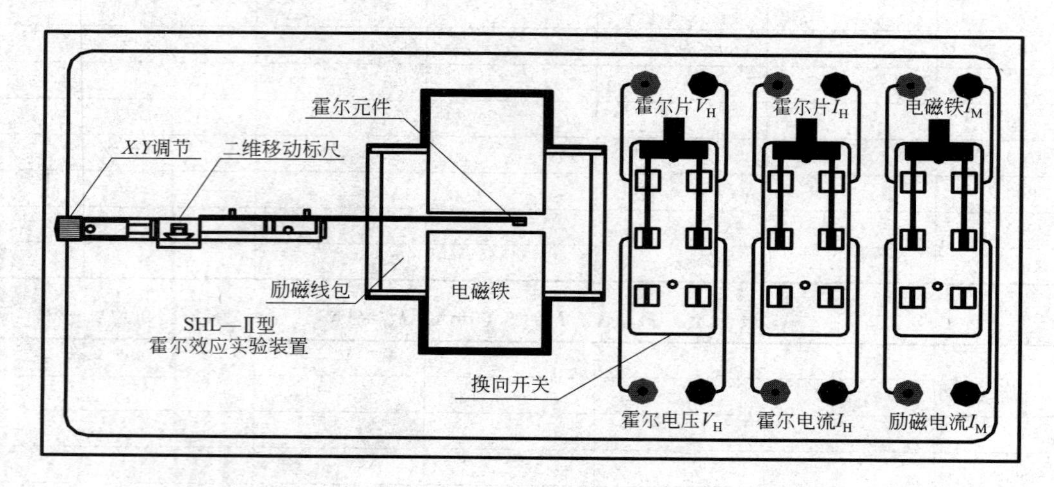

图 4.3.3 测试装置部分

(2) 物理参数测量及显示部分（霍尔效应试仪面板见图 4.3.4）。

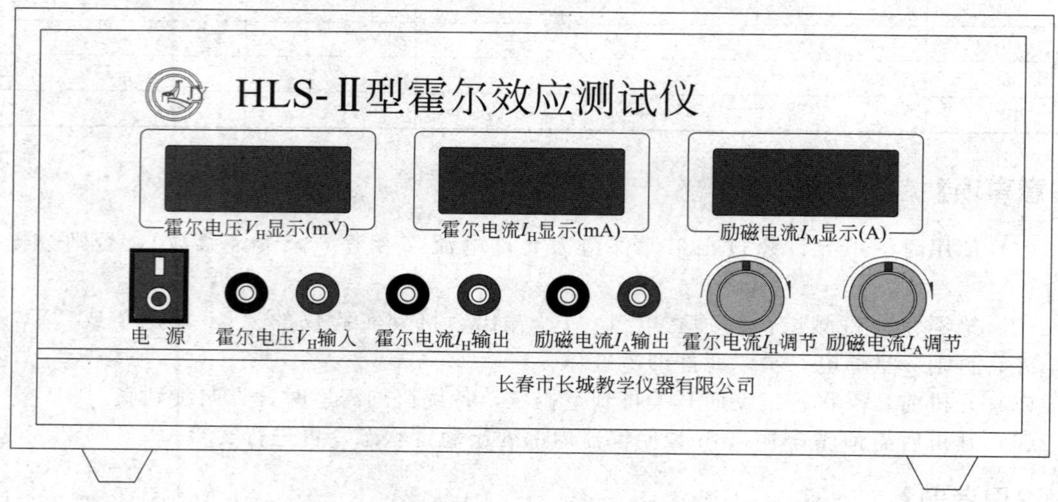

图 4.3.4 霍尔效应试仪面板

① 内置霍尔元件工作电流恒流源，电磁铁励磁恒流源，以及面板上装有霍尔电压、霍尔电流、励磁电流数字表直接显示各物理参数的大小。

霍尔电压数字表：量程为 0～19.99mV

霍尔电流数字表：量程为 0～19.9mA

励磁电流数字表：量程为 0～1.999A

② 三只双刀转换开关可分别对霍尔电压 V_H、霍尔电流 I_H 和励磁电流 I_M 进行通断和换向控制。

4.4 夫兰克-赫兹实验

【引言】

夫兰克-赫兹实验仪是重复1914年德国物理学家夫兰克（J·Frank）和赫兹（G·Hertz）进行的慢电子轰击稀薄气体原子的实验，通过具有一定能量的电子与原子相碰撞进行能量交换的方法，使原子从低能级跃迁到高能级，直接观测到原子内部能量发生跃变时，吸收或发射的能量为某一定值，测定原子的激发电位，证明原子能级的存在及玻尔原子理论的正确性。

夫兰克-赫兹实验

【实验目的】

（1）学习测定氩原子的第一激发电位的方法。

（2）通过测定氩原子等元素的第一激发电势来了解和证明原子能级的存在。

（3）了解在微观世界中，电子与原子的碰撞概率。

【实验仪器】

FH-Ⅲ型夫兰克-赫兹实验仪，YB4328示波器。

【预习思考题】

（1）根据学过的大学物理的内容，请你说说玻尔原子理论的内容？

（2）请问如何利用逐差法处理实验数据？

【实验原理】

本仪器采用的充氩四极夫兰克-赫兹管实验原理如图4.4.1所示。

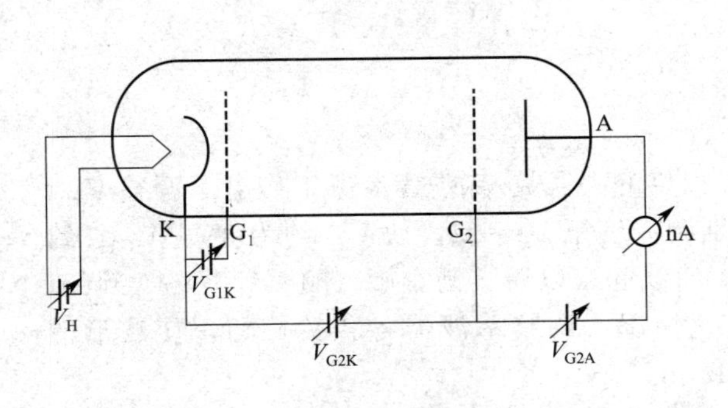

图4.4.1 夫兰克-赫兹管实验原理图

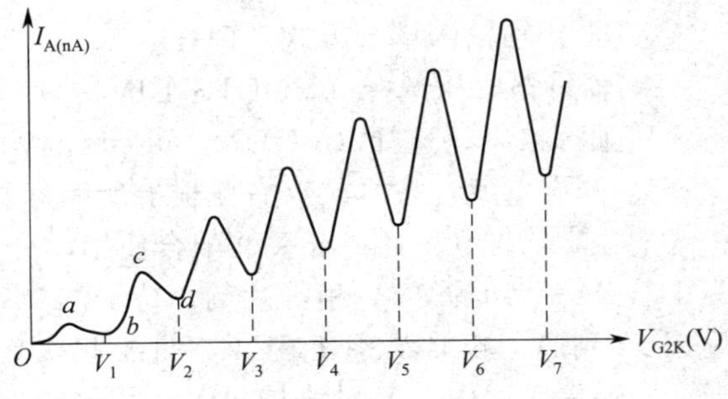

图4.4.2 I_A-V_{G2K} 曲线

第一栅极（G_1）与阴极（K）之间的电压 V_{G1K} 约1.5V，其作用是消除空间电荷对阴极（K）散射电子的影响。当灯丝（H）加热时，热阴极（K）发射的电子在阴极（K）与第二栅极（G_2）之间正电压 V_{G2K} 形成的加速电场作用下被加速而取得越来越大的动能，并与 G_2K 空间分布的气体氩的原子发生碰撞进行能量交换。

在起始阶段，V_{G2K} 较低，电子的动能较小，在运动过程中与氩原子的碰撞为弹性碰撞。

碰撞后到达第二栅极（G_2）的电子具有动能$\frac{1}{2}meV_1'^2$，穿过 G_2 后将受到 V_{G2A} 形成的减速电场的作用。只有动能$\frac{1}{2}meV_1'^2$ 大于 eV_{G2A} 的电子才能到达阳极（A）形成阳极电流 I_A，这样 I_A 将随着 V_{G2K} 的增加而增大，如图 4.4.2 中 I_A-V_{G2K} 曲线 Oa 段所示。

当 V_{G2K} 达到氩原子的第一激发电位 11.8V（注）时，电子与氩原子在第二栅极附近产生非弹性碰撞，电子把从加速电场中获得的全部能量传递给氩原子，使氩原子从较低能级的基态跃迁到较高能级的第一激发态。而电子本身由于把全部能量传递给了氩原子，即使它能穿过第二栅极也不能克服 V_{G2A} 形成的减速电场的拒斥作用而被退回到第二栅极，所以阳极电流将开始减少，随着 V_{G2K} 的继续增加，产生非弹性碰撞的电子越来越多，故 I_A 不增反降，如图 4.4.2 中曲线 ab 段所示，直至 b 点形成 I_A 的谷值。

b 点以后继续增加 V_{G2K}，电子在 V_{G2K} 空间与氩原子碰撞后到达 G_2 时的动能足以克服 V_{G2A} 减速电场的拒斥作用而到达阳极（A）形成阳极电流 I_A，与 Oa 段类似，形成图 4.4.2 曲线 bc 段。

c 点以后电子在 V_{G2K} 空间又会因第二次非弹性碰撞而失去能量，与 ab 段类似形成第二次阳极电流 I_A 的下降，如图 4.4.2 曲线 cd 段，依此类推，I_A 随着 V_{G2K} 的增加而呈周期性的变化。相邻两峰（或两谷）对应的 V_{G2K} 值之差即为氩原子的第一激发电位值。

【实验内容与步骤】

（1）用双踪示波器观察 I_A-V_{G2K} 曲线。

① 连接本仪器与示波器操作装置位置。

“自动/手动”切换开关 6：自动；

“快速/慢速”切换开关 7：快速；

I_A 量程切换开关 1：$\times 10^{-7}$ [100nA]；

V_{G2K} 调节旋钮：中间。

示波器面板操作装置位置。

动作方式：X-Y；

X 轴 Y 轴输入耦合方式：DC；

X 轴每格电压选择（VOLTS/DIV）：1V；

Y 轴每格电压选择（VOLTS/DIV）：1V。

② 开启电源，按本仪器右侧板上所贴标签提供的夫兰克-赫兹管参考工作电压调整 V_H，V_{G1K}，V_{G2A}，与电压选择开关 9 配合使用，分别调节旋钮 10～12，使 V_H 约为 3V，V_{G1K} 约为 1V，V_{G2A} 约为 8V。稍等片刻，待 I_A-V_{G2K} 曲线起来以后缓慢右旋（顺时针）V_{G2K} 调节旋钮 13 到底，粗略观察 I_A-V_{G2K} 曲线起伏变化情况，调整示波器各相关旋钮，使波形清晰，Y 轴幅度适中，X 轴满屏显示，预热约 10min。

③ 仔细观察 I_A-V_{G2K} 曲线的起伏状态，I_A 有 5～7 个谷（和峰）值，相邻谷（或峰）值的水平间隔即为氩原子的第一激发电位。因为本仪器 5 端口的输出电压为 V_{G2K} 的 1/10，所以示波器 X 轴每格读出的电压值乘以 10 即为实际值。

④ 分别微调 V_H，V_{G1K}，V_{G2A}，观察各自变化对 I_A-V_{G2K} 曲线的起伏变化。选择 1V，相邻谷（或峰）值的水平间隔 1.2 格不到，粗略估计氩原子的第一激发电位在 12V 左右。

⑤ 实验完毕，左旋 V_{G2K} 调节旋钮至中间位置，断开仪器和示波器电源。

注意：① 在调节旋钮 10～13 过程中，观察图形，使峰谷适中，无上端切顶现象。

② 在此过程中 V_{G2K} 显示值无效，电流表显示值无效。

(2) 用手动测量法测绘 I_A-V_{G2K} 曲线。手动测绘有两点需特别注意：一是正式测试前，V_H，V_{G1K}，V_{G2A} 不可调整，测试之前一定要用示波器全面察看 I_A-V_{G2K} 曲线起伏状态正常，谷峰值明显；二是测试过程中每改变一次 V_{G2K}，I_A 也相应改变，则夫兰克-赫兹管需要一定的时间进入一个新热平衡状态，所以测试过程要缓慢，待 I_A 稳定后再读数记录。

① 在实验 1 的基础上，将调节旋钮 13 反旋到最小。

② 切换“自动/手动”开关 6 改置于“手动”位置，切换“快速/慢速切换开关”开关 7 改置于“慢速”位置，电流量程切换开关 1 置于 10^{-6}A 或 10^{-7}A 档。

③ 逆时针缓慢调节旋钮 13，使电流指示表 2 显示 0.00。

④ 再顺时针细调旋钮 13，逐步增加 V_{G2K} 值，同时电流 I_A 上升，每隔 1V 记录一组数据，直至 I_A 出现 6 个以上的峰值（或谷值）。列出表格，然后描画氩的 I_A-V_{G2K} 关系曲线图。

⑤ 从图中取相邻 I_A 谷（或峰）值所对应的 V_{G2K} 之差即为氩原子的第一激发电位。从所作曲线上计算所测量第一激发电位平均值，并与公认值比较，分析误差原因。

【数据处理】

(1) 数据记录（表 4.4.1）。

工作状态参数：$V_H=V$，$V_{G1K}=V$，$V_{G2A}=V$。

表 4.4.1　I_A-V_{G2K} 关系

V_{G2K}/V	1	2	3	…	89	90
$I_A/10^{-7}$A						

(2) 数据处理。

① 根据上面表格中的测量数据，用描点作图法画出 I_A-V_{G2K} 的曲线。

② 利用逐差法计算气体原子第一激发电势

$$\overline{V}_0=\frac{1}{9}(V_4-V_1+V_5-V_2+V_6-V_3)= \qquad (V)$$

$$\delta_{V_0}=\sqrt{\frac{\sum_{i=1}^{n}(x_i-\bar{x})^2}{n-1}}= \qquad (V)$$

$x_i=V_{i+1}-V_i$；$\bar{x}=\overline{V}_0$

标准形式：$V_0=\overline{V}_0\pm\delta_{V_0}=$ (V)

【注意事项】

(1) 调节 V_{G2K} 和 V_H 时应注意 V_{G2K} 和 V_H 过大会导致氩原子电离而形成正离子到达阳极使阳极电流 I_A 突然骤增，直至将夫兰克-赫兹管烧毁。所以，一旦发现 I_A 为负值或正值超过 10uA，应迅速关机，5min 以后重新开机。因为原子电离后的自持放电是自发的，此时将 V_{G2K} 和 V_H 调至零都将无济于事。

(2) 图 4.4.2 中 I_A-V_{G2K} 曲线的变化对调节 V_H 的反应较慢，所以，调节 V_H 一定要缓慢进行，不可操之过急，峰谷幅度过低可升高 V_H，过高则降低 V_H。

(3) 每个夫兰克-赫兹管的参数各不相同，尤其是灯丝电压，使用每一台仪器都要按调试步骤认真地进行操作。

（4）实验完毕后，将各电位器逆时针旋转至最小值位置。

【讨论思考题】

（1）为什么电流 I_A 不会回降为零？

（2）实验中第一峰值电压与第一激发电位的偏差是怎样引起的？

【扩展训练】

试将 V_{G2K} 电压间隔测量值改为 0.5V，比较得到的实验测量结果。

【扩展阅读】

曹钢．大学物理实验教程［M］．北京：高等教育出版社，2016.

【附录】

FH-Ⅲ型夫兰克-赫兹实验仪面板如图 4.4.3 所示。

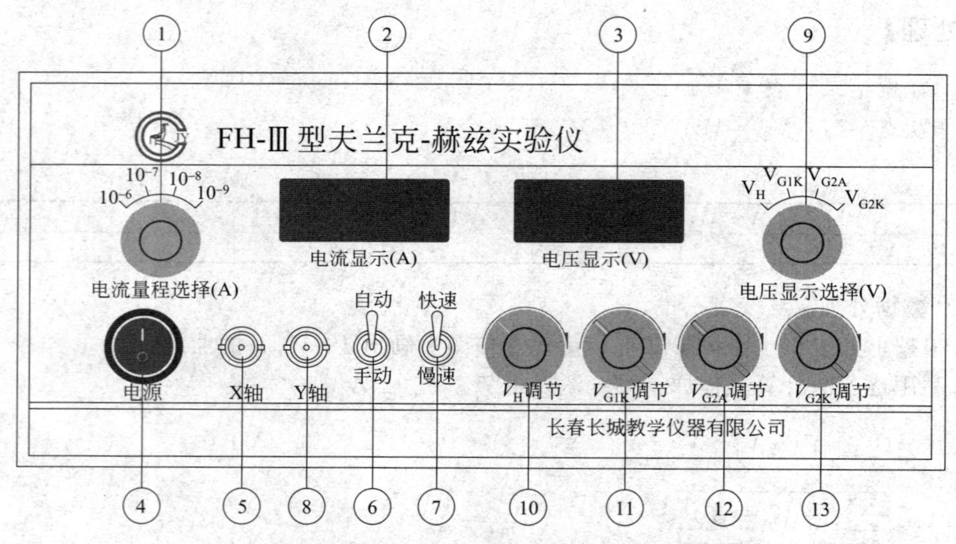

图 4.4.3　夫兰克-赫兹实验仪面板布置图

（1）电流 I_A 量程选择开关分 4 挡：10^{-6}A/10^{-7}A/10^{-8}A/10^{-9}A。

（2）电流表：指示 I_A 电流值。

电流实际值 $I_A=I_A$ 量程选择开关①指示值×电流表②读数；如①指示 10^{-7}A，本电流表读数 10，则 $I_A=10^{-7}\text{A}\times10=10^{-6}\text{A}$。

自动/手动切换开关⑥置于“手动”时电流表才显示正确值；⑥置于“自动”时电流表不起显示作用。

（3）电压表：与电压指示切换开关⑨配合使用，可分别指示 V_H，V_{G1K}，V_{G2A}，V_{G2K} 各种电压，V_H，V_{G1K}，V_{G2A} 最大可显示 19.99V，V_{G2K} 最大可显示 199.9V。

自动/手动切换开关⑥置于“手动”时电压表才显示正确值；⑥置于“自动”时不起显示作用。

（4）电源开关：将仪器接入 AC220V 后，打开电源开关。

（5）V_{G2K} 输出端口：接至示波器或其他记录设备 X 轴输入端口，此端口输出电压为

V_{G2K} 的 1/10。

(6) 自动/手动切换开关：接入为“自动”位置，与快速/慢速切换开关⑦及 V_{G2K} 调节旋钮⑬配合使用，可选择电压扫描速度及范围，此时电压表和电流表都失去显示作用；按出为“手动”位置，与⑬配合使用，手动选择 V_{G2K}，此时电压表和电流表都起显示正确值作用。

(7) 快速/慢速切换开关：用于选择电压扫描速度，按入为“快速”位置，V_{G2K} 的扫描速率约为 50HZ；按出为“慢速”位置，V_{G2K} 的扫描速率约为 1HZ。只有⑥选择在“自动”位置时此开关才起作用，“快速”用于⑤、⑧端口外接示波器；“慢速”用于⑤、⑧端口外接 X-Y 函数记录仪。

(8) I_A 输出端口：接至示波器或其他记录设备 Y 轴输入端口。

(9) 电压指示切换开关：与电压表③配合使用，可分别指示 V_H，V_{G1K}，V_{G2A}，V_{G2K} 各种电压。

(10) 灯丝电压 V_H 调节旋钮。

(11) V_{G1K} 调节旋钮。

(12) V_{G2A} 调节旋钮。

(13) V_{G2K} 调节旋钮。

4.5 光栅衍射

【引言】

光栅是由许多等宽度、等距离的平行单缝组成的一种分光元件，它能产生谱线间距较宽的光谱。光栅所得光谱的亮度比棱镜光谱要小一些，但它的分辨本领比棱镜大，它不仅用于光谱学，还广泛用于计量、光通信、信息处理等方面。过去制造光栅都是在精密的刻线机上用金刚钻在玻璃表面刻出许多平行等距的刻痕做出的原刻光栅。实验室通常使用的光栅是由原刻光栅复制而成的。20 世纪 60 年代以来，随着激光技术的发展又制作了“全息光栅”。本实验中通过测定光栅常数及光波波长对光栅的特性有初步的了解。

光栅衍射

【实验目的】

(1) 进一步熟悉分光仪的调整与使用。

(2) 学习利用衍射光栅测定光波波长及光栅常数的原理和方法。

(3) 加深理解光栅衍射公式及其成立条件。

【实验仪器】

分光仪、平面镜、光栅、汞灯。

【预习思考题】

(1) 用公式 $d\sin\varphi_k = k\lambda$ 测 d（或 λ），实验室要保证什么条件？

(2) 使用水银汞灯有哪些注意事项？

(3) 按哪种操作方法调节分光仪？

【实验原理】

若以波长为 λ 的单色平行光垂直照射在光栅上，则透过各狭缝的光线因衍射将向各个方向传播，经透镜会聚后相互干涉，并在透镜焦平面上形成一系列由相当宽的暗区隔开的、间距不同的明条纹。根据夫琅和费衍射理论，衍射光谱中明条纹的位置由式(4.5.1) 决定。

$$(a+b)\sin\varphi_k=k\lambda \quad (k=0,\pm1,\pm2\cdots) \tag{4.5.1}$$

式中，$a+b=d$ 称为光栅常数，φ_k 是衍射角，k 是光谱级数，见图 4.5.1。

$k=0$，对应于 $\varphi=0$ 称为中央明条纹。其他级数的谱线对称均匀分布在零级谱线的两侧。

如果入射光不是单色光，则由式(4.5.1) 可知 λ 不同，φ_k 也不相同。于是复色光将分解。而在中央 $k=0$，$\varphi_k=0$ 处，各色光仍重叠在一起，组成中央明条纹。在中央明条纹两侧对称的分布 $k=1,2\cdots$级光谱，各级光谱线都按波长由小到大，依次排列成一组彩色的光谱。

根据式(4.5.1)，若能测出各种波长谱线的衍射角 φ_k，则可从已知波长 λ 大小算出光栅常数 d，反之已知光栅常数 d 则可算出任一谱线的波长 λ。

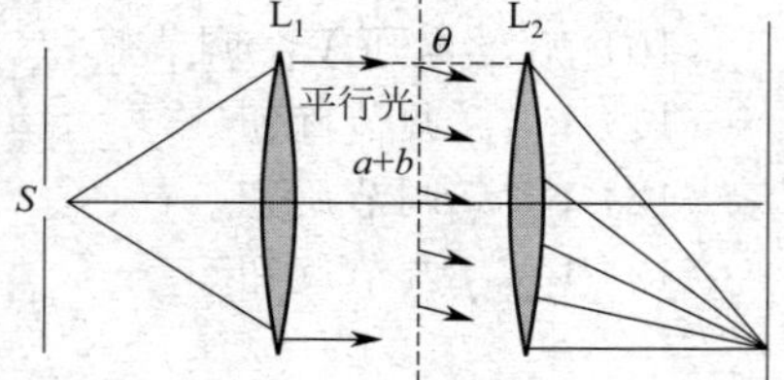

图 4.5.1　光栅衍射

【实验内容与步骤】

(1) 调整分光仪。

分光仪的调整应满足：望远镜适合于观察平行光，平行光管要发出平行光，并且二者的光轴都垂直于分光仪主轴（调整方法见实验 12 分光仪调整与使用）。

(2) 调节光栅。

按图 4.5.2 放好光栅。

要求达到：①光栅刻线与分光仪主轴平行；②光栅平面与平行光管的光轴垂直。如果光栅刻线不平行于分光仪主轴，将会发现衍射光谱的分布是倾斜的并且倾斜方向垂直于光栅刻痕的方向，但谱线本身仍平行于狭缝，显然这会影响 φ_k 测量。通过调整载物台可使光栅刻痕平行于分光仪主轴，为调节方便，放置光栅时应使光栅平面垂直于载物台两个调水平螺钉的联线，如图 4.5.2 所示。

要求入射光垂直照射光栅表面，否则式(4.5.1) 将不适合使用。先用目视使光栅平面和平行光轴线大致垂直，然后以光栅面作为反射面，用自准法调节光栅面与望远镜轴线大致垂直，（注意此时望远镜已调好，不要再动!）调节载物台的两个螺丝 B_1B_2 使得从光栅两个面反射回来的十字像与叉丝上交点相重合，随后在十字像和中央明条纹都和叉丝竖线重合时固定载物台。

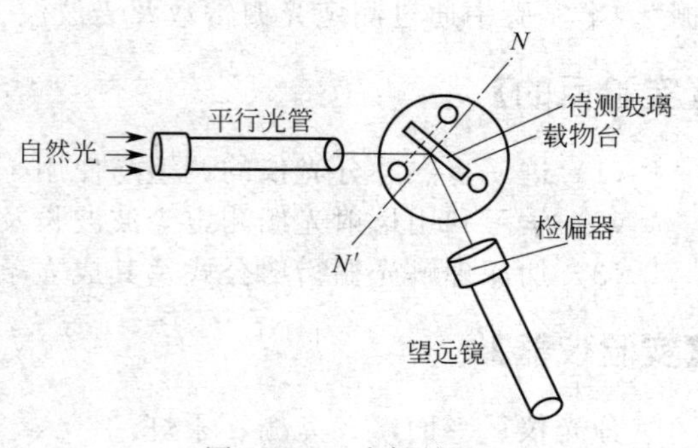

图 4.5.2　光栅放置

(3) 测定衍射角 φ_k。

光线垂直于光栅平面入射时，对于同一波长的光，对应于同一 k 级左右两侧的衍射角是相等的。为了提高精度，一般是将零级左右两侧对应的同级衍射线的夹角测出

$$\varphi=2\varphi_k,\ \varphi=\frac{1}{2}[(\theta_1-\theta_1')+(\theta_2-\theta_2')]$$

（4）求 d 及 λ。

向左和向右移动望远镜，读出叉丝和汞灯各级谱线重合的位置，依次将各谱线衍射角记录在表格中。已知水银灯绿色谱线的波长 $\lambda=546.07\text{nm}$，由测出的绿线衍射 φ_k 可求出光栅常数 d。然后根据光栅常数 d 测定水银灯的两条黄色谱线和一条紫色谱线的波长。

【数据处理】

（1）数据表格（表 4.5.1）。

表 4.5.1　数据表格（$\lambda=546.07\text{nm}$）

k	颜色	$\theta_{左}$	$\theta_{右}$	k	颜色	$\theta'_{左}$	$\theta'_{右}$
−1	紫			+1	紫		
	绿				绿		
	黄				黄		
−2	紫			+2	紫		
	绿				绿		
	黄				黄		
−3	紫			+3	紫		
	绿				绿		
	黄				黄		

（2）数据处理及误差计算。

① 根据绿光波长计算光栅常数 d。

根据公式 $\varphi_k=\frac{1}{2}\varphi=\frac{1}{4}[(\theta_{左}-\theta'_{左})+(\theta_{右}-\theta'_{右})]$ 可分别求得绿光的衍射角 φ_k，$k=1,2,3$。

由 $d\sin\varphi_k=k\lambda$ 可推出 $d=\frac{\lambda k}{\sin\varphi_k}$。

将 $\bar{d}$ 与标准值 $d\left(\frac{1}{300}\text{nm}\approx3.3333\times10^{-6}\text{m}\right)$相比较并计算测量误差

$$\Delta=\frac{\Delta d}{d_{标}}=\frac{(d_{标}-\bar{d})}{d_{标}}$$

② 将所求得的 $\bar{d}$ 带入公式 $\lambda=\frac{d\sin\varphi_k}{k}$，计算紫光波长。

③ 将所求得的 $\bar{d}$ 带入公式 $\lambda=\frac{d\sin\varphi_k}{k}$，计算黄光波长。

【注意事项】

（1）拿光学元件时，要轻拿轻放，以免损坏，切忌用手触摸光学元件表面。

（2）分光仪是教精密的仪器，要加倍爱护。

（3）不要用手触摸汞灯灯管和连接高压电源的两个电极，以防触电。

【讨论思考题】

为什么测量是必须使光栅缝面和平行管轴线垂直？

【扩展训练】

如何调整分光仪？

【扩展阅读】

[1] 褚润通．大学物理实验［M］．北京：北京大学出版社，2019.

[2] 王丽南，郎成，王显德．物理实验教程［M］．长春：吉林科学技术出版社，2002.

[3] 路大勇．普通物理实验［M］．长春：吉林大学出版社，2010.

4.6 空气折射率的测定

【引言】

迈克尔逊干涉仪中的两束相干光各有一段光路在空间中是分开的，人们可以在其中一支光路上放进被研究对象而不影响另一支光路，这就给它的应用带来极大的方便，例如可以用它来测量空气折射率等。

空气折射率的测定

【实验目的】

（1）学习一种测量折射率的方法。

（2）进一步了解光的干涉现象及其形成条件。

（3）学习调节光路的方法。

【实验仪器】

He-Ne 激光作光源、迈克尔逊干涉仪、气室、电子压强显示器。

【预习思考题】

光路调整的要求是什么？为什么？

【实验原理】

由图 4.6.1 可知，当光束垂直入射到迈克尔逊干涉仪中 C，D 镜时两光束的光程差 Δ 可表示成如下形式

$$\Delta=2(n_1L_1-n_2L_2) \tag{4.6.1}$$

式中，n_1 和 n_2 分别是路程 L_1 和 L_2 上介质的折射率。设单色光在真空中的波长为 λ_0，当

$$\Delta=k\lambda_0 \quad (k=1,2,\cdots) \tag{4.6.2}$$

时产生相长干涉，相应地在接收屏中心总光强为极大。由式(4.6.1) 可知，两束相干光的光程差不单与几何路程有关，而且与路程上介质的折射率有关。当 L_1 支路上介质折射率改变 Δn，因光程差的相应改变而引起的干涉条纹变化数为 Δk，由式(4.6.1) 和式(4.6.2) 可知

$$\Delta n_1=\frac{\Delta k\lambda_0}{2L_1} \tag{4.6.3}$$

图 4.6.1 迈克尔逊干涉仪光路示意图

可见测出接收屏上某一处干涉条纹的变化数 Δk 就能测出光路中折射率的微小变化。

【实验内容与步骤】

按 4.1 实验调好迈克尔逊干涉仪，再按图 4.6.1 调好光路后，先将真空管内空气抽出，然后向管内慢慢充气。此时在接收屏上会看到条纹移动，当管内压强由 0 变到大气压强时，折射率由 1 变到 n，若屏上某一点（通常选屏的中心）条纹变化数为 m，则由式(4.6.3)可知

$$n-1=\frac{m\lambda_0}{2L} \tag{4.6.4}$$

但是，实际测量时，管内压强最低只能抽到约 0.01MPa，因此利用式(4.6.4) 对数据作近似处理所得结果的误差较大（约 10%）。应采用下面的测量方法才比较合理。

通常在温度处于 15～30℃范围时，空气折射率可用下式求得

$$(n-1)_{t,p}=\frac{2.8793P}{1+0.003671t}\times 10^{-9} \tag{4.6.5}$$

式中，温度 t 的单位为℃，压强 p 的单位为 Pa。因此，在一定温度下可以看成是压强 p 的线性函数。由式(4.6.4) 可知，从真空变为压强 p 时的条纹变化数 m 与压强 p 的关系也是一个线性函数，因而应有 $m/p=m_1/p_1=m_2/p_2$，由此得

$$m=\frac{m_2-m_1}{p_2-p_1}p \tag{4.6.6}$$

代入式(4.6.4) 得

$$n-1=\frac{\lambda_0}{2L}\cdot\frac{m_2-m_1}{p_2-p_1}p \tag{4.6.7}$$

可见，只要测出管内压强由 p_1 变到 p_2 时的条纹变化数 m_2-m_1，即可由式(4.6.7) 计算压强为 p 时的空气折射率 n，管内压强不必从 0 开始。因而在实验的实际操作中，我们用气室代替真空管，以降低实验条件。

测量时，先向气室内充气，使管内压强与大气压强的差大于 0.09MPa，读出压强显示器上指示的值 p_1，取对应的 $m_1=0$。然后打开气阀放气，相应地看到有条纹移过屏中心(即前面所说条纹变化)。当 $m_2=60$ 时，记录此时压强显示器上指示的值 p_2，重复测六次，算出压强变化值 p_1-p_2 的平均值，算出空气折射率为

$$n=1+\frac{60\lambda_0}{2L(p_1-p_2)}p_b \tag{4.6.8}$$

式中，p_b 为实验室的大气压强。

【数据处理】

（1）数据表格（表 4.6.1）。

表 4.6.1　空气折射率的测量数据表

次数 i	1	2	3	4	5	6
p_{i1}/(MPa)						
p_{i2}/(MPa)						

（2）实验数据处理及不确定度的计算。

① 设 $\Delta p_i=(p_{i2}-p_{i1})$，求出 $\overline{\Delta p}=\frac{\sum_{i=1}^{6}\Delta p}{6}$。

② 将$\overline{\Delta p}$代入公式$n=1+\dfrac{\Delta m\lambda_0 p_b}{2L\overline{\Delta p}}$中求出空气折射率$n$。其中$\Delta m$为气室内压强由$p_{i1}$变化到$p_{i2}$过程中干涉条纹的变化量，本实验规定$\Delta m=60$；单色光在真空中的波长$\lambda_0=633\text{nm}$；大气压强$p_b=101325\text{Pa}$，气室长$L=95\text{mm}$。

③ 计算n的不确定度。

先计算出Δp的不确定度$u_{\Delta p}=\sqrt{\dfrac{\sum_{i=1}^{6}(\overline{\Delta p}-\Delta p_i)}{5}}$，

由不确定度传递公式$\dfrac{u_n}{n}=\left|\dfrac{u_{\Delta p}}{\overline{\Delta p}}\right|$，求出$u_n=\left|\dfrac{u_{\Delta p}}{\overline{\Delta p}}\right|\cdot n$。

【注意事项】

（1）迈克尔逊干涉仪是较为精密的光学仪器，切忌用手去触摸光学元件表面。

（2）迈克尔逊分光仪中各调节螺丝都有一定的调节度，切忌强行拧动螺丝，以免损坏仪器。

【讨论思考题】

（1）实验中抽气后，在向管内充气的同时可看到在屏上某一点处有条纹通过，这表明在该点处的光强的变化情况。

（2）本实验能否用钠灯作光源？

【扩展训练】

氧气折射率测量。

【扩展阅读】

[1] 褚润通．大学物理实验［M］．北京：北京大学出版社，2019.
[2] 王丽南，郎成，王显德．物理实验教程［M］．长春：吉林科学技术出版社，2002.
[3] 路大勇．普通物理实验［M］．长春：吉林大学出版社，2010.

【附录】

干涉仪的结构如图 4.1.3 所示。

4.7 RC 串联电路的暂态特性研究

【引言】

RC 串联电路的暂态特性研究

电容、电感元件在交流电路中的阻抗是随着电源频率的改变而变化的。将一个阶跃电压加到RC元件组成的电路中时，电路的状态会由一个平衡态转变到另一个平衡态，各元件上的电压会出现有规律的变化，这称为电路的暂态特性。

【实验目的】

观察 RC 电路的暂态过程，理解时间常数 τ 的意义。

【实验仪器】

DH4503 电路实验仪、双踪示波器、数字存储示波器（选用）。

【预习思考题】

RC 电路充电和放电的特点是什么？

【实验原理】

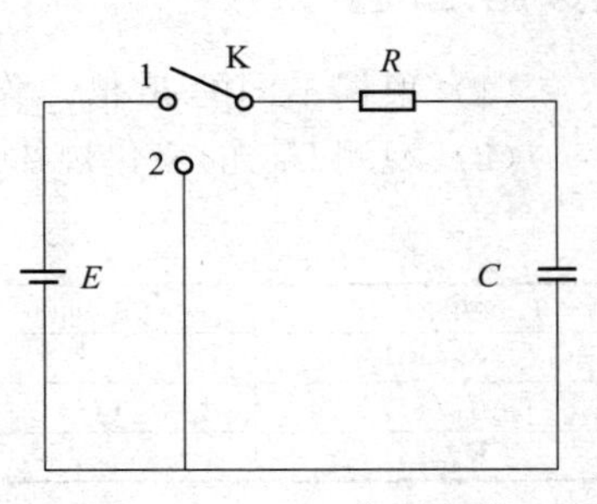

图 4.7.1 RC 串联电路

RC 串联电路的暂态特性。

电压值从一个值跳变到另一个值称为阶跃电压。图 4.7.1 所示电路中当开关 K 合向“1”时，设 C 中初始电荷为 0，则电源 E 通过电阻 R 对 C 充电，充电完成后，把 K 打向“2”，通过电阻放电。

充电方程为
$$\frac{\mathrm{d}U_c}{\mathrm{d}t}+\frac{1}{RC}U_C=\frac{E}{RC} \tag{4.7.1}$$

放电方程为
$$\frac{\mathrm{d}U_c}{\mathrm{d}t}+\frac{1}{RC}U_C=0 \tag{4.7.2}$$

可求得充电过程时
$$U_C=E\cdot(1-e^{-\frac{t}{RC}}) \tag{4.7.3}$$
$$U_R=E\cdot e^{-\frac{t}{RC}} \tag{4.7.4}$$

放电过程时
$$U_C=E\cdot e^{-\frac{t}{RC}} \tag{4.7.5}$$
$$U_R=-E\cdot e^{-\frac{t}{RC}} \tag{4.7.6}$$

由上述公式可知 U_C，U_R 和 i 均按指数规律变化，令 $\tau=RC$，τ 称为 RC 电路的时间常数。τ 值越大，则 U_C 变化越慢，即电容的充电或放电越慢。图 4.7.2 给出了不同 τ 值的 U_C 变化情况，其中 $\tau_1<\tau_2<\tau_3$。

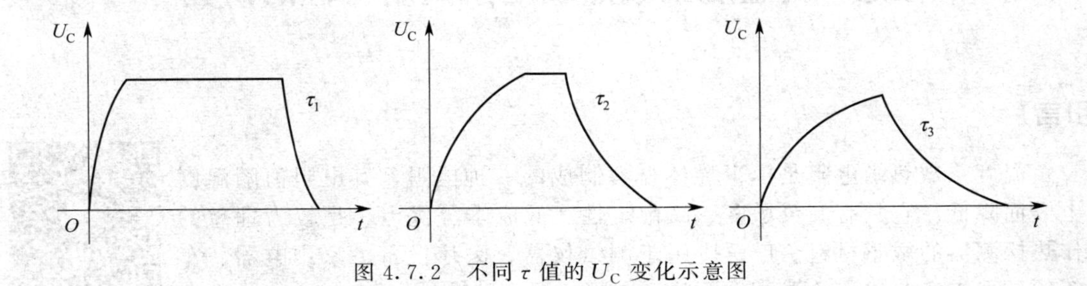

图 4.7.2 不同 τ 值的 U_C 变化示意图

【实验内容与步骤】

如果选择信号源为直流电压，观测单次充电过程要有存储式示波器，我们选择方波对信号源进行实验，以便用普通示波器进行观测。由于采用了功率信号输出，故应防止短路。

（1）选择合适的 R 和 C 值，根据时间常数 τ，选择合适的方波频率，一般要求方波的周期 T 大于 10τ，这样能较完整地反映暂态过程，并且选用合适的示波器扫描速度，完整显示暂态过程。

（2）改变 R 值，观测 U_R 的变化规律，记录下不同 RC 值时的波形情况，并分别测量时间常数。τ 值反映了衰减速度，从最大幅度衰减到最大幅度的 13.5%倍处的时间即为 2τ 值。

【数据处理】

（1）根据不同的 R 值，作出 RC 电路暂态响应曲线。

（2）观测 U_R 的变化规律，分别测量时间常数 2τ 值，填入表 4.7.1 中。

表 4.7.1 记录数据

电阻	电阻值/kΩ	峰值电压 U/V	2τ/s	理论值 τ/s
R_1/kΩ				
R_2/kΩ				
R_3/kΩ				

【注意事项】

（1）仪器使用前应预热 10～15min，并避免有强磁场源或磁性物质。

（2）仪器采用开放式设计，使用时要正确接线，不要短路功率信号源，以防损坏。使用完毕后应关闭电源。

【讨论思考题】

（1）试用 $U=IR$，$q=CU$ 来说明时间常数 RC 的单位是秒。

（2）能不能用万用表来判别两个电容器中哪一个电容较大？如果能，试说明根据的原理及具体的做法。

【扩展训练】

设计能将方波信号转化为尖脉冲的电路，并画出电路图。若输入的方波信号频率为 1Hz，选择 R 和 C 的参数。

4.8 负温度系数热敏电阻温度特性的研究

【引言】

负温度系数热敏电阻是由半导体材料制成的一种电阻，其电阻值随温度的上升而降低。它具有高灵敏度、高稳定性、低成本等优点，是较为理想的制作热探测器的敏感材料。广泛应用于测量仪器、医疗设备、家用电器、车辆等领域。本实验研究负温度系数热敏电阻的温度特性。

负温度系数热敏电阻温度特性的研究

【实验目的】

（1）理解半导体材料负温度系数的含义及原理。

（2）用作图法处理数据，对数关系转变为线性关系。

(3) 测量半导体热敏电阻阻值与温度的关系，求得待定指数常数。

【实验仪器】

恒温控制温度传感器实验仪 DH-WTC-D，PT100 温度传感器，AD590 温度传感器，NTC 热敏电阻，导线。

【预习思考题】

为什么半导体材料具有负温度系数？

【实验原理】

(1) 负温度系数热敏电阻温度传感器。

热敏电阻利用半导体电阻阻值随温度变化的特性来测量温度。对于半导体材料，电阻率主要由载流子浓度决定，而半导体材料的载流子浓度会随温度的上升而急剧增加。例如，在室温附近，温度每增加 8℃，硅的载流子浓度就增加一倍，电阻率相应地降低一半左右。可见半导体材料的电阻对温度变化的敏感程度很高。纯半导体的电阻率随温度增加而单调地下降，这是半导体区别于金属的一个重要特征。

NTC 型热敏电阻阻值 R_T 与温度 T 之间有如下关系

$$R_T = R_0 e^{B\left(\frac{1}{T}-\frac{1}{T_0}\right)} \tag{4.8.1}$$

式中，R_T,R_0 分别是温度为 T，T_0 时的电阻值（T 为热力学温度，单位为 K）；B 是热敏电阻材料的指数常数，对一定的热敏电阻而言，B 为常数，一般情况下 B 为 2000～6000K。可见热敏电阻的阻值与温度之间为非线性关系。对式(4.8.1) 两边取对数，则有

$$\ln R_T = B\left(\frac{1}{T}-\frac{1}{T_0}\right)+\ln R_0 \tag{4.8.2}$$

由式(4.8.2) 可见，$\ln R_T$ 与 $1/T$ 成线性关系，即可用作图法求指数常数 B。

(2) 恒压源法测量热敏电阻特性。

恒压源法测量热敏电阻的阻值，电路如图 4.8.1 所示。图 4.8.1 中，R 为已知数值（1kΩ）的固定电阻，R_T 为热敏电阻。U_r 为 R 上的电压，U_{rt} 为 R_t 上的电压。假设回路电流为 I_0，根据欧姆定律，$I_0=U_r/R$，所以热敏电阻的阻值 R_t 为

$$R_T = \frac{U_{rt}}{I_0} = \frac{RU_{rt}}{U_r}$$

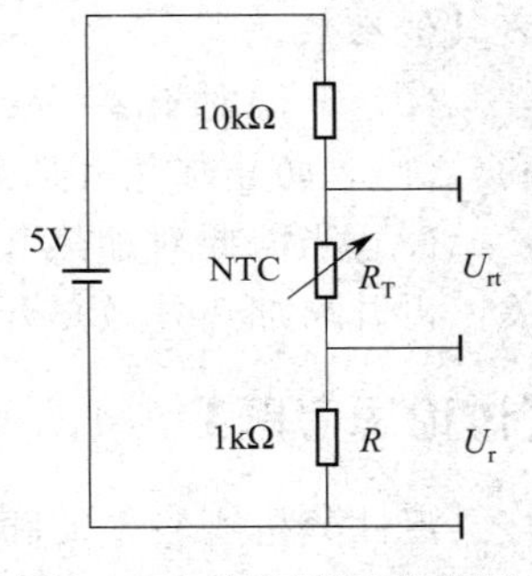

图 4.8.1　恒压源法电路图

根据求得的 R_t 值，作 $\ln R_T$-$(1/T)$ 直线图，用直线拟合。由式(4.8.2) 可知直线的斜率即为指数常数 B。

【实验内容与步骤】

(1) 连接实验装置。

将 PT100 温度传感器探头插入加热井中，并将三芯插头与温控表下方的 PT100 插座对应相连，构成温度控制系统，实现加热井温度控制；将 NTC 温度传感器探头插入加热井的另一个孔内，把输出插头与处理单元对应的 NTC 插座连接起来。连接电源模块与电压表，调节电源模块的输出电压为 5V，然后将电源模块的正负极插孔分别于面板上的“V_1”和

"G"插孔连接；将面板"V_0"处的插孔与电压表输入插孔连接。

(2) 测量负载电阻两端电压随温度的变化关系

电压表选择 mV 挡。设置温控器加热到 35℃，打开加热开关使加热井开始加热。待温度稳定后（2min 内温度变化在±0.1℃以内），测量热敏电阻上对应电压 U_{RT}（旋钮开关打向 V_{01}）以及取样电阻 R（1kΩ）上电压 U_r（旋钮开关打向 V_{02}），然后每隔 5.0℃设定一次温控器，并记录对应的 U_{RT} 和 U_r。

【数据处理】

(1) 记录不同温度下热敏电阻上对应电压 U_{RT} 和取样电阻 R（1kΩ）上电压 U_r（表 4.8.1）。

表 4.8.1 记录数据

T/℃	35	40	45	50	55	60	65	70
U_{rt}/mV								
U_r/mV								

(2) 计算各温度下对应的热敏电阻 R_t 的值，并取对数得到 $\ln R_t$；将温度换算成热力学温度（K），并取倒数得到 $1/T$。

(3) 绘图，建立坐标系，横坐标为 $1/T$，纵坐标为 $\ln R_t$，将测得的数据点在坐标系中描出，并拟合直线，求出斜率 B。

【注意事项】

(1) 短按 SET 键进入温度设定界面，←为设定数位键（选择的数位对应闪烁），↑为设定数字递增键，↓为设定数字递减键，设定到需要的温度后再按一下 SET 键退出设定，此时在控温开关开启时，温度控制器将对加热井进行控温使其达到设定温度值。不要修改温控表其他参数。

(2) 升温时不要将温控表的温度设置过高，应控制设置温度与当前温度的温差在 3～5℃之内，防止加热井加热过度。加热过程中"控温"灯时亮时灭属正常现象。

(3) 当需要对加热井进行降温时，将温度控制器温度值设定到室温以下并关闭控温开关，再开启加热井散热开关即可。

【讨论思考题】

定性分析实验中的随机误差和可能的系统误差。

【扩展训练】

试提出利用热敏电阻温度传感器解决实际问题的一种方案或设想。

【扩展阅读】

[1] 郭山河，李守春，王国光．大学物理实验［M］．长春：吉林大学出版社，2009.
[2] 刘恩科，朱秉生，罗晋生．半导体物理学［M］．北京：电子工业出版社，2011.

【附录】

恒温控制温度传感器实验仪 DH-WTC-D 如图 4.8.2 所示。

恒温控制温度传感器实验仪 DH-WTC-D 由以下几部分组成。

(1) 加热井，包含四个插孔和加热、制冷两个开关。

(2) 温控仪，由数字显示屏和按键组成。可查看当前温度和设置温度。

(3) 直流数字电压表，下方的开关可切换 V-mV。

(4) 直流电源，用于供电，旋钮可调节电压。

此外还有测试电路部分，包含在箱体内部。

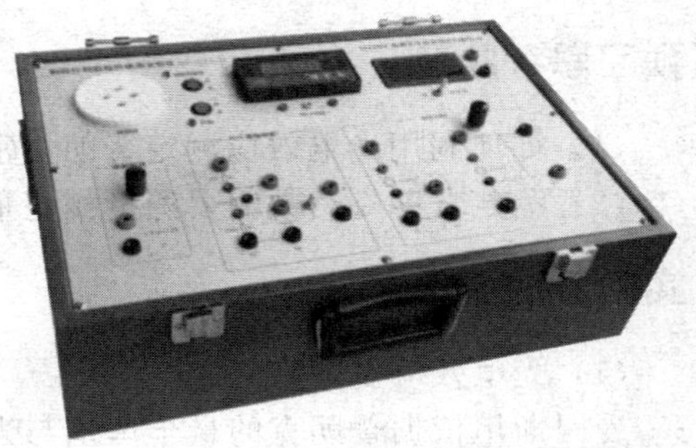

图 4.8.2 恒温控制温度传感器实验仪 DH-WTC-D

4.9 光电效应法测定普朗克常数

【引言】

当光照在物体上时，光的能量仅部分以热的形式被物体吸收，而另一部分则转化为物体中某些电子的能量，使电子逸出物体表面，这种现象称为光电效应。逸出的电子称为光电子，在光电效应中，光显示出它的粒子性质，所以这种现象对认识光的本性，具有极其重要的意义。

光电效应法测定普朗克常数

1905 年爱因斯坦发展了辐射能量 E 以 $h\nu$（ν 是光的频率）为不连续的最小单位的量子化思想，成功地解释了光电效应实验中遇到的问题。1916 年密立根用光电效应法测量了普朗克常数 h，确定了光量子能量方程式的成立。今天，光电效应已经广泛地运用于现代科学技术的各个领域，利用光电效应制成的光电器件已成为光电自动控制、电报以及微弱光信号检测等技术中不可缺少的器件。

【实验目的】

(1) 了解光的量子性、光电效应的规律，加深对光的量子性的理解。

(2) 验证爱因斯坦方程，并测定普朗克常数 h。

(3) 学习作图法处理数据。

【实验仪器】

普朗克常数测试仪、光电管、滤光片、汞灯及汞灯电源等，如图 4.9.1 所示。

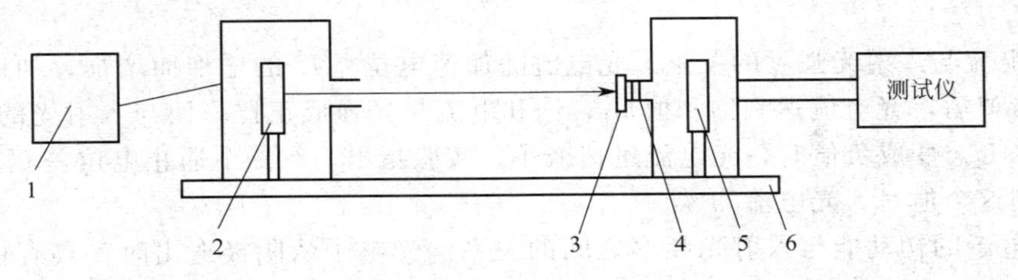

图 4.9.1 仪器整体结构图

1—汞灯电源；2—汞灯；3—滤光片；4—光阑；5—光电管；6—基准平台

【预习思考题】

（1）如何利用光电效应测定普朗克常数？

（2）测定普朗克常数需要测量哪些量？

【实验原理】

（1）光电效应。

爱因斯坦依据普朗克的量子理论与光电效应现象认为，光是由一群能量分立，即量子化且以光速运动的光粒子组成，每一个频率为 ν 的光粒子，其能量 $E=h\nu$，这样的光粒子叫作光子。当频率为 ν 的光子照射在金属上时，金属内的一个束缚电子将吸收一个光子的能量，其中一部分能量作为克服金属内部的势场作功，另一部分能量则成为电子逸出金属表面后的初始动能。因此，光电子的初动能与照射光的频率有关而与照射光的强度无关。于是，当照射光的频率小于某一值而使电子所吸收的能量不足以克服内势场作功时，电子就不能逸出金属表面，光电效应也不能发生。电子吸收光子不需要积累时间，因而电子的逸出将是瞬间的，这样，光的粒子假设就非常完美地解释了光电效应。

设光子的能量为 $E=h\nu$，束缚电子逸出金属表面克服内场所需作的最小功为 A，则电子逸出金属表面时的最大初动能满足

$$h\nu=\frac{1}{2}mV^2+A \tag{4.9.1}$$

这就是著名的爱因斯坦光电方程。光电效应实验原理如图 4.9.2 所示，其中 S 为真空光电管，K 为阴极，A 为阳极，当无光照射阴极时，由于阳极与阴极是断路，所以检流计 G 中无电流流过，当用一波长比较短的单色光照射到阴极 K 上时，形成光电流，光电流随加速电位差 U 变化的伏安特性曲线如图 4.9.3 所示。

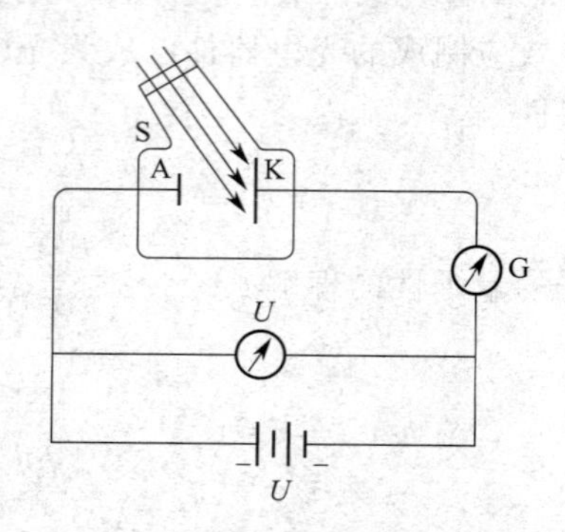

图 4.9.2　光电效应实验原理图

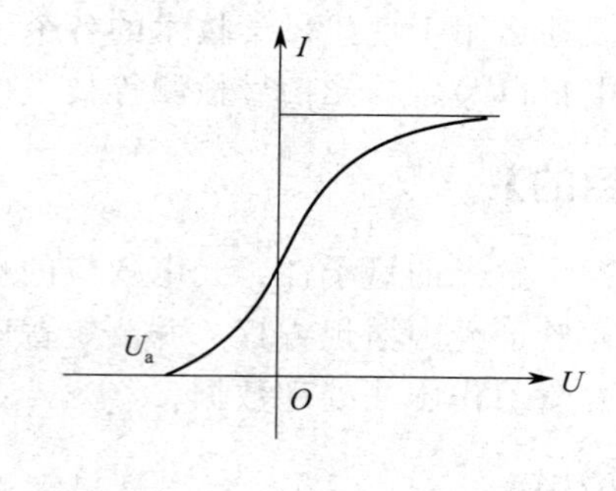

图 4.9.3　光电管的伏安特性曲线

（2）光电效应规律。

① 光电流与入射光强度的关系。光电流随加速电位差 U 的增加而增加，加速电位差增加到一定量值后，光电流达到饱和值 I_H，饱和电流与光强成正比，而与入射光的频率无关。当 $U=U_A-U_K$ 变成负值时，光电流迅速减小。实验指出，有一个遏止电位差 U_A 存在，当电位差达到这个值时，光电流为零。

② 光电子的初动能与入射光频率之间的关系。光电子从阴极逸出时，具有初动能，在减速电压下，光电子逆着电场力方向由 K 极向 A 极运动，当 $U=U_A$ 时，光电子不再能达到 A 极，光电流为零，所以电子的初动能等于它克服电场力所作的功，即

$$\frac{1}{2}mV^2=eU_A \tag{4.9.2}$$

由此可见，光电子的初动能与入射光频率 ν 成线性关系，而与入射光的强度无关。

③ 光电效应有光电阈存在。实验指出，当光的频率 $\nu<\nu_0$ 时，不论用多强的光照射到物质都不会产生光电效应，根据式(4.9.1)，$\nu_0=\frac{A}{h}$，ν_0 称为截止频率。只要入射光的频率 $\nu>\nu_0$，金属一经光线照射，立刻产生光电子。

(3) 普朗克常数的测量原理。

爱因斯坦光电效应方程同时提供了测普朗克常数的一种方法：由式(4.9.1) 和式(4.9.2) 可得 $h\nu=e|U_0|+A$，当用不同频率（$\nu_1,\nu_2,\nu_3,\cdots,\nu_n$）的单色光分别做光源时，就有

$$h\nu_1=e|U_1|+A$$
$$h\nu_2=e|U_2|+A$$
$$\vdots$$
$$h\nu_n=e|U_n|+A$$

任意联立其中两个方程就可得到

$$h=\frac{e(U_i-U_j)}{\nu_i-\nu_j} \tag{4.9.3}$$

由此若测定了两个不同频率的单色光所对应的遏止电位差即可算出普朗克常数 h，也可由 ν-U 直线的斜率求出 h。

因此，用光电效应方法测量普朗克常数的关键在于获得单色光，测量光电管的伏安特性曲线和确定遏止电位差值。

实验中，单色光可由汞灯光源经过滤光片选择谱线产生，汞灯是一种气体放电光源，点燃稳定后，在可见光区域内有几条波长相差较远的强谱线，如表 4.9.1 所示，与滤光片联合作用后可产生需要的单色光。

表 4.9.1 可见光区汞灯强谱线

波长/nm	频率/10^{14} Hz	颜色
579.0	5.179	黄
577.0	5.196	黄
546.1	5.490	绿
435.8	6.879	蓝
404.7	7.408	紫
365.0	8.214	近紫外

为了获得准确的遏止电位差值，本实验用的光电管应该具备下列条件：

① 对所有可见光谱都比较灵敏；

② 阳极包围阴极，这样当阳极为负电位时，大部分光电子仍能射到阳极；

③ 阳极没有光电效应，不会产生反向电流；

④ 暗电流很小。

但是实际使用的真空型光电管并不完全满足以上条件。理论上，测出各频率的光照射下阴极电流为零时对应的 U_{AK}，其绝对值即该频率的截止电压，然而实际上由于光电管的阳极反向电流、暗电流、本底电流及极间接触电位差的影响，实测电流并非阴极电流，实测电流为零时对应的 U_{AK} 也并非截止电压。

光电管制作过程中阳极往往被污染，沾上少许阴极材料，入射光照射阳极或入射光从阴

极反射到阳极之后都会造成阳极光电子发射，U_{AK} 为负值时，阳极发射的电子向阴极迁移构成了阳极反向电流。暗电流和本底电流是热激发产生的光电流与杂散光照射光电管产生的光电流，可以在光电管制作或测量过程中采取适当措施以减少或消除它们的影响。

极间接触电位差与入射光频率无关，只影响 U_0 的准确性，不影响 U_0-ν 直线斜率，对测定 h 无影响。此外，由于截止电压是光电流为零时对应的电压，若电流放大器灵敏度不够，或稳定性不好，都会给测量带来较大误差。本实验仪器的电流放大器灵敏度高，稳定性好。

本实验仪器采用了新型结构的光电管。由于其特殊结构使光不能直接照射到阳极，由阴极反射照到阳极的光也很少，加上采用新型的阴、阳极材料及制造工艺，使得阳极反向电流大大降低，暗电流也很少。由于本仪器的特点，在测量各谱线的截止电压 U_0 时，用零电流法或补偿法。

零电流法是直接将各谱线照射下测得的电流为零时对应的电压 U_{AK} 的绝对值作为截止电压 U_0。此法的前提是阳极反向电流，暗电流和本底电流都很小，用零电流法测得的截止电压与真实值相差很小。且各谱线的截止电压都相差 U，对 U_0-ν 曲线的斜率无大的影响，因此对 h 的测量不会产生大的影响。

补偿法是调节电压 U_{AK} 使电流为零后，保持 U_{AK} 不变，遮挡汞灯光源，此时测得的电流 I_1 为电压接近截止电压时的暗电流和本底电流。重新让汞灯照射光电管，调节电压 U_{AK} 使电流值至 I_1，将此时对应的电压 U_{AK} 的绝对值作为截止电压 U_0。此法可补偿暗电流和本底电流对测量结果的影响。

【实验内容与步骤】

普朗克常数的测量：

① 将测试仪及汞灯电源接通，预热 20min。

② 在断开信号线的情况下，给电流表调零。

③ 接上信号线，将电压按键置于 −2V～+2V 挡；将“电流量程”选择开关置于 10～12A 挡，将直径 4mm 的光阑及 365.0nm 的滤色片装在光电管暗箱光输入口上。

④ 用零电流法测截止电压。取下汞灯帽，调节电压旋钮，使电流表读数为零，此时电压表的读数为用零电流法测得的截止电压，记录表 4.9.2 中。

⑤ 用补偿法测截止电压。盖上汞灯帽，待电流表示数稳定时，记录数据，取下汞灯帽，调节电压旋钮，使电流表的读数等于刚才的示数。此时电压表的读数为用补偿法测得的截止电压，将电压值记录于表 4.9.2 中。

⑥ 依次换上 404.7nm，435.8nm，546.1nm，577.0nm 的滤色片，重复以上测量步骤。

表 4.9.2　U_0-ν 关系曲线原始数据表　　光阑孔 Φ=　　mm

波长 λ/nm	365.0	404.7	435.8	546.1	577.0
频率 ν/($\times10^{14}$ Hz)	8.216	7.410	6.882	5.492	5.196
截止电压 U_0/V(零电流法)					
截止电压 U_0/V(补偿法)					
暗电流和本底电流/($\times10^{-12}$A)					

【数据处理】

可用以下方法处理表 4.9.2 的实验数据，得出 U_0-ν 直线的斜率 κ。

① 可用表 4.9.2 的实验数据在坐标纸上作 U_0-ν 直线，由图求出直线斜率 κ。

② 求出直线斜率 κ 后，可用 $h=e\kappa$ 求出普朗克常数，并与 h 的公认值 h_0 比较求出相对误差 $\delta=\left|\frac{h-h_0}{h_0}\right|\times100\%$，式中，$e=1.602\times10^{-19}\mathrm{C}$，$h_0=6.626\times10^{-34}\mathrm{J\cdot s}$。

【注意事项】

(1) 汞灯关闭后，不要立即开启电源。必须待灯丝冷却后，再开启，否则会影响汞灯寿命。

(2) 光电管应保持清洁，避免用手摸，而且应放置在遮光罩内，不用时禁止用光照射。

(3) 滤光片要保持清洁，禁止用手摸光学面。

(4) 在光电管不使用时，要断掉施加在光电管阳极与阴极间的电压，保护光电管，防止意外的光线照射。

【讨论思考题】

(1) 影响本实验的精度有哪些？如何提高测量精度？

(2) 本实验是如何满足照到光电管的入射光束为单色光的？

(3) 在实验过程中若改变了光源与光电管之间距离，会产生什么影响？

【扩展训练】

通过测量不同频率的产生电流和电压的关系绘制电流与电压的关系图，探究饱和光电流和什么量有关？

【扩展阅读】

[1] 王景衡，李雅轩．光电效应法测量普朗克常数实验数据采集与处理系统的研制 [J]. 天津工业大学学报，2004 (6)：86-88.

[2] 汪志刚，施寿生．光电效应法测定普朗克常数实验的几个问题 [J]. 乐山师范学院学报，2004，19 (12)：3.

【附录】

在实验中，通过对各不同频率下截止电压的大小的测量，可充分地验证截止电压与入射光频率间的线性关系。在扩展训练中的针对在测不同频率下光电管的伏安特性曲线时出现的饱和光电流的大小并不会随着光频率的增加而呈现递增关系，说明饱和光电流的大小与入射光的频率大小无关。如果通过在不同的光通量（即光强，通过控制光阑的大小）下，对于同一频率的光的两曲线的比较可知：频率相同时，光通量越大，饱和光电流越大，验证了饱和光电流的大小与光强有关。同时，通过观察两曲线截止电压的大小基本相同，可进一步验证截止电压的大小与光强无关。

4.10 密立根油滴实验

密立根油滴实验

【引言】

1917 年密立根设计并完成了密立根油滴实验，其重要意义在于它直接地显示出了电量的量子化，并最早测定了电量的最小单位——基本电荷电量 e，即电子所带电量。这一成就大大促进了人们对电和物质结构的研究和认识。油滴实验中将微观量测量转化为宏观量测量的巧妙设想和精确构思，以及用比较简单的仪器，测得比较精确而稳定的结果等都是富有创造性的。由于上述工作，密立根获得了 1923 年度诺贝尔物理学奖。密立根的实验装置随着技术的进步而得到了不断的改进，但其实验原理至今仍在当代物理科学研究的前沿发挥着作用，例如，科学界用类似的方法测定出基本粒子——夸克的电量。

【实验目的】

（1）用实验方法检验刚体的转动定理及平行轴定理；通过对带电油滴在重力场和静电场中运动的测量，验证电荷的不连续性，并测定电荷的电荷值 e。

（2）通过实验过程中，对仪器的调整、油滴的选择、耐心地跟踪和测量以及数据的处理等，培养学生严肃认真和一丝不苟的科学实验方法和态度。

（3）学习和理解密立根利用宏观量测量微观量的巧妙设想和构思。

【实验仪器】

MOD-5 型密立根油滴仪：包括水平放置的平行极板（油滴盒）、调平装置、照明装置、电源、计时器、实验油、喷雾器、显微镜、监视器等。

【预习思考题】

（1）密立根利用油滴测定电子电荷的基本原理和设计思路是什么？

（2）什么是静态（平衡）测量法和动态（非平衡）测量法？两种方法有何不同以及两种方法的优缺点？测量中需注意哪些问题？

（3）为什么必须保证油滴在测量范围内做匀速运动或静止？怎样控制油滴运动？

（4）使用油滴喷雾器应注意什么问题？若喷油后，在显示器看不到油滴如何处理？

（5）如何判断油滴盒内平衡极板是否水平？不水平对实验结果有何影响？

（6）用 CCD 成像系统观测油滴比直接从显微镜中观测有何优点？

【实验原理】

（1）静态（平衡）测量法。

用喷雾器将油滴喷入两块相距为 d 的平行极板之间。油在喷射撕裂成油滴时，一般都是带电的。设油滴的质量为 m，所带的电量为 q，两极板间的电压为 V，如图 4.10.1 所示。如果调节两极板间的电压 V，可使两力达到平衡，这时

$$mg=qE=q\frac{V}{d} \tag{4.10.1}$$

为了测出油滴所带的电量 q，除了需测定平衡电压 V 和极板间距离 d 外，还需要测量油滴的质量 m。因 m 很小，需用如下特殊方法测定：平行极板不加电压时，油滴受重力作用而加速下降，由于空气阻力的作用，下降一段距离达到某一速度 v_g 后，阻力 f_r 与重力 mg 平衡，如图 4.10.2 所示（空气浮力忽略不计），油滴将匀速下降。此时有

$$f_r=6\pi a\eta v_g=mg \tag{4.10.2}$$

式中，η 是空气的黏滞系数，是 a 油滴的半径。经过变换及修正，可得斯托克斯定律

$$f_r=\frac{6\pi a\eta v_g}{1+\frac{b}{pa}} \tag{4.10.3}$$

式中，b 是修正常数，$b=6.17\times10^{-6}\mathrm{m}\cdot\mathrm{cmHg}$；$p$ 为大气压强，单位为厘米汞柱。

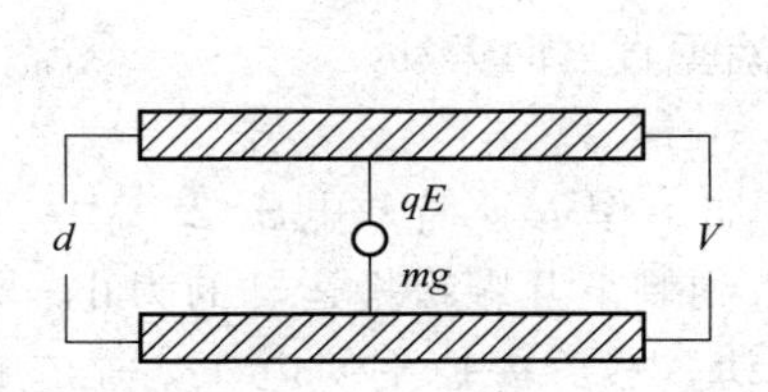

图 4.10.1　带电粒子在电场中示意图

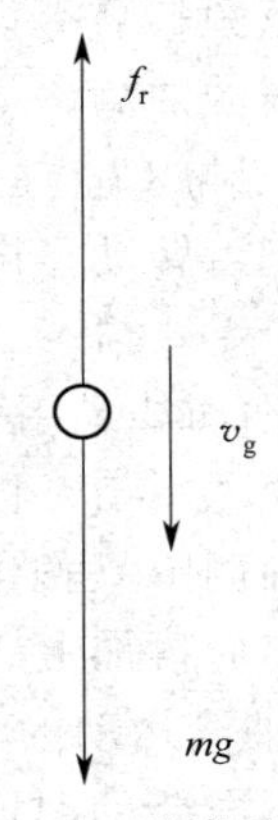

图 4.10.2　油滴受力分析

至于油滴匀速下降的速度 v_g，可用下法测出：当两极板间的电压 V 为零时，设油滴匀速下降的距离为 l，时间为 t，则

$$v_g=\frac{l}{t_g} \tag{4.10.4}$$

最后得到理论公式

$$q=\frac{18\pi}{\sqrt{2\rho g}}\left[\frac{\eta l}{t_g\left(1+\frac{b}{pa}\right)}\right]^{\frac{3}{2}}\frac{d}{V} \tag{4.10.5}$$

（2）动态（非平衡）测量法。

非平衡测量法则是在平行极板上加以适当的电压 V，但并不调节 V 使静电力和重力达到平衡，而是使油滴受静电力作用加速上升。由于空气阻力的作用，上升一段距离达到某一速度 v 后，空气阻力、重力与静电力达到平衡（空气浮力忽略不计），油滴将匀速上升，如图 4.10.3 所示。

这时：

$$6\pi a\eta v_e=q\frac{V}{d}-mg \tag{4.10.6}$$

当去掉平行极板上所加的电压 V 后，油滴受重力作用而加速下降。当空气阻力和重力平衡时，油滴将以匀速 v 下降，这时

$$6\pi\eta v_g=mg \tag{4.10.7}$$

图 4.10.3　油滴将匀速上升时受力分析图

化简，并把平衡法中油滴的质量代入，得理论公式

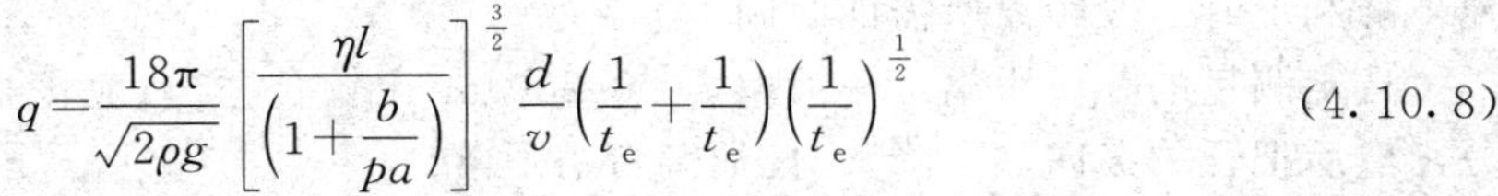

$$q=\frac{18\pi}{\sqrt{2\rho g}}\left[\frac{\eta l}{\left(1+\frac{b}{pa}\right)}\right]^{\frac{3}{2}}\frac{d}{v}\left(\frac{1}{t_e}+\frac{1}{t_e}\right)\left(\frac{1}{t_e}\right)^{\frac{1}{2}} \tag{4.10.8}$$

【实验内容与步骤】

（1）调整仪器。

将仪器放平稳，调节仪器底部左右两只调平螺丝，使水准泡指示水平，这时平行极板处于水平位置。预热 10min，利用预热时间从测量显微镜中观察，如果分划板位置不正，则转

动目镜头，将分划板放正，目镜头要插到底。调节接目镜，使分划板刻线清晰。

将油从油雾室旁的喷雾口喷入（喷一次即可），微调测量显微镜的调焦手轮，这时视场中即出现大量清晰的油滴，如夜空繁星。

对 MOD-5C 型与 CCD 一体化的屏显油滴仪，则从监视器荧光屏上观察油滴的运动。如油滴斜向运动，则可转动显微镜上的圆形 CCD，使油滴垂直方向运动。

（2）练习测量

① 练习控制油滴如果用平衡法实验喷入油滴后，加工作（平衡）电压 250V 左右，工作电压选择开关置“平衡”挡，驱走不需要的油滴，直到剩下几颗缓慢运动的为止。注视其中的某一颗，仔细调节平衡电压，使这颗油滴静止不动。然后去掉平衡电压，让它自由下降，下降一段距离后再加上“提升”电压，使油滴上升。如此反复多次地进行练习。

② 练习测量油滴运动的时间任意选择几颗运动速度快慢不同的油滴，用计时器测出它们下降一段距离所需要的时间。或者加上一定的电压，测出它们上升一段距离所需要的时间。如此反复多练几次。

③ 练习选择油滴的体积不能太大也不能太小，太大的油滴虽然比较亮，但一般带的电量比较多，下降速度也比较快，时间不容易测准确。若油滴太小则布朗运动明显。通常可以选择平衡电压在 200V 以上，在 10s 左右时间内匀速下降 2mm 的油滴，其大小和带电量都比较合适。

④ 练习改变油滴的带电量对 MOD-5B，5BC，5BCC 型密立根油滴仪，可以改变油滴的带电量。按下汞灯按钮，低压汞灯亮，约 5s，油滴的运动速度发生改变，这时油滴的带电量已经改变了。

（3）正式测量。

① 静态（平衡）测量法用平衡测量法时要测量的有两个量：一个是平衡电压 V；另一个是油滴匀速下降一段距离所需要的时间 t_g。仔细调节“平衡电压”旋钮，使油滴置于分划板上某条横线附近，以便准确判断出这颗油滴是否平衡了。

当油滴处于平衡位置，选定测量的一段距离（一般取 $l=0.200$cm 比较合适），然后把开关拨向“下降”，使油滴自由下落。

测量油滴匀速下降经过选定测量距离所需要的时间 t_e，为了在按动计时器时有思想准备，应先让它下降一段距离后再测量时间。

测量完一次后，应把开关拨向“平衡”，做好记录后，再拨向“提升”，加大电场使油滴回到原来高度，为下次测量做好准备。

对同一颗油滴应进行 3～5 次测量，而且每次测量都要重新调整平衡电压。用同样的方法对多颗油滴进行测量。

② 动态（非平衡）测量法用动态测量法实验时要测量的量有三个：上升电压、油滴匀速下降和上升一段距离所需的时间 t_g，t_e。

选定测量的一段距离（一般取 $l=0.200$cm 比较合适），应该在平衡极板之间的中央部分，然后把开关拨向“下降”，使油滴自由下落。

测量油滴匀速下降经过选定测量距离所需要的时间 t_g，为了在按动计时器时有思想准备，应先让它下降一段距离后再测量时间。

测完 t_g 把开关拨向“平衡”，做好记录后，再拨向“提升”，使油滴匀速上升经过原选定的测量距离，测出所需时间 t_e。同样也应先让它上升一段距离后再测量时间。

测完 t_e 做好记录，并为下次测量做好准备。

【数据处理】

(1) 静态（平衡）测量法。

$$q=\frac{18\pi}{\sqrt{2\rho g}}\left[\frac{\eta l}{t_{\mathrm{g}}\left(1+\frac{b}{pa}\right)}\right]^{\frac{3}{2}}\frac{d}{V} \tag{4.10.9}$$

式中，ρ 为油的密度可根据油瓶上给出的参数修正；g 为重力加速度，$g=9.78858\mathrm{m}\cdot\mathrm{s}^{-2}$；$\eta$ 空气黏滞系数，$\eta=1.83\times10^{-5}\mathrm{kg}\cdot\mathrm{m}^{-1}\cdot\mathrm{s}^{-1}$；$l$ 为油滴匀速下降的距离，$l=2.00\times10^{-3}\mathrm{m}$；$b$ 为修正常数，$b=6.17\times10^{-6}\mathrm{m}\cdot\mathrm{cmHg}$；$p$ 为大气压强，p 由室内气压计读取；d 为平行极板间距离，$d=5.00\times10^{-3}\mathrm{m}$。

本实验中我们用“倒过来验证”的办法进行数据处理。即用公认的电子电荷值 $e=1.60\times10^{-19}\mathrm{C}$ 去除实验测得的电量 q。得到一个接近于某一个整数的数值，这个整数就是油滴所带的基本电荷的数目 n。再用这个 n 去除实验测得的电量，即得电子的电荷值 e。

油滴实验也可用作图法处理数据，即以纵坐标表示电量 q，横坐标表示所选用油滴的所带电子数，然后作图。

倒过来验证法（表 4.10.1）。

表 4.10.1 静态（平衡）测量法测量数据表

运动时间/s 电压/V	t_1	t_2	t_3	t_4	平均运动时间 t/s	带点量 q/C	$i=q/e$	$e_i=q/i$

其中 $t=\frac{1}{4}(t_1+t_2+t_3+t_4)$，$i$ 为四舍五入后的值，q 的计算公式为

$$q=\frac{18\pi}{\sqrt{2\rho g}}\left[\frac{\eta l}{t_{\mathrm{g}}\left(1+\frac{b}{pa}\right)}\right]^{\frac{3}{2}}\frac{d}{V}$$

式中，$a=\sqrt{\frac{9\eta v_{\mathrm{g}}}{2\rho g}}$；用到的参数 $p=1.0112\times10^{5}\mathrm{Pa}$；温度 $T=25.0$℃，油滴密度 ρ 取 $\rho=978.5\mathrm{kg/m^3}$。

（2）动态（非平衡）测量法。

同样用“倒过来验证”的办法（表 4.10.2）。

表 4.10.2　动态（非平衡）测量法测量数据表

上升电压 V/V	运动时间				平均运动时间 t/s	带点量 q/C	$i=q/e$	$e_i=q/i$ /C
	$t_g(s)$							
	$t_e(s)$							
	$t_g(s)$							
	$t_e(s)$							
	$t_g(s)$							
	$t_e(s)$							
	$t_g(s)$							
	$t_e(s)$							
	$t_g(s)$							
	$t_e(s)$							
	$t_g(s)$							
	$t_e(s)$							
	$t_g(s)$							
	$t_e(s)$							
	$t_g(s)$							
	$t_e(s)$							
	$t_g(s)$							
	$t_e(s)$							
	$t_g(s)$							
	$t_e(s)$							

其中，i 为四舍五入后的值，q 的计算公式为

$$q=\frac{18\pi}{\sqrt{2\rho g}}\left[\frac{\eta l}{\left(1+\frac{b}{pa}\right)}\right]^{3/2}\left(\frac{1}{t_e}+\frac{1}{t_g}\right)\left(\frac{1}{t_g}\right)^{1/2}\frac{d}{V}$$

【注意事项】

（1）实验安全第一，认真操作，如实记录，规范处理。

（2）喷雾器喷口方向不能朝下，否则会导致漏油。平衡电压最佳取值范围：100～300V。

（3）注意针对选中油滴用显微镜调焦，呈现出清晰的亮点后再测量。

（4）个别情况下喷雾器产生的油滴数量过多且无法快速消散，严重妨碍了对油滴的选择和观察。这时要先通过风吹等方式消除过多的悬浮油滴。

（5）测量时要对油滴跟踪聚焦；计时结束时同时按下“BALANCE”键，以防油滴丢失。

（6）通电时极板带电，请勿用手接触。

（7）做完实验后请擦拭掉自己仪器上的油渍。

【讨论思考题】

（1）如何判断油滴盒内平衡极板是否水平？如果上下极板不水平，对测量结果有什么影响？

（2）对实验结果造成影响的主要因素有哪些？

【扩展训练】

比较静态法和动态法所得数据哪个更准确。

【扩展阅读】

[1] Millikan R A. Coefficients of slip in gases and the law of refflection of mecules from the surfaces of solids and liquids. Physical Rev，1923，22：409.

[2] 熊永红，等. 大学物理实验（第一册）[M]. 北京：科学出版社，2007.

[3] 任忠明，等. 大学物理实验（第二册）[M]. 北京：科学出版社，2007.

【附录】

本实验采用MOD-5型密立根油滴仪（图4.10.4）。

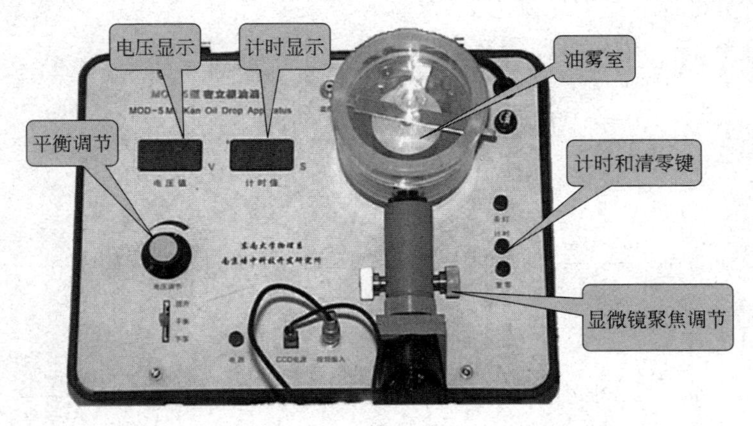

图 4.10.4　MOD-5型密立根油滴仪功能概要

油雾室：产生带电油滴；计时显示：0～99.9s；电压显示：0～999V；计时键：START/STOP；清零键：RESET；平衡电压调节：控制油滴静止，100～300V为宜；电压控制开关：UP/BALANCE/DOWN；CCD方向调节与固定；显微镜焦距调节。

4.11　光速测量

【引言】

光速是有限还是无限，到17世纪还有争议，笛卡尔认为是无限的，伽利略认为是有限的。直到1849年德国物理学家菲索首次用“齿轮法”比较准确地测出光速 $c=315300\text{km/s}$。20世纪20年代，美国科学家迈克尔逊用“旋转棱镜法”精确地测得光速：$c=299796\pm4\text{km/s}$。在激光得以广泛应用以后，科学家开始利用激光测量光速，至目前为止这种方法测出的光速是最精确的，而光拍法就是其中应用较为广泛的一种测量方法。

【实验目的】

(1) 熟悉光速测量仪的使用方法。

(2) 掌握使用光拍法测量光速的原理和技能。

【实验仪器】

本实验用CG-Ⅲ型光速测量仪测定光速。

【预习思考题】

"拍"是怎样形成的？它有什么特性？

【实验原理】

(1) 光拍频波的概念以及产生原理。

本实验采用光拍法测定光速，首先应了解光拍频波的概念。根据波的叠加原理，两束传播方向相同，频率之差很小的简谐波相叠加，即形成拍。对于振幅为 E_0，原频率分别为 ω_1、ω_2，且沿相同方向传播的两束单色光

$$E_1 = E_0\cos\left[\omega_1\left(t-\frac{x}{c}\right)+\varphi_1\right]$$
$$E_2 = E_0\cos\left[\omega_2\left(t-\frac{x}{c}\right)+\varphi_2\right] \tag{4.11.1}$$

它们的叠加为

$$E = E_1 + E_2 = 2E_0\cos\left[\frac{\omega_1-\omega_2}{2}\left(t-\frac{x}{c}\right)+\left(\frac{\varphi_1-\varphi_2}{2}\right)\right]\times\cos\left[\frac{\omega_1+\omega_2}{2}\left(t-\frac{x}{c}\right)+\left(\frac{\varphi_1+\varphi_2}{2}\right)\right] \tag{4.11.2}$$

当 $\omega_1 > \omega_2$，且 $\Delta\omega = \omega_1 - \omega_2$ 很小时，合成光波是振幅为 $2E_0\cos\left[\frac{\omega_1-\omega_2}{2}\left(t-\frac{x}{c}\right)+\left(\frac{\varphi_1-\varphi_2}{2}\right)\right]$，角频率为$\frac{\omega_1+\omega_2}{2}$，沿 x 轴传播的行波。其波形如图 4.11.1 所示。

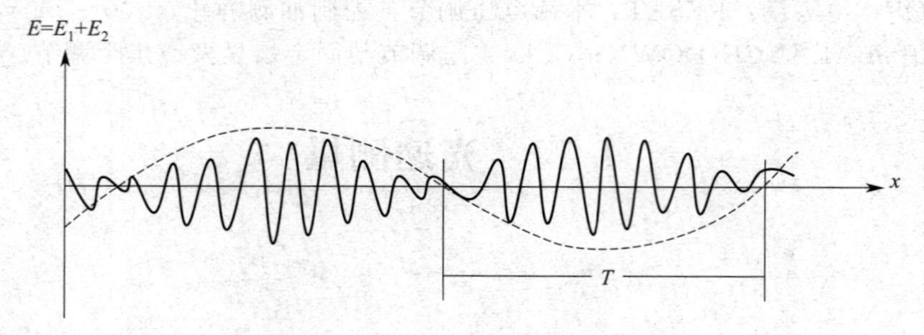

图 4.11.1　光拍频波的波形

由于上述合成光波一个频率 $\Delta f = \frac{\omega_1-\omega_2}{2\pi}$周期性地缓慢变化，我们将这种合成光波称之为光拍频波。

光拍频波要求相拍的两束光有确定的频差。本实验声光效应使 He-Ne 激光器的 632.8mm 谱线产生固定的频差。声光效应原理如图 4.11.2 所示。功率信号源输出角频率为 ω 的正弦信号在频仪器的晶体压电换能器上，超声波沿 x 方向通过声光介质在介质内部产生应变，导致介质的折射率在时间和空间上发生周期性变化，成为一位相光栅，使入射的激光束发生衍射而改变了传播方向，这种衍射光的频率发生了与超声波频率有关的频率移动，

实现了使激光束频移的目的，因此我们在实验中可以获得确定频率差的两束光。

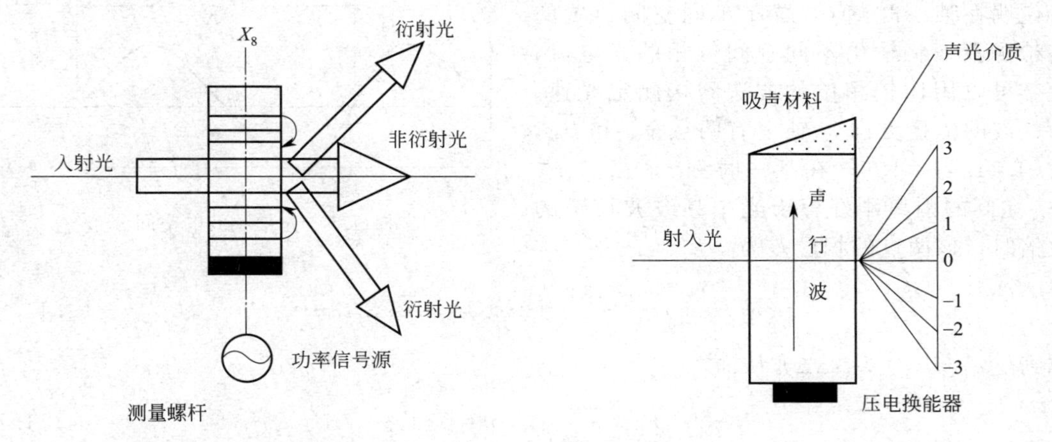

图 4.11.2　声光效应　　　　图 4.11.3　单向声行波

在声光介质的与声源相对的端面上敷以吸声材料，防止声波反射，以保证声光介质中只有单向声行波，如图 4.11.3 所示。当角频率为 ω_0 的激光束通过声光介质时，超声波与激光单色波相互作用的结果，使激光束产生对称多级衍射和频移，第 L 级衍射光的角频率为

$$\omega_L = \omega_0 + L\Omega \tag{4.11.3}$$

其中，+1 级演示工作角频率 $\omega_1 = \omega_0 + L\Omega$，零级衍射光的角频率 $\omega_2 = \omega_0$，通过仔细调整光路，何时两束光平行叠加，产生频差为 $\Delta\omega = \omega_1 - \omega_2 = \Omega$ 的光拍频波。

另一种是驻波法，原理如图 4.11.4 所示。它是使光介质的厚度为超声波半波长的整数倍，使超声波发生反射，在声光介质中出现驻波场，其结果使入射激光产生波及对称衍射，其衍射光比行波法的衍射效率高得多。第 L 级衍射光的角频率为

$$\omega_{L_m} = \omega_0 + (L + 2m)\omega \tag{4.11.4}$$

其中 L，$m = 0, \pm 1, \pm 2, \pm 3, \cdots, K$。

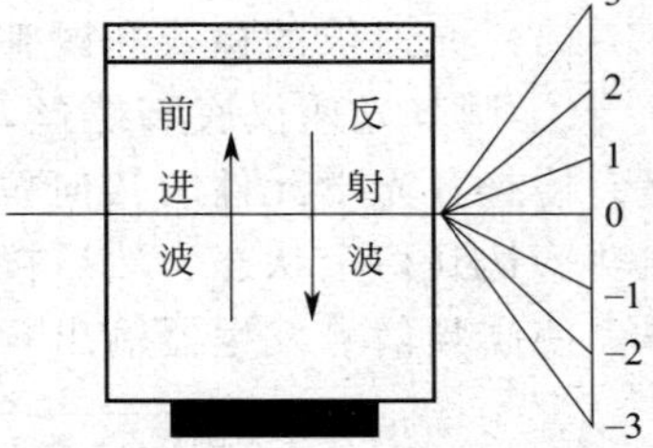

图 4.11.4　驻波原理图

驻波法的特点是：除不同衍射级的光波产生频移外，同一衍射级的光波中也包含各种不同的频率成分，但各种成分的强度互相不同。因此从每一级衍射光中都能获得光拍频波，而不需要通过光路的调整使不同频率的光混合叠加。可见驻波法明显优于行波法，在本实验中我们采用的就是驻波法。

（2）测量基本原理

在实验中，我们用光电检测器接收光信号。光电检测器所产生的光电流与接收到的光强（即电场强度 E 的平方）成正比

$$I = gE^2 \tag{4.11.5}$$

式中，g 为光电转换系数。

由于光的频率极高（$f_0 > 10^{14}$）Hz，而一般光电器件只能对 10^8 Hz 以下的光强变化作出响应，实际得到的光电流 I_C 光电检测器响应时间为 $\tau\left(\frac{1}{f_0} < \tau < \frac{1}{\Delta f}\right)$ 的平均。

由此可见。光电检测器输出的光电流包括直流和光拍频波两部分。滤去直流部分，即可得到频率为 $\Delta f = \frac{\omega_1 - \omega_2}{2\pi}$，初相位为 $\varphi_1 - \varphi_2$，位相和空间位置有关的简谐拍频光信号，如

图 4.11.5 所示。

说明在某一时刻 t，置于不同空间位置的光电检测器，将输出不同空间位相的光电流，因此，可以用比较相位的方法间接测定光速。假设在波的传播方向 x 轴上有两点 x_A 和 x_B，由式(4.11.4) 可知，在某一时刻 t，当点 x_A 和 x_B 之间的距离刚好等于光拍频波波长 λ 的整数倍时，该两点的相位差为

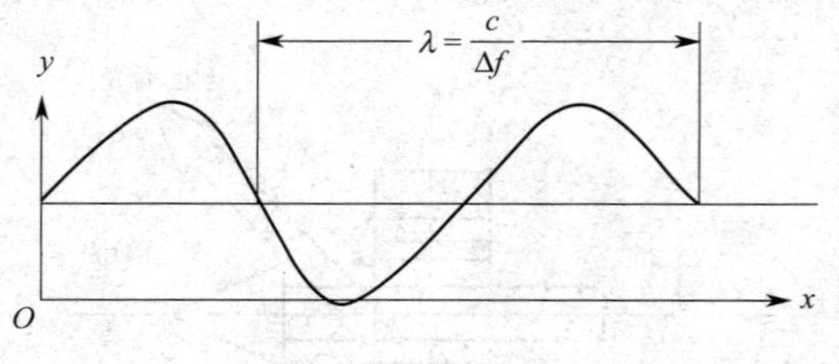

图 4.11.5 光拍频波的空间分布

$$(\omega_1-\omega_2)\frac{x_A-x_B}{c}=2n\pi,\quad n=1,2,3\cdots \tag{4.11.6}$$

考虑到 $(\omega_1-\omega_2)=2\pi\Delta f$ 从而

$$x_A-x_B=n\frac{c}{\Delta f},\quad n=1,2,3\cdots \tag{4.11.7}$$

当相邻两个同位相点之间的距离 (x_A-x_B) 等于光拍频波的波长，即 $n=1$ 时，由式(4.11.7) 得

$$x_A-x_B=\frac{c}{\Delta f} \tag{4.11.8}$$

式(4.11.8) 说明，只要在实验中测出 Δf 和λ，即可间接测定光速 c，这也正是本实验的测量原理。

【实验内容与步骤】

(1) 光速仪的检查和调整。

① 调节光速仪底脚螺丝，使仪器处于水平状态。如图 4.11.6 所示接好光测量仪的电路。检查各光学元件的几何位置。打开激光器电源开关预热 15min，使 He-Ne 激光器的输出功率达到稳定状态，然后接通仪器的稳压电源开光，检查斩波器和信号发生器能否正常工作。使高频信号发生器输出频率调至 15MHz 左右，并使示波器处于外触发状态。

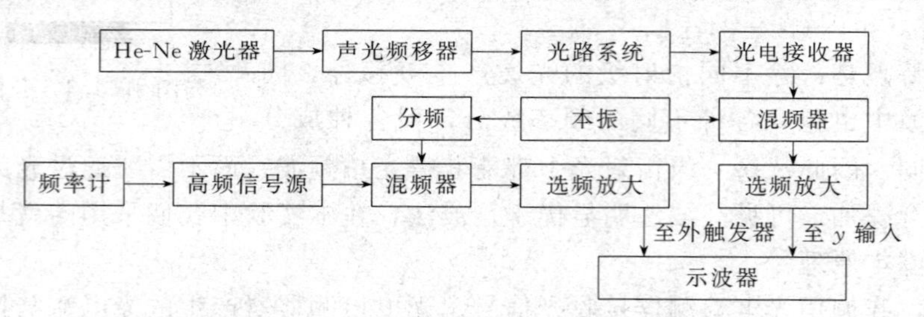

图 4.11.6 光速测量电原理图

② 粗调光阑和反射镜的中心高度，使其成等高状态；调整光阑及反射镜的角度，使+1 级或−1 级衍射光通过光阑后依次投射到各级反射镜的中心点。

(2) 双光束位相比较法测量光速。

① 关闭斩波器电源；用斩波器切断近程光，逐级细调远程光路，使远程光射入光电二极管，在示波器上出现远程光束的正弦波形。

② 手动斩波器使近程光通过光电二极管前的透镜中心，射入光电二极管。在示波器荧光屏上出现近程光束的正弦波形。应使近程光与远程光在同一点射入光电二极管，否则会引入附加的位相差。本实验的测量精度除与准确测定频率和光程差有关外，还与是否引入附加

相移，从而产生假相移有关。虚假相移主要由光电二极管产生。远程光沿透镜光轴入射，汇聚在一点；近程光偏离光轴入射，汇聚在另一点；由于光电二极管光敏面上各点的灵敏度存在差异，使得光电子的渡越时间 τ 不一致，因而出现虚假相移，造成附加误差。要防止虚假相移产生，就必须使远程光和近程光沿透镜的主光轴入射。具体方法是调节近程光路和远程光路，使光束尽量贴近透镜光轴从透镜中心入射，并且经过光敏面反射后，反射光束经过透镜中心与原来入射光束重合，则可以避免产生虚假相移。

③ 打开斩波器电源，示波器荧光屏上将出现远程光束和近程光束产生的两个正弦波形。如果它们的振幅不相等，可调节光电二极管的透镜，改变进入检测器光敏面的光强大小，使近程光束和远程光束的幅值相等。调节信号发生器输出频率，当其接近声光转换器的中心频率时，波幅为最大。

④ 缓慢移动光速仪上的滑动平台，改变远程光束的光程，使示波器中两束光的正弦波形完全重合。此时，远程光束和近程光束的光程差等于拍频波波长，即 $L=\lambda$。

⑤ 测出远程光的光程 L_f、近程光的光程 L_m，以及二者的差 L，并从数字频率计读出高频信号发生器的输出频率 ω，代入公式 $c=\Delta f \cdot \lambda=2\omega \cdot L$ 即可求得光速 c。

【数据处理】

按照双光束位相比较法测量光速的步骤进行 5 次实验，将实验结果填入数据记录表（表 4.11.1）。

表 4.11.1 数据记录表

次数	L_f/m	L_m/m	L/m	ω/Hz	$c_{空气}$/(m/s)
1					
2					
3					
4					
5					

$\bar{c}=$ 　　　$E=\dfrac{c-\bar{c}_0}{c_0}=$ 　　　（其中 $c_0=299792458\text{m/s}$）

【注意事项】

（1）光速测定仪放置在稳固平整和实验上，实验室光线不宜太明亮。

（2）声光频率器引线等不得随意拆卸。

（3）切忌用手或其他物体接触光学元件的光学面，实验结束盖上防护罩。

（4）切勿带电触摸激光管电极。

（5）提高实验精度，防止假相移的产生。

为了提高实验精度，除准确测量超声波频率和光程差外，还要注意对二束光位相的精确比较。如果实验中调试不当，可能会产生虚假的相移，结果影响实验精度。

检查是否产生虚假相移的办法是分别遮挡远、近程光，观察两路光束在光敏面上反射的光是否经透镜后都成像于光轴上。

【讨论思考题】

（1）声光调制是如何形成驻波衍射光栅的？激光束通过它后衍射有什么特点？

(2) 本实验中，光速测量的误差主要来源于什么物理量的测量误差？为什么？

【扩展训练】

光程差的测量是本实验的一个难点，那么光路的实际反射点的准确测量对实验误差影响大吗？

【扩展阅读】

[1] 赵旭光．几种测量光速的方法 [J]. 现代物理知识，2004 (1)：48-49，44.
[2] 田川．拨开天空的乌云：纪念将毕生献给光学测量的迈克尔逊 [J]. 物理教师，2019，40 (3)：80-82，85.
[3] 徐宏亮，余恺歌，李金玉．光拍法测光速两种方法对比 [J]. 大学物理实验，2020，33 (4)：42-44.
[4] 杨小彦．时间之维 [J]. 画刊，2021 (8)：93-95.

【附录】

光速测量主机结构如图 4.11.7 所示。其中，驱动晶体振动的信号源频率 ω 约为 15MHz，功率约为 1W。实验中还需要配备 30MHz 以上示波器及数字频率计各一台。

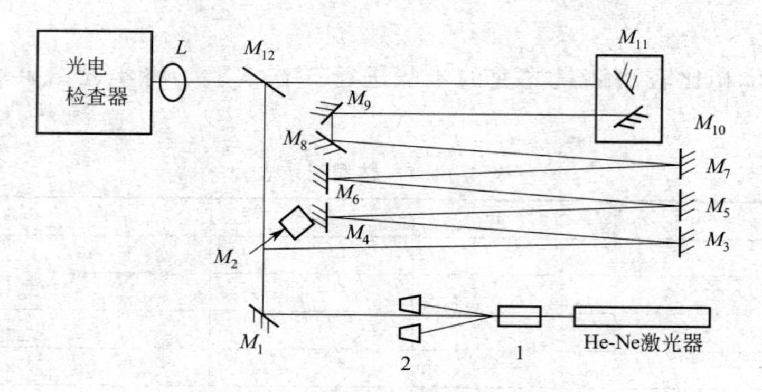

图 4.11.7　光速测量主机结构图

4.12　核磁共振

【引言】

核磁共振技术（NMR）由布洛赫（Felix Bloch）和玻赛尔（Edward Purcell）于 1945 年分别独立发明，大大提高了核磁矩测量的精度，从发现核磁共振现象而产生的连续波核磁共振技术，到 20 世纪 70 年代初提出的脉冲傅里叶变换（PFT）技术和后来的核磁共振成像，在核磁共振这一领域中已多次有获得诺贝尔奖的物理学家，并且在生物学、医学、遗传学等领域都有重要应用。

核磁共振的物理基础是原子核的自旋。泡利在 1924 年提出核自旋的假设，1930 年在实验上得到证实。1932 年人们发现中子，从此对原子核自旋有了新的认识：原子核的自旋是质子和中子自旋之和，只有质子数和中子数两者或者其中之一为奇数时，原子核具有自旋角动量和磁矩。这类原子核称为磁性核，只有磁性核才能产生核磁共振。磁性核是核磁共振技术的研究对象。

【实验目的】

（1）了解核磁共振现象的基本原理和实验方法。

（2）掌握测定物质的旋磁比、g 因子及其磁矩的方法。

【实验仪器】

核磁共振实验装置。

【预习思考题】

（1）什么是核磁共振？在哪些物质中可以有核磁共振现象？

（2）如何能更好地观察到核磁共振现象？

【实验原理】

（1）能级分裂。

具有自旋的原子核，其自旋角动量 $\vec{P}$，大小为

$$P=\sqrt{I(I+1)}\eta \tag{4.12.1}$$

式中，I 为自旋量子数，其值为半整数或整数，由核性质所决定；$\eta=\dfrac{h}{2\pi}$，h 为普朗克常数。自旋的核具有磁矩 $\vec{\mu}$，$\vec{\mu}$ 和自旋角动量 $\vec{P}$ 的关系为

$$\vec{\mu}=\gamma\vec{P} \tag{4.12.2}$$

式中，γ 为旋磁比。

在外加磁场 $B_0=0$ 时，核自旋量子数为 I 的原子核处于$(2I+1)$度简并态。外磁场 $B_0\neq0$ 时，角动量 P 和 μ 磁矩绕 B_0（设为 z 方向）进动，进动角频率为

$$w_0=\gamma B_0 \tag{4.12.3}$$

式(4.12.3) 称为拉摩尔进动公式。由拉摩尔进动公式可知，核磁矩在恒定磁场中将绕磁场方向作进动。进动的角频率 ω_0 取决于核的旋磁比 γ 和磁场磁感应强度 B_0 的大小。

由于核自旋角动量 P 空间取向是量子化的。P 在 z 方向上的分量只能取$(2I+1)$个值，即

$$P_z=m\eta \quad (m=I,I-1,\cdots,-I+1,-I) \tag{4.12.4}$$

m 为磁量子数。相应地

$$\mu_z=\gamma P_z=\gamma m\eta \tag{4.12.5}$$

此时原$(2I+1)$度简并能级发生塞曼分裂，形成$(2I+1)$个分裂磁能级

$$E=-\mu B_0=-\mu\cos\theta B_0=-\mu_z B_0=-\gamma\eta m B_0 \tag{4.12.6}$$

相邻两个能级之间的能量差

$$\Delta E=\gamma\eta B=\eta w_0 \tag{4.12.7}$$

对 $I=1/2$ 的核，例如氢、氟等，在磁场中仅分裂为上下两个能级。

（2）核磁共振。

实现核磁共振的条件：在一个恒定外磁场 B_0 作用下，另在垂直于 B_0 的平面（x,y 平面）内加进一个旋转磁场 B_1，使 B_1 转动方向与 μ 的拉摩尔进动同方向，如图 4.12.1(a) 所示，如 B_1 的转动频率 ω 与拉摩尔进动频率 ω_0 相等时，μ 会绕 B_0 和 B_1 的合矢量进动，使 μ 与 B_0 的夹角 θ 发生改变，θ 增大，核吸收 B_1 磁杨的能量使势能增加，如式(4.12.6)

所示。如果 B_1 的旋转频率 ω 与 ω_0 不等。自旋系统会交替地吸收和放出能量，没有净能量吸收。因此能量吸收是一种共振现象，只有 B_1 的旋转频率 ω 与 ω_0 相等时才能发生共振。

旋转磁场 B_1，可以方便地由振荡回路线圈中产生的直线振荡磁场得到。因为一个 $2B_1\cos\omega t$ 的直线磁场，可以看成两个相反方向旋转的磁场 B_1 合成，如图 4.12.1(b) 所示，一个与拉摩尔进动同方向，另一个反方向，反方向的磁场对 μ 的作用可以忽略。旋转磁场作用方式可以采用连续波方式也可以采用脉冲方式。

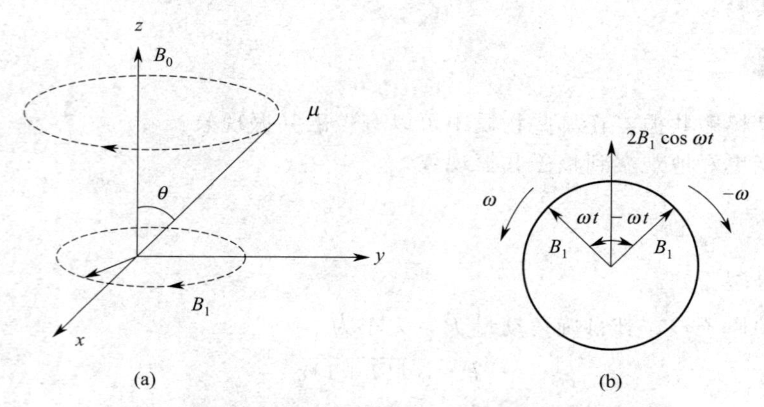

图 4.12.1 拉摩尔进动和直线振荡磁场

(3) 弛豫过程。

弛豫过程是指系统非热平衡状态向热平衡状态的过渡过程。弛豫过程使得核系统能够连续地吸收辐射场的能量，产生持续的核磁共振信号。

系统在射频场作用下，磁化强度的横向分量 $M_\perp$ 不为 0，失去作用后向平衡态的相位无关演化，即向 $M_\perp(M_x, M_y)$ 为零演化的过程称作横向弛豫，又称自旋-自旋弛豫过程。其特征时间用 T_2 表示，称为横向弛豫时间。横向弛豫过程可表示为

$$\frac{\mathrm{d}M_x}{\mathrm{d}t}=-\frac{M_x}{T_2}\frac{\mathrm{d}M_y}{\mathrm{d}t}=-\frac{M_y}{T_2} \tag{4.12.8}$$

原子核系统吸收射频场能量之后，处于高能态的粒子数目增多，使得 $M_z < M_0$，偏离了热平衡状态，但由于热平衡的作用，使原子核跃迁到低能态而向热平衡过渡，称为纵向弛豫，其特征时间 T_1 称为纵向弛豫时间。$\overrightarrow{M}$ 的 z 分量 M_z 趋于热平衡的 M_0，满足

$$\frac{\mathrm{d}M_z}{\mathrm{d}t}=-\frac{1}{T_1}(M_z-M_0) \tag{4.12.9}$$

(4) 脉冲核磁共振。

① 工作原理。在求解布洛赫方程的稳态解过程中引入一个角频率为 $\omega=\omega_0$ 的旋转坐标系中，设某时刻，在垂直于 $\overrightarrow{B_0}$ 方向上施加一射频磁脉冲 $\overrightarrow{B_1}$，其脉冲宽度满足 $t_p \ll T_1$，$t_p \ll T_2$。在施加脉冲前，$\overrightarrow{M}$ 处在热平衡状态，方向与 z 轴重合；施加脉冲后，$\overrightarrow{M}$ 以角频率 γB_1 绕 x'轴进动。$\overrightarrow{M}$ 转过的角度 $\theta=\gamma B_1 t_p$ 称作倾倒角（如图 4.12.1(a) 所示）。脉冲宽度恰好使 $\theta=90°$或 $\theta=180°$，称这种脉冲为 90°或 180°脉冲。

② 自旋回波法测量横向弛豫时间。自旋回波是一个利用双脉冲或多个脉冲来观察核磁共振信号的方法，它可以排除磁场非均匀性的影响，测出横向弛豫时间 T_2。

先在样品上加一个 90°的射频脉冲，经过 τ 时间后再施加一个 180°的射频脉冲，这些脉冲序列的宽度 t_p 和脉距 τ 应满足下列条件

$$t_p \ll T_1, T_2, \tau$$

$$T_2^* < \tau < T_1, T_2$$

【实验内容与步骤】

（1）实验装置连接。实验仪器调节及要求详见仪器说明书。

（2）观察^{1}H 核磁共振信号。样品用蒸馏水，缓慢改变 B_0 或 ν，找出共振信后，然后分别改变 B_0、ν 和 B 的大小，观察示波器上共振信号位置、形状的变化并分析讨论。

（3）测量^{1}H 的 γ 因子和 g 因子。用特斯拉计和频率计测出不同 B_0 时对应的共振共振频率 ν，作图，并求出 γ 因子和 g 因子。

（4）测量^{19}F 的 γ 因子和 g 因子。以聚四氟乙烯为样品，在永磁铁的磁场最强处。缓慢调节边限振荡器频率，观察稳态吸收信号的出现，当频率计数稳定后记下对应共振频率 γ，并计算^{19}F 的 γ 因子和 g 因子。

【数据处理】

测量^{1}H 的 γ 因子和 g 因子，及计算^{19}F 的 γ 因子和 g 因子，填入表 4.12.1 中。

表 4.12.1　γ 因子和 g 因子数据表

样品（水）	电路盒位置	共振频率 ν /MHz	样品（聚四氟乙烯）	电路盒位置	共振频率 ν /MHz
1			1		
2			2		
3			3		
4			4		
5			5		
6			6		

【注意事项】

（1）注意观察边限振荡器电源是否充足，电缆线连接顺畅，边限振荡器与永磁铁对号使用。

（2）实验过程中，永磁铁上要加叠加交流磁场。

（3）变压器加上电压。

（4）样品放在永磁铁中心位置。如果是水样品，观察水量是否充足，并保证密封完整。

【讨论思考题】

（1）如何确定对应于磁场为 B_0 时核磁共振的共振频率 ν？

（2）观察核磁共振信号需要提供几个磁场？分别的作用是什么？

【扩展阅读】

[1] 方莉俐，郭鹏．大学物理实验 [M]. 北京：高等教育出版社，2020.

[2] 潘小青，黄瑞强．大学物理实验教程 [M]. 北京：电子工业出版社，2020.

【附录】

核磁共振谱仪如图 4.12.2 所示。

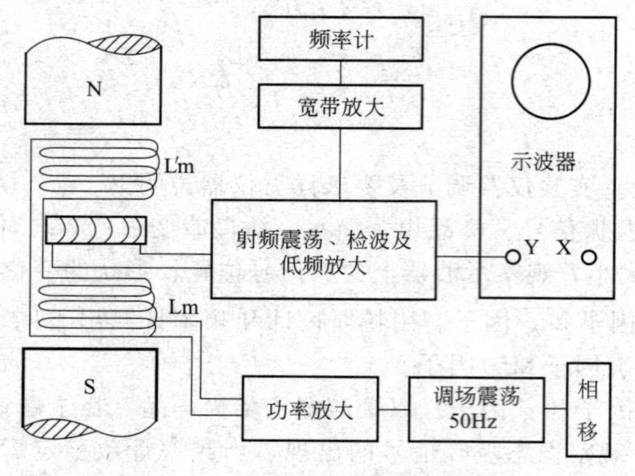

图 4.12.2　核磁共振谱仪

4.13　用毕-萨实验仪测量磁场

【引言】

载流导体的磁场分布是电磁学中的一个较为典型的问题，值得深入探讨。载流圆环的磁场与载流线圈的匝数成正比，因而可以通过测量整个线圈的磁场，再换算成载流单圈圆环的磁场。

用毕-萨实验仪测量磁场

【实验目的】

（1）测定直导体和圆形导体环路激发的磁感应强度与导体电流的关系。

（2）测定直导体激发的磁感应强度与距导体轴线距离的关系。

（3）测定圆形导体环路导体激发的磁感应强度与环路半径以及距环路距离的关系。

【实验仪器】

毕-萨实验仪由实验仪主机、电流源、待测圆环、待测直导线、黑色铝合金槽式导轨及支架组成。

【预习思考题】

（1）根据学过的大学物理的内容，请说说毕-萨定律的物理意义。

（2）请问载流导线的磁场表达式是什么？

【实验原理】

根据毕奥-萨伐尔定律，导体所载电流强度为 I 时，在空间 P 点处，由导体线元产生的磁感应强度 B 为

$$\mathrm{d}\vec{B}=\frac{\mu_0}{4\pi}\cdot\frac{I}{r^2}\cdot\mathrm{d}\vec{s}\times\frac{\vec{r}}{r} \tag{4.13.1}$$

真空磁导率为 $\mu_0 = 4\pi \cdot 10^{-7}\ \frac{Vs}{Am}$

其中，线元长度、方向由矢量 $d\vec{s}$ 表示；从线元到空间 P 点的方向矢量由 $\vec{r}$ 表示（见图 4.13.1）。

计算总磁感应强度意味着积分运算。只有当导体具有确定的几何形状，才能得到相应的解析解。例如：一根无限长导体，在距轴线 r 的空间产生的磁场为

$$B = \frac{\mu_0}{4\pi} \cdot I \cdot \frac{2}{r} \tag{4.13.2}$$

其磁力线为同轴圆柱状分布（见图 4.13.2）。

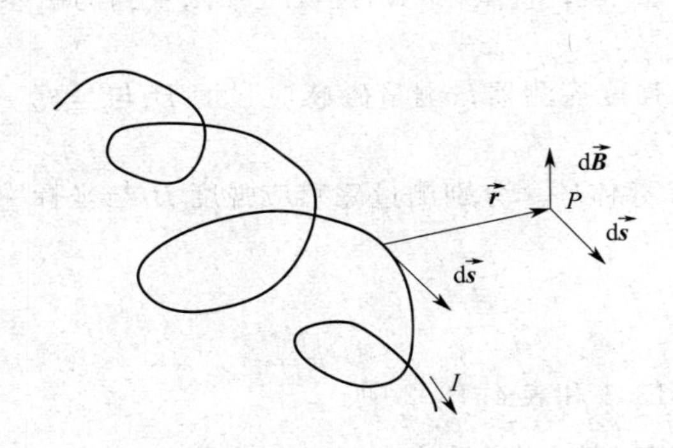

图 4.13.1　导体线元在空间 P 点所激发的磁感应强度

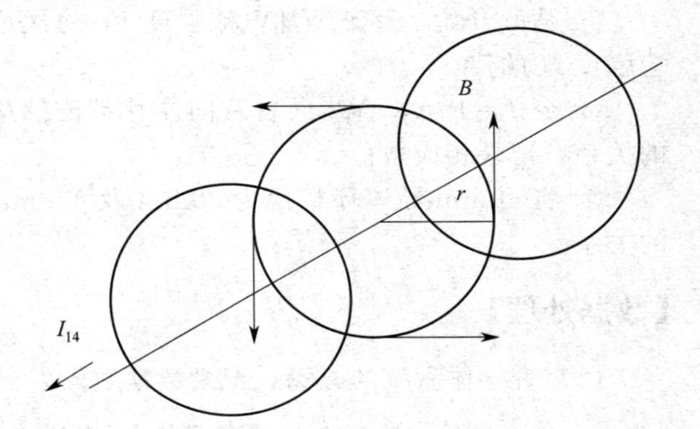

图 4.13.2　无限长导体激发的磁场

半径为 R 的圆形导体回路在沿圆环轴线距圆心 x 处产生的磁场为

$$B = \frac{\mu_0}{4\pi} \cdot I \cdot 2\pi \cdot \frac{R^2}{(R^2 + x^2)^{\frac{3}{2}}} \tag{4.13.3}$$

其磁力线平行与轴线（见图 4.13.3）。

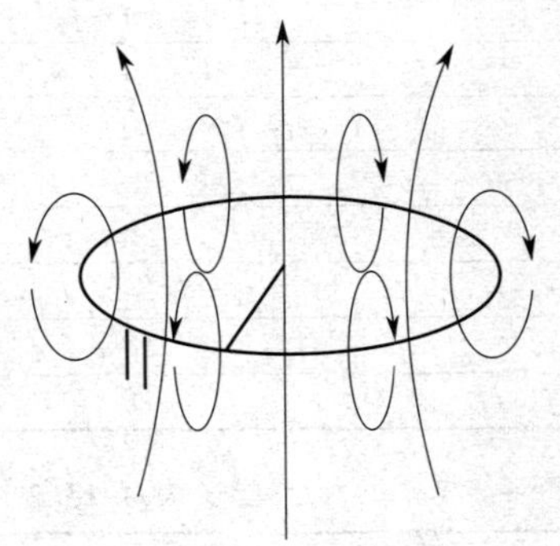

图 4.13.3　圆形导体回路激发的磁场

本实验中，上述导体产生的磁场将分别利用轴向以及切向磁感应强度探测器来测量。磁感应强度探测器件非常薄，对于垂直其表面的磁场分量响应非常灵敏。

因此，不仅可以测量出磁场的大小，也可以测量其方向。对于直导体，实验测定了磁感应强度 B 与距离 r 之间的关系；对于圆形环导体，测定了磁感应强度 B 与轴向坐标 x 之间的关系。另外实验还验证了磁感应强度 B 与电流强度 I 之间的关系。

【实验内容与步骤】

（1）直导体激发的磁场。

① 将直导线插入支座上。

② 直导体接至恒流源。

③ 将磁感应强度探测器与毕-萨实验仪连接，方向切换为垂直方向，并调零。

④ 将磁感应强度探测器与直导体中心对准。

⑤ 向探测器方向移动直导体，尽可能使其接近探测器（距离 $s = 0$）。

⑥ 从 0 开始，逐渐增加电流强度 I，每次增加 1A，直至 10A。逐次记录测量到的磁感应强度 B 的值。

⑦ 令 $I=10\text{A}$，逐步向右移动磁感应强度探测器，测量磁感应强度 B 与距离 s 的关系，并记录相应数值。

(2) 圆形导体环路激发的磁场。

① 将直导体换为 $R=40\text{mm}$ 的圆环导体。

② 圆环导体接至恒流源。

③ 将磁感应强度探测器与毕-萨实验仪连接，方向切换为水平方向，并调零。

④ 调节磁感应强度探测器的位置至导体环中心。

⑤ 从 0 开始，逐渐增加电流强度 I，每次增加 1A，直至 10A。逐次记录测量到的磁感应强度 B 的值。

⑥ 令 $I=10\text{A}$，逐步向右及向左移动磁感应强度探测器，测量磁感应强度 B 与坐标 x 的关系，记录相应数值。

⑦ 将 40mm 导体环替换为 80mm 及 120mm 导体环。分别测量磁感应强度 B 与坐标 x 的关系。

【数据处理】

(1) 直导体激发的磁场，记录数据填入表 4.13.1 和表 4.13.2 中。

表 4.13.1　长直导体激发的磁场 B 与电流 I 的关系 ($s=0\text{mm}$)

I/A	B/mT
0	
1	
2	
3	
4	
5	
6	
7	
8	

表 4.13.2　长直导体激发的磁场 B 与距离 r 的关系 ($I=8\text{A}$)

r/mm	B/mT
5.2	
6.2	
7.2	
8.2	
10.2	
14.2	
17.2	
21.2	
26.2	
37.2	
55.2	

(2) 圆形导体回路激发的磁场，记录数据填入表 4.13.3 和表 4.13.4 中。

表 4.13.3 $R=40$mm 圆形导体回路激发的磁感应强度 B 与电流 I 的关系（$x=0$）

I/A	B/mT
0	
1	
2	
3	
4	
5	
6	
7	
8	

表 4.13.4 圆形导体回路激发的磁感应强度 B 与坐标 x 的关系

x/cm	B/mT（$R=20$mm）	B/mT（$R=40$mm）	B/mT（$R=60$mm）
−10			
−7.5			
−5.0			
−4.0			
−3.0			
−2.5			
−2.0			
−1.5			
−1.0			
−0.5			
0.0			
0.5			
1.0			
1.5			
2.0			
2.5			
3.0			
4.0			
5.0			
7.5			
10.0			

（3）在坐标系中画出磁感应强度大小随电流强度变化的图像及磁感应强度大小随位置变化的图像。

【注意事项】

（1）仪器测量前需预热 5min。

（2）测量时要使探测器尽量远离电源，避免电源辐射的磁场梯度对测量的影响。

（3）调整电源和磁场探测器的位置角度或增加它们的距离可以基本消除电源辐射的磁场梯度对测量的影响。

（4）确认导线正确连接，电流值逆时针调到最小后再开关电源，不要用力拽磁场探测器的导线。

【讨论思考题】

（1）实验中如何避免实验室内其他电流对测量实验数据的影响？

（2）测量圆环的磁场强度与位置变换关系实验中，若使探头穿过圆环，依次进行数据的测量，得出的结果会是怎样的？

【扩展训练】

如何测量手机的电磁辐射以及地磁场？

【扩展阅读】

[1] 余剑敏，等．测量载流导体磁场的新方法 [J]. 实验技术与管理，2019，36（12）：49-51.
[2] 刘建国．载流导体的磁场力及真空磁导率的巧测量 [J]. 大学物理，2006（3）：35-37.

【附录】

毕-萨实验装置图，如图 4.13.4 所示。

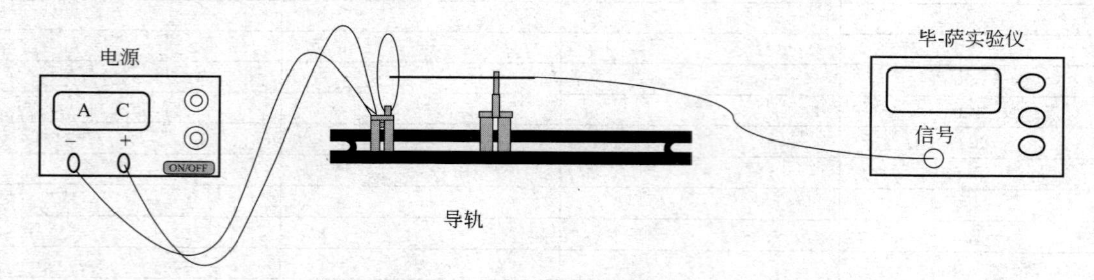

图 4.13.4 毕-萨实验设备

5 设计性与应用性实验

5.1 太阳能电池的特性参数测量

【引言】

伴随着生产力飞速发展，能源短缺和地球生态环境污染已经成为人类面临的最大问题。煤炭、石油等矿物能源的使用，产生大量的 CO_2 等温室气体，造成全球变暖、冰川融化、海平面升高、暴风雨和酸雨等自然灾害频繁发生，这给人类带来无穷的烦恼。所以减少排放 CO_2 等温室气体，已经成为刻不容缓的大事，推广使用太阳辐射能、水能、风能、生物质能等可再生能源是今后发展的必然趋势。

太阳能电池的特性参数测量

太阳能发电一般分为两种方式：一种为光-热-电转换方式，是通过利用太阳辐射产生的热能发电，一般是由太阳能集热器将所吸收的热能转换成蒸汽，再驱动汽轮机发电，太阳能热发电的缺点是效率很低而成本很高；另外一种为光-电直接转换方式，是利用光生伏特效应而将太阳光辐射能直接转化为电能，光-电转换的基本装置就是太阳能电池，也称为光伏电池。

由太阳能器件封装成太阳能电池组件，再按需要将一块以上的组件组合成一定功率的太阳能电池方阵，经与储能装置、测量控制装置及直流、交流变换装置等相配套，即构成太阳能电池发电系统，也称为光伏发电系统。太阳能电池发电系统具有诸多优点，比如具有不消耗常规能源、无转动部件、寿命长、维护简单、使用方便、功率大小可任意组合、无噪声、无污染等优点。根据所用材料的不同，太阳能电池可分为硅太阳能电池、化合物太阳能电池、聚合物太阳能电池、有机太阳能电池等。其中，硅太阳能电池是目前发展最成熟的，在应用中居主导地位。

【实验目的】

（1）测量不同照度下太阳能电池的伏安特性、开路电压 U_{OC} 和短路电流 I_{SC}。

（2）确定太阳能电池的最大输出功率 P_{max} 以及相应的负载电阻 R_{max} 和填充因子 FF。

【实验仪器】

太阳能电池、插件板、测试仪、光源、可变电阻、应用设计模块。

【预习思考题】

(1) 太阳能电池的基本工作原理是什么？

(2) 太阳能电池的基本特性和主要参数有哪些？

【实验原理】

(1) 太阳能电池的结构。

以晶体硅太阳能电池为例，以P型硅半导体材料作为基质材料，通过在表面N型杂质扩散而形成PN结。其中，N型半导体为受光面，通常在整个表面覆盖一层反射膜，在N型层上制作金属栅线作为正面接触电极，在整个背面也制作金属膜作为背面欧姆接触电极，构成了晶体硅太阳能电池。

(2) 太阳能电池的基本工作原理。

太阳能电池的发电过程：当太阳光或者其他光照射到太阳能电池表面时，太阳能电池吸收了具有一定能量的光子，只要入射光子的能量大于半导体材料的禁带宽度 E_g，则在太阳能电池的P区、N区和PN结区光子被吸收会产生电子-空穴对（如图5.1.1所示）。在PN结附近N区中产生的少数载流子由于存在浓度梯度而要扩散。只要少数载流子离PN结的距离小于它的扩散长度，总有一定概率的载流子扩散到结界面处。在P区与N区交界面的两侧即结区，存在一空间电荷区，也称为耗尽区。在耗尽区中，正负电荷间形成一电场，电场方向由N区指向P区，这个电场称为内建电场。这些扩散到结界面处的少数载流子（空穴）在内电场的作用下被拉向P区。同样，在结界附近P区中产生的少数载流子（电子）扩散到结界面处，也会被内建电场迅速拉向N区。结区内产生的电子-空穴对在内电场的作用下分别移向N区和P区。这导致在N区边界附近有光生电子积累，在P区边界附近有光生空穴积累。它们产生一个与PN结的内建电场方向相反的光生电场，在PN结上产生一个光生电动势，其方向由P区指向N区，这一现象称为光伏效应。

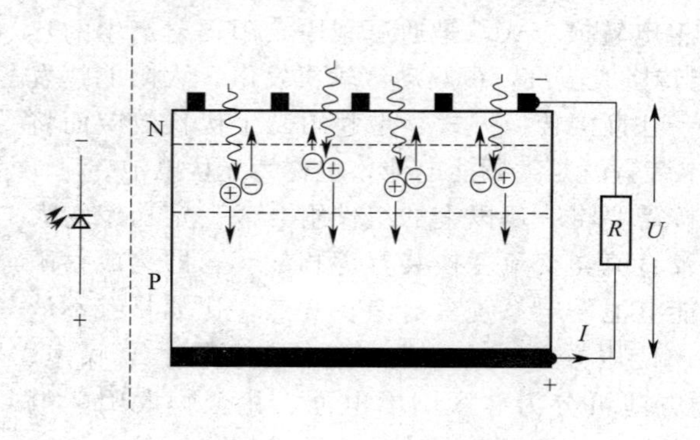

图5.1.1　太阳能电池的工作原理

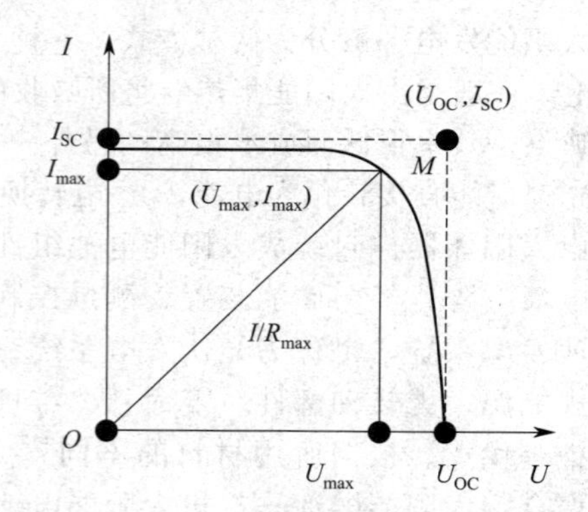

图5.1.2　在一定光照强度下太阳能电池的伏安特性（U_{max}，I_{max} 为最大功率点）

太阳能电池的工作原理是基于光伏效应的。当光照射太阳电池时，将产生一个由N区到P区的光生电流 I_{SC}。同时，由于PN结二极管的特性，存在正向二极管电流 I_D，此电流方向从P区到N区，与光生电流相反。因此，实际获得的电流 I 为两个电流之差

$$I = I_s(\Phi) - I_D(U) \tag{5.1.1}$$

如果连接一个负载电阻 R，则在外电路中有光电流通过从而获得功率输出，这样太阳能电池就把光直接转换成电能，电流 I 可以被认为是两个电流之差，即取决于辐照度 Φ 的负

方向电流 I_s，以及取决于端电压 U 的正方向电流 $I_D(U)$。

由此可以得到太阳能电池伏安特性的典型曲线（见图 5.1.2）。在负载电阻小的情况下，太阳能电池可以看成一个恒流源，因为正向电流 $I_D(U)$ 可以被忽略。在负载电阻大的情况下，太阳能电池相当于一个恒压源，因为如果电压变化略有下降那么电流 $I_D(U)$ 迅速增加。

当太阳电池的输出端短路时，可以得到短路电流，它等于光生电流 I_{SC}。当太阳电池的输出端开路时，可以得到开路电压 U_{OC}。

在固定的光照强度下，光电池的输出功率取决于负载电阻 R。太阳能电池的输出功率在负载电阻为 R_{max} 时达到一个最大功率 P_{max}，R_{max} 近似等于太阳能电池的内阻 R_i

$$R_i = U_{OC}/I_{SC} \tag{5.1.2}$$

这个最大的功率比开路电压和短路电流的乘积小（见图 5.1.2），它们之比为

$$FF = \frac{P_{max}}{U_{OC} \cdot I_{SC}} \tag{5.1.3}$$

式中，FF 称为填充因子。

此外，太阳能电池的输出功率

$$P = U \cdot I \tag{5.1.4}$$

是负载电阻

$$R = U/I \tag{5.1.5}$$

的函数。

太阳能电池的光电转换效率

$$\eta = \frac{P_{max}}{P_{in}} \tag{5.1.6}$$

我们经常用几个太阳能电池组合成一个太阳能电池。串联会产生更大的开路电压 U_{OC}，而并联会产生更大的短路电流 I_{SC}。在本实验中，把 2 个太阳能电池串联，分别记录在四个不同的光照强度时电流和电压特性。光照强度可以通过改变光源的距离和电源的功率来实现。

【实验内容与步骤】

（1）把太阳能电池插到插件板上，用两个桥接插头把上边的负极和下面的正极连接起来，串联起 2 个太阳能电池。

（2）插上电位器作为一个可变电阻，然后用桥接插头把它连接到太阳能电池上。

（3）连接电流表，使它和电池、可变电阻串联。

（4）连接电压表使之与电池并联。

（5）连接光源与电源，使灯与电池成一线，使电池均匀受光。

（6）接通电路，将可变电阻器阻值调为最小以实现短路，并改变光源的距离和调节电源输出功率，使短路电流 I_{SC} 大约为 35mA。

（7）断开电路，测量并记录开路电压 U_{OC} 及光功率 P_{in}。

（8）逐步改变负载电阻值，分别读取电流 I 和电压值 U，记入表 5.1.1。

（9）调节电源功率，分别使短路电流 I_{SC} 约为 25mA 和 15mA，并重复上述测量。

（10）根据表 5.1.1，用坐标纸或 Excel 绘出 U-I 曲线。

（11）根据表 5.1.2，用坐标纸或 Excel 绘出 P-R 特性曲线。

（12）计算填充因子的平均值 $\overline{FF}$。

（13）计算太阳能的光电转换效率 $\overline{\eta}$，记入表 5.1.3。

【数据处理】

表 5.1.1 测量太阳能电池的路端电压 U 和通过负载电阻的电流 I

I_{SC} 为短路电流，U_{OC} 为开路电压

电位器位置	第一组		第二组		第三组	
	$P_{in}=$ mW		$P_{in}=$ mW		$P_{in}=$ mW	
	$I_{SC}=35\text{mA}$	$U_{OC}=$ V	$I_{SC}=25\text{mA}$	$U_{OC}=$ V	$I_{SC}=15\text{mA}$	$U_{OC}=$ V
	I/mA	U/V	I/mA	U/V	I/mA	U/V
g 位置						
f 位置						
e 位置						
d 位置						
c 位置						
b 位置						
a 位置						

表 5.1.2 太阳能电池的输出功率 P 及负载电阻 R

第一组		第二组		第三组	
R/Ω	P/mW	R/Ω	P/mW	R/Ω	P/mW

注：$P=UI$，$R=U/I$。

表 5.1.3 太阳能电池的最大输出功率 P_{max}、填充因子 FF 和光电转换效率 η

	第一组	第二组	第三组
P_{max}/mW			
$U_{OC}\cdot I_{SC}$/mW			
$FF=P_{max}/U_{OC}\cdot I_{SC}$			
$\eta=\frac{P_{max}}{P_{in}}$			

$\overline{FF}=$　　　　$\overline{\eta}=$

【注意事项】

(1) 保持光源散热，不要用衣物覆盖光源。

(2) 开启和关闭光源之前，先把光源电源调节旋钮逆时调到最小。

(3) 不要触摸光源灯罩，以免烫伤。

【讨论思考题】

(1) 太阳能电池的短路电流与光照强度之间的关系是什么？

(2) 在一定的光照强度下，太阳能电池的输出功率 P 与负载电阻 R 之间的关系是什么？

(3) 负载电阻 R、端电压 U 和光照强度之间的关系是什么？

(4) 在一定的负载电阻下，太阳能电池的输出功率 P 与光照强度之间的关系是什么？

【扩展训练】

调研太阳能发电相关应用及发展现状。

【扩展阅读】

[1] 陈建，等．太阳能电池特性实验中的计算机辅助测量［J］．大学物理实验，2010（2）：63-65.

[2] 姜琳．太阳能电池基本特性测定实验［J］．大学物理，2005，24（6）：52-55.

[3] 张志东，魏怀鹏，展永．大学物理实验［M］．6版．北京：科学出版社，2019.

【附录】

太阳能电池的特性参数测量实验装置如图 5.1.3 所示。

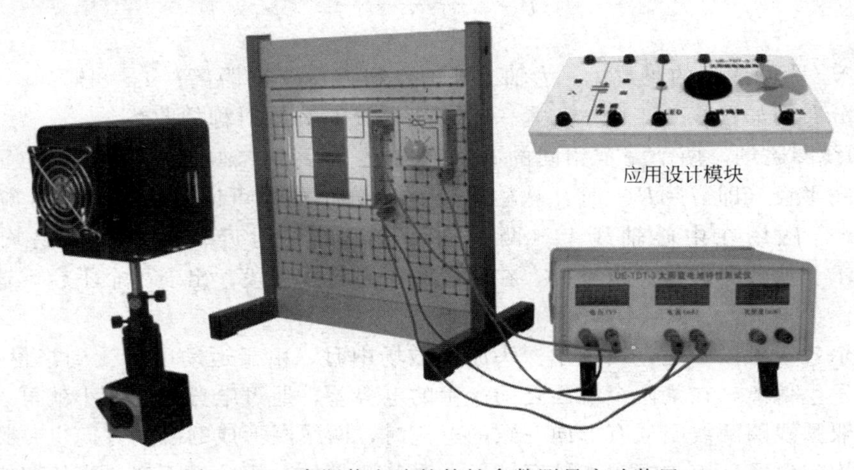

图 5.1.3 太阳能电池的特性参数测量实验装置

5.2 用霍尔元件测定载流圆线圈磁场

【引言】

用霍尔元件测定载流圆线圈磁场

在工业、国防、科研中都需要对磁场进行测量，测量磁场的方法有不少，如冲击电流计法、霍尔效应法、核磁共振法、天平法、电磁感应法等，本实验介绍霍尔效应法测磁场的方法，它具有测量原理简单，测量方法简便及测试灵敏度较高等优点。

【实验目的】

(1) 了解用霍尔效应法测量磁场的原理，掌握 FB520A 型组合式磁场综合实验仪使用方法。

(2) 了解单载流圆线圈的轴向磁场分布情况。

(3) 当两平行圆线圈的间距 $d=R$ 时，测定其轴线上的磁场分布。

【实验仪器】

FB520A 型组合式磁场综合实验仪、程控稳压电源。

【预习思考题】

(1) 根据学过的大学物理内容，请说说什么是霍尔效应?

(2) 请问如何利用毕奥-萨伐尔定律计算载流线圈在轴线上某点的磁感应强度?

【实验原理】

(1) 载流圆线圈的磁场。

① 载流圆线圈磁场。根据毕奥-萨伐尔定律一个半径为 R、通以直流电流 I 的圆线圈，其轴线上离圆线圈中心距离为 x 米处的磁感应强度的表达式为

$$B=\frac{\mu_0 N_0 IR^2}{2(R^2+x^2)^{\frac{3}{2}}} \tag{5.2.1}$$

式中，N_0 为圆线圈的匝数；x 为轴上某一点到圆心 O'的距离；$\mu_0=4\pi\times10^{-7}H/M$。

磁场的分布图如图 5.2.1 所示，是一条单峰的关于 Y 轴对称的曲线。

② 双圆线圈磁场。两个完全相同的圆线圈彼此平行且共轴，通以同方向电流 I，线圈间距等于线圈半径（即 $d=R$）时，从磁感应强度分布曲线可以看出（理论计算也可以证明）：两线圈合磁场在中心轴线上（两线圈圆心连线）附近较大范围内是均匀的，如图 5.2.2 所示。从分布曲线可以看出，在两线圈中心连线一段，出现一个平台，这说明该处是匀强磁场。

根据霍尔效应可以知道，当霍尔探头放入磁场中时，由于运动电荷受到洛伦兹力作用，电流方向会发生偏离，在某两个端面之间产生的电势差，通过电势差的大小就可以测量磁场的大小。当双圆线圈两线圈通有方向一致的电流时，两线圈形成的磁场方向也一致，两线圈之间就形成均匀磁场，霍尔探头在该区域运动时其测量的数值几乎不变。当然双圆线圈通上

相反方向电流，则其间的磁场可以互相抵消为零。

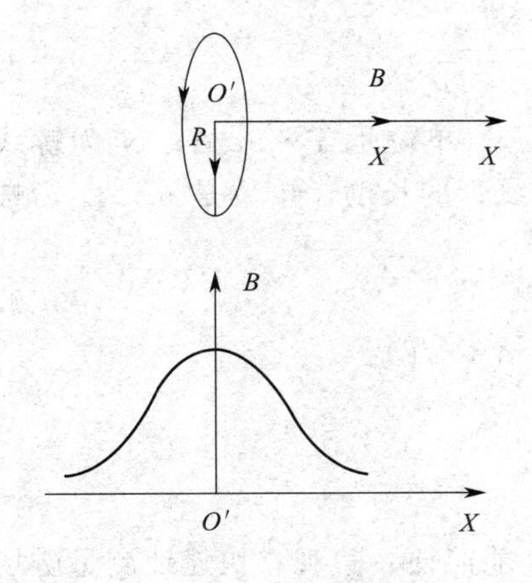

图 5.2.1　载流圆线圈的磁场分布

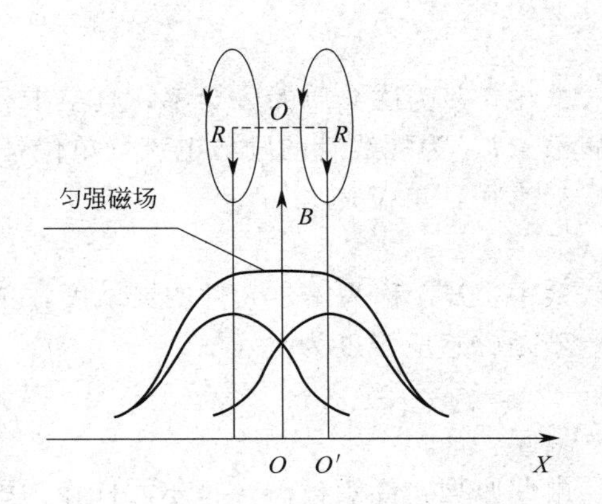

图 5.2.2　双圆线圈的磁场分布

由理论计算可知，如果 Z 是双圆线圈中心轴线上离中心 O 点的距离，则该点的磁感应强度为

$$B=\frac{1}{2}\mu_0 NIR^2\left\{\left[R^2+\left(\frac{R}{2}+Z\right)^2\right]^{-\frac{3}{2}}+\left[R^2+\left(\frac{R}{2}-Z\right)^2\right]^{-\frac{3}{2}}\right\} \tag{5.2.2}$$

由该公式推论，当 $Z=0$ 时，即双圆线圈中心轴中心点 O 的磁感应强度为：

$$B_0=\frac{\mu_0 NI}{R}\times\frac{8}{5^{\frac{3}{2}}} \tag{5.2.3}$$

图 5.2.3 是双圆线圈两线圈间隔距离等于$\frac{R}{2}$，R，$2R$ 时线圈中心轴线上的磁感应强度的分布特性曲线，从图中可以看出几种特性曲线的不同特点。

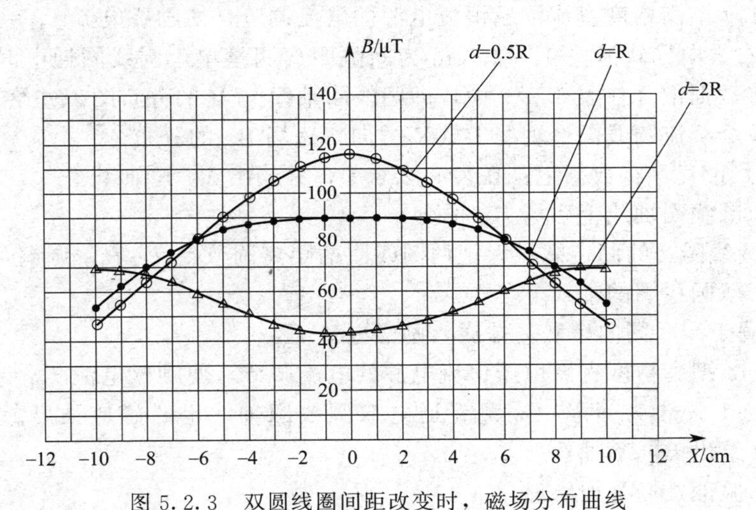

图 5.2.3　双圆线圈间距改变时，磁场分布曲线

（2）长直通电螺线管中心点磁感应强度理论值。

根据电磁学毕奥-萨伐尔定律，长直通电螺线管轴线上中心点的磁感应强度为

$$B_{\text{中心}}=\frac{\mu N I_{\mathrm{M}}}{\sqrt{L^2+D^2}} \tag{5.2.4}$$

螺线管轴线上两端面上的磁感应强度为

$$B_{端}=\frac{1}{2}B_{中心}=\frac{1}{2}\cdot\frac{\mu NI_{M}}{\sqrt{L^{2}+D^{2}}} \tag{5.2.5}$$

式中，μ 为磁介质的磁导率，真空中 $\mu_0=4\pi\times10^{-7}$，单位是 T·m/A；N 为螺线管的总匝数；I_M 为螺线管的励磁电流，单位是 A；L 为螺线管的长度，单位是 m；D 为螺线管的平均直径，单位是 m。

$$V_{H}=K_{H}I_{s}B \tag{5.2.6}$$

式中，K_H 称为霍尔元件的灵敏度，单位为 mV/(mA·T)。

于是磁感应强度为

$$B=\frac{V_{H}}{K_{H}I_{s}} \tag{5.2.7}$$

由此原理，经定标后，霍尔元件作为磁测量探头，能简便、直观、快速地测量磁场的磁感应强度。

【实验内容与步骤】

(1) 测量螺线管线圈轴线上（X 方向）磁场 B 的分布（图 5.2.4）。

① 调节励磁电流 $I_M=0.500$A，调节霍尔电流为 $I_s=5.00$mA，测量螺线管轴线上不同位置各点的霍尔电势差（从最左端向右移，每移 1cm 测一个数据），至霍尔电势差数值等于螺线管中心点一半的位置。

② 为了消除副效应的影响，以上实验步骤要求 I_s，I_M 转换开关在释放、按下四种不同组合下，分别测量霍尔电压 V_H，然后求出平均值 $\overline{V_H}$ 和 B，将数据记录在表 5.2.1 中，并绘出 B-X 曲线。

(2) 测量单个载流圆线圈 1 轴线上（左右方向）磁场 B_1 的分布。

① 调节 YJ44 型高精度直流恒压恒流电源的电流调节，使励磁电流 $I_M=0.500$A。

② 移动左右方向导轨滑块 9，以 1cm 为间隔距离测量单个圆线圈通电时轴线上各点的磁感应强度，将数据记录在表 5.2.2 中，即圆线圈轴线上 B 的分布图，并绘出 B_1-X 曲线。

(3) 测量单个载流圆线圈 2 轴线上（X 方向）磁场 B_2 的分布。

步骤同 (2) 过程，将数据记录在表 5.2.3 中，并绘出 B_2-X 曲线。

(4) 测量双圆线圈轴线上磁场 B_R 的分布。

① 先松开圆线圈 2 的固定螺丝，把两圆线圈的距离调节到 $d=R$，调铜管在上下方向导轨 7 的位置位于双圆线圈的轴线上。

② 将圆线圈 1 和 2 同向串联，并通入励磁电流 I_M。

③ 调节 YJ44 型高精度直流恒压恒流电源的电流调节，使励磁电流 $I_M=0.500$A。移动左右方向导轨，以 1cm 为间隔距离测量通电双圆线圈轴线上磁感应强度。记录数据填入表 5.2.4 中，并绘出 B_R-X 曲线。

(5) 比较与验证磁场叠加原理。

将表 5.2.2 和表 5.2.3 中的磁场强度 B_1、B_2 数据按 X 方向的坐标位置相加，得到 B_1+B_2，将 B_1、B_2 数据及 B_1+B_2 数据绘制在一起并与表 5.2.4 的 B_R 数据比较。

(6)（选做）测量两线圈不同距离时两线圈轴线上各点的磁感应强度。

① 移动载流圆线圈 2 到载流圆线圈 1 距离为 $d=R/2$ 的地方，铜管位置也到 $R/2$ 处，重复前叙内容，并绘出 $B_{R/2}$-X 曲线。表格自拟。

② 动载流圆线圈 2 到载流圆线圈 1 距离为 $d=2R$ 地方，铜管位置也到 $2R$ 处，重复前叙内容，并绘出 B_{2R}-X 曲线。表格自拟。

③ 将一起绘出 $B_{R/2}$-X 图、B_{2R}-X 图和 B_R-X 图，并进行比较，分析总结出通电线圈轴线上各点磁感应强度的分布规律。

【数据处理】

表 5.2.1 通电螺线管轴向磁场分布测量

霍尔电流 $I_s=5.00\text{mA}$，螺线管通电励磁电流 $I_M=0.500\text{A}$。

X/cm	V_{H1}/mV	V_{H2}/mV	V_{H3}/mV	V_{H4}/mV	$\overline{V}_H$/mV$=1/4(V_{H1}-V_{H2}+V_{H3}-V_{H4})$	B/mT
	$+I_m+I_s$	$+I_m-I_s$	$-I_m-I_s$	$-I_m+I_s$		
10.0						
11.0						
12.0						
13.0						
14.0						
15.0						
17.0						
19.0						
21.0						
23.0						
25.0						

表 5.2.2 载流圆线圈 1 轴线上磁场分布的数据记录（坐标原点设在圆线圈中心）

B_1-X 关系（$I_M=\pm0.500\text{A}$。）

轴向位置 X/cm	磁感应强度 $B_实$/MT				$\overline{B_实}$/mT
	$+I_M$		$-I_M$		
	V_{H1}	$B_{实1}$	V_{H2}	$B_{实2}$	
40					
41					
42					
43					
44					
45					
46					
47					
48					
49					
50					

表 5.2.3 载流圆线圈 2 轴线上磁场分布的数据记录（坐标原点设在圆线圈中心）

B_2-X 关系（$I_M=\pm0.500\text{A}$）

轴向位置 X/cm	磁感应强度 $B_实$/MT				$\overline{B_实}$/MT
	$+I_M$		$-I_M$		
	V_{H1}	$B_{实1}$	V_{H2}	$B_{实2}$	
45					
46					
47					
48					
49					

续表

轴向位置 X/cm	磁感应强度 $B_{实}$/MT				$\overline{B_{实}}$/MT
	$+I_M$		$-I_M$		
	V_{H1}	$B_{实1}$	V_{H2}	$B_{实2}$	
50					
51					
52					
53					
54					
55					

表 5.2.4　双圆线圈轴线上磁场分布的数据记录（坐标原点设在圆线圈中心）

B_R-X 关系（$I_M=\pm0.500$A）

轴向位置 X/cm	磁感应强度 $B_{实}$/MT				$\overline{B_{实}}$/MT
	$+I_M$		$-I_M$		
	V_{H1}	$B_{实1}$	V_{H2}	$B_{实2}$	
40					
41					
42					
43					
44					
45					
46					
47					
48					
49					
50					
51					
52					
53					
54					
55					

【注意事项】

（1）使用时绝不允许超过霍尔元件最大允许电流（参考厂家给定参数），否则会损坏原件。

（2）绝不允许将测试仪的励磁电流“I_M 输出”接到实验仪的“I_S 输入”或“U_H 输出”处，否则一旦通电，霍尔元件即遭破坏。

【讨论思考题】

用本实验装置能否测量霍尔元件灵敏度 K_H？如何进行测量？

【扩展阅读】

[1] 吴世春．普通物理实验［M］．重庆：重庆大学出版社，2015.
[2] 金雪尘，王刚，李恒梅．物理实验［M］．南京：南京大学出版社，2017.

【附录】

FB520A 型组合式磁场综合实验仪、程控稳压电源见图 5.2.4。

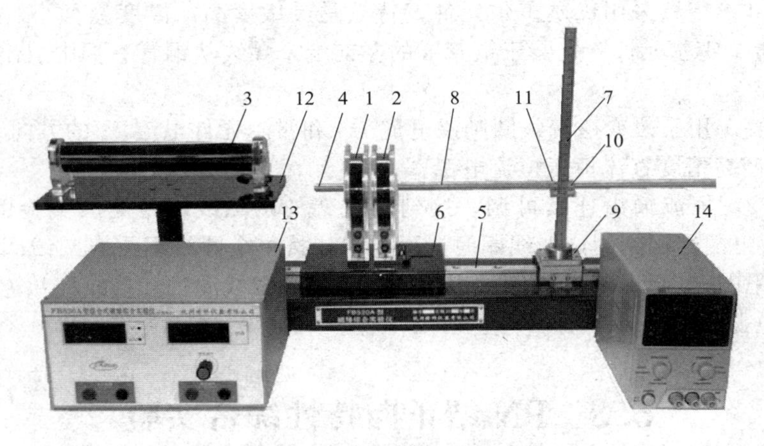

图 5.2.4　实验仪器整体图

1，2—圆线圈；3—长直螺线管；4—霍尔元件；5—导轨；6—底板；7—竖杆；8—铜杆；9—滑块；
10，11—紧固螺钉；12—高托架；13—磁场综合实验仪仪表；14—程控稳压电源

(1) FB520A 型组合式磁场综合实验仪（仪表部分）（图 5.2.5）。

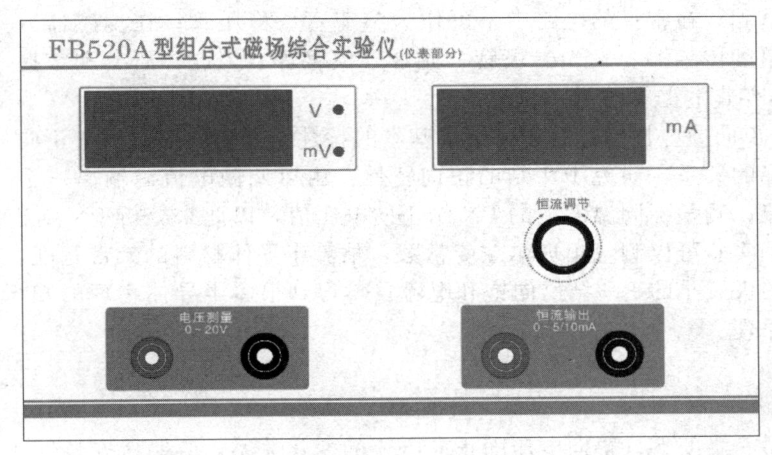

图 5.2.5　磁场综合实验仪仪表部分面板图

(2) FB520A 磁场测试。

① 双圆线圈。两个圆线圈 1 和 2 安装于底板 6 上，其中圆线圈 1 为固定线圈，圆线圈 2 可以沿底板移动，从而调节两线圈的间距。操作时，只需松开圆线圈 2 底座上的紧固螺钉，就可以用双手均匀地移动圆线圈 2，从而改变两个圆线圈的间距（用尺量），移到所需的位置后，再拧紧紧固螺钉。励磁电流通过圆线圈后面的插孔接入，可以做单个圆线圈或双圆线圈的磁场分布。

② 螺线管线圈。长直螺线管 3 安装于高托架 12 上，调节铜杆 8 使其前端的霍尔元件 4 伸入螺线管，用于测量霍尔元件的灵敏度。

③ 可移动装置。滑块 9 可以沿导轨 5 左右移动，配合铜杆 8 的位置调节（松开紧固螺钉 11 后调)，可以改变集成霍尔元件 4 左右方向的位置。移动时，用力要轻，速度不可过快。松开紧固螺钉 10，铜杆 8 可以沿竖杆 7 上下方向移动，移到所需的位置后，再拧紧紧固螺钉 10，用于改变霍尔元件上下方向的位置坐标。底板 6 前后方向可移。三方向移动距离可用尺测量。

④ 霍尔元件。装置采用优质霍尔元件，特点是灵敏度高，温度漂移小。可以对磁场分布进行准确测量。霍尔元件 4 安装于铜管 8 的左前端，导线从铜管右端中引出，连接到换向开关板专用插座。

⑤ 换向开关。用于改变磁场线圈励磁电流 I_M 和霍尔元件电流 I_s 的方向。

（3）YJ44 型高精度直流恒压恒流电源。

提供 0～1.2A 恒流输出连续可调，接到测试架的励磁线圈，提供实验用的励磁电流。励磁电流 I_M 输出端连接到测试架线圈时，可以选择接单个圆线圈或双圆线圈。接双圆线圈时，将两圆线圈串联，即一个圆线圈的黑接线柱与另一圆线圈的红接线柱相连。另外两端子接至恒压恒流电源。

5.3 PN 结正向特性综合实验

【引言】

PN 结作为最基本的核心半导体器件，得到了广泛的应用，构成了整个半导体产业的基础。在常见的电路中，可作为整流管、稳压管；在传感器方面，可以作为温度传感器、发光二极管、光敏二极管等。因此，研究和掌握 PN 结的特性具有非常重要的意义。

PN 结正向特性综合实验

PN 结具有单向导电性，这是 PN 结最基本的特性。本实验通过测量正向电流和正向压降的关系，研究 PN 结的正向特性：由可调微电流源输出一个稳定的正向电流，测量不同温度下的 PN 结正向电压值，以此来分析 PN 结正向压降的温度特性。通过这个实验可以测量出玻尔兹曼常数，估算半导体材料的禁带宽度，以及估算通常难以直接测量的极微小的 PN 结反向饱和电流；学习到很多半导体物理的知识，掌握 PN 结温度传感器的原理。

【实验目的】

（1）测量同一温度下，正向电压随正向电流的变化关系，绘制伏安特性曲线。

（2）在同一恒定正向电流条件下，测绘 PN 结正向压降随温度的变化曲线，确定其灵敏度，估算被测 PN 结材料的禁带宽度。

（3）学习指数函数的曲线回归的方法，并计算出玻尔兹曼常数，估算反向饱和电流。

【实验仪器】

PN 结正向特性综合实验仪，DH-SJ 型温度传感器实验装置。

【预习思考题】

（1）PN 结是如何形成的？有哪些应用？

（2）PN 结的电流电压曲线是怎样的？体现了 PN 结的哪些性质？

【实验原理】

（1）PN 结的正向特性。

理想情况下，PN 结的正向电流随正向压降按指数规律变化。其正向电流 I_F 和正向压

降 V_F 存在如下关系

$$I_F = I_S \exp\left(\frac{qV_F}{kT}\right) \tag{5.3.1}$$

式中，q 为电子电荷；k 为玻尔兹曼常数；T 为绝对温度；I_S 为反向饱和电流，它是一个和 PN 结材料的禁带宽度以及温度有关的系数，可以证明

$$I_S = CT^r \exp\left(-\frac{qV_{g(0)}}{kT}\right) \tag{5.3.2}$$

式中，C 是与结面积、掺质浓度等有关的常数；r 也是常数（r 的数值取决于少数载流子迁移率对温度的关系，通常取 $r=3.4$）；$V_{g(0)}$ 为绝对零度时 PN 结材料的导带底和价带顶的电势差，对应的 $qV_{g(0)}$ 即为禁带宽度。

将式(5.3.2) 代入式(5.3.1)，两边取对数可得

$$V_F = V_{g(0)} - \left(\frac{k}{q}\ln\frac{C}{I_F}\right)T - \frac{kT}{q}\ln T^r = V_1 + V_{n1} \tag{5.3.3}$$

式中
$$V_1 = V_{g(0)} - \left(\frac{k}{q}\ln\frac{C}{I_F}\right)Tz$$

$$V_{n1} = -\frac{kT}{q}\ln T^r$$

式(5.3.3) 是 PN 结正向压降作为电流和温度函数的表达式，它是 PN 结温度传感器的基本方程。令 I_F = 常数，则正向压降只随温度而变化，但是在式(5.3.3) 中还包含非线性顶 V_{n1}。下面来分析一下 V_{n1} 项所引起的非线性误差。

设温度由 T_1 变为 T 时，正向电压由 V_{F1} 变为 V_F，由式(5.3.3) 可得

$$V_F = V_{g(0)} - (V_{g(0)} - V_{F1})\frac{T}{T_1} - \frac{kT}{q}\ln\left(\frac{T}{T_1}\right)^r \tag{5.3.4}$$

按理想的线性温度响应，V_F 应取如下形式

$$V_{理想} = V_{F1} + \frac{\partial V_{F1}}{\partial T}(T - T_1) \tag{5.3.5}$$

$\frac{\partial V_{F1}}{\partial T}$ 等于 T_1 温度时的 $\frac{\partial V_F}{\partial T}$ 值。

由式(5.3.3) 求导，并变换可得到

$$\frac{\partial V_{F1}}{\partial T} = -\frac{V_{g(0)} - V_{F1}}{T_1} - \frac{k}{q}r \tag{5.3.6}$$

所以
$$V_{理想} = V_{F1} + \left(-\frac{V_{g(0)} - V_{F1}}{T_1} - \frac{k}{q}r\right)(T - T_1)$$

$$= V_{g(0)} - (V_{g(0)} - V_{F1})\frac{T}{T_1} - \frac{k}{q}(T - T_1)r \tag{5.3.7}$$

由理想线性温度响应式(5.3.7) 和实际响应式(5.3.4) 相比较，可得实际响应对线性的理论偏差为

$$\Delta = V_{理想} - V_F = -\frac{k}{q}(T - T_1)r + \frac{kT}{q}\ln\left(\frac{T}{T_1}\right)^r \tag{5.3.8}$$

设 $T_1 = 300\text{K}$，$T = 310\text{K}$，取 $r = 3.4$，由式(5.3.8) 可得 $\Delta = 0.048\text{mV}$，而相应的 V_F 的改变量约为 20mV 以上，相比之下误差 Δ 很小。不过当温度变化范围增大时，V_F 温度响应的非线性误差将有所递增，这主要是由于 r 因子所致。

综上所述，在恒流小电流的条件下，PN 结的 V_F 对 T 的依赖关系取决于线性项 V_1，即

正向压降几乎随温度升高而线性下降，这也就是PN结测温的理论依据。

(2) 求PN结温度传感器的灵敏度，测量禁带宽度。

由前所述，我们可以得到一个测量PN结的结电压 V_F 与热力学温度 T 的近似关系式

$$V_F=V_1=V_{g(0)}-\left(\frac{k}{q}\ln\frac{C}{I_F}\right)T=V_{g(0)}+ST \tag{5.3.9}$$

式中，S 为PN结温度传感器灵敏度，单位是mV/K。

用实验的方法测出 V_F-T 变化关系曲线，其斜率 $\Delta V_F/\Delta T$ 即为灵敏度 S。在求得 S 后，根据式(5.3.9) 可知

$$V_{g(0)}=V_F-ST \tag{5.3.10}$$

从而可求出温度0K时半导体材料的近似禁带宽度 $E_{go}=qV_{g(o)}$。硅材料的 E_{go} 约为1.21eV。

必须指出，上述结论仅适用于杂质全部电离，本征激发可以忽略的温度区间（对于通常的硅二极管来说，温度范围约−50～150℃）。如果温度低于或高于上述范围时，由于杂质电离因子减小或本征载流子迅速增加，V_F-T 关系将产生新的非线性，这一现象说明 V_F-T 的特性还随PN结的材料而异，对于宽带材料（如GaAs，E_g 为1.43eV）的PN结，其高温端的线性区则宽；而材料杂质电离能小（如Insb）的PN结，则低温端的线性范围宽。对于给定的PN结，即使在杂质导电和非本征激发温度范围内，其线性度亦随温度的高低而有所不同，这是非线性项 V_{n1} 引起的，由 V_{n1} 对 T 的二阶导数 $\frac{d^2V}{dT^2}=\frac{1}{T}$ 可知，$\frac{dV_{n1}}{dT}$ 的变化与 T 成反比，所以 V_F-T 的线性度在高温端优于低温端，这是PN结温度传感器的普遍规律。此外，由式(5.3.4) 可知，减小 I_F，可以改善线性度，但并不能从根本上解决问题，目前行之有效的方法大致有以下两种。

① 利用对管的两个PN结（将三极管的基极与集电极短路与发射极组成一个PN结），分别在不同电流 I_{F1}，I_{F2} 下工作，由此获得两者之差（$I_{F1}-I_{F2}$）与温度成线性函数关系，即

$$V_{F1}-V_{F2}=\frac{kT}{q}\ln\frac{I_{F1}}{I_{F2}} \tag{5.3.11}$$

本实验所用的PN结也是由三极管的cb极短路后构成的。尽管还有一定的误差，但与单个PN结相比其线性度与精度均有所提高。

② 采用电流函数发生器来消除非线性误差。由式(5.3.3) 可知，非线性误差来自 T^r 项，利用函数发生器，I_F 比例与绝对温度的 r 次方，则 V_F-T 的线性理论误差为 $\Delta=0$。实验结果与理论值比较一致，其精度可达0.01℃。

(3) 求波尔兹曼常数。

由式(5.3.11) 可知，在保持 T 不变的情况下，只要分别在不同电流 I_{F1}、I_{F2} 下测得相应的 V_{F1}，V_{F2} 就可求得波尔兹曼常数 k，即

$$k=\frac{q}{T}\ln\frac{I_{F2}}{I_{F1}}(V_{F1}-V_{F2}) \tag{5.3.12}$$

为了提高测量的精度，也可根据式(5.3.1) 指数函数的曲线回归，求得 k 值。方法是以公式 $IF=A\exp(BVF)$ 的正向电流 I_F 和正向压降 V_F 为变量，根据测得的数据，用Excel进行指数函数的曲线回归，求得 A、B 值，再由 $A=Is$ 求出反向饱和电流，$B=q/kT$ 求出波尔兹曼常数 k。

【实验内容与步骤】

实验前，请参照仪器使用说明，将 DH-SJ 型温度传感器实验装置上的“加热电流”开关置“关”位置，将“风扇电流”开关置“关”位置，接上加热电源线。插好 Pt100 温度传感器和 PN 结温度传感器，两者连接均为直插式。PN 结引出线分别插入 PN 结正向特性综合试验仪上的＋V、－V 和＋I、－I。注意插头的颜色和插孔的位置。

打开电源开关，温度传感器实验装置上将显示出室温 T_R，记录下起始温度 T_R。

（1）测量同一温度下，正向电压随正向电流的变化关系，绘制伏安特性曲线。

为了获得较为准确的测量结果，我们在仪器通电预热 10min 后进行实验。先以室温为基准，测整个伏安特性实验的数据。

首先将 PN 结正向特性综合试验仪上的电流量程置于×1 挡，再调整电流调节旋钮，观察对应的 V_F 值应有变化的读数。可以按照表 5.3.1 的 V_F 值来调节设定电流值，如果电流表显示值到达 1000，可以改用大一挡量程，记录下一系列电压、电流值于表中。由于采用了高精确度的微电流源，这种测量方法可以减小测量误差。

表 5.3.1　同一温度下正向电压与正向电流的关系　　$T=18.8$℃

序号	1	2	3	4	5	6	7	8
V_F/V								
I_F/μA								
序号	9	10	11	12	13	14	15	16
V_F/V								
I_F/μA								
序号	17	18	19	20	21	22	23	24
V_F/V								
I_F/μA								

（2）在同一恒定正向电流条件下，测绘 PN 结正向压降随温度的变化曲线，确定其灵敏度，估算被测 PN 结材料的禁带宽度。

选择合适的正向电流 I_F，并保持不变。一般选小于 100μA 的值，以减小自身热效应。将 DH-SJ 型温度传感器实验装置上的“加热电流”开关置“开”位置，根据目标温度，选择合适的加热电流，在实验时间允许的情况下，加热电流可以取得小一点，如 0.3～0.6A 之间。这时加热炉内温度开始升高，开始记录对应的 V_F 和 T 于表 5.3.2。为了更准确地记数，可以根据变化，记录 T 的变化。

表 5.3.2　同一 I_F 下，正向电压与温度的关系　　$I_F=0.5$μA

序号	1	2	3	4	5	6	7	8
T/℃								
V_F/V								
序号	9	10	11	12	13	14	15	16
T/℃								
V_F/V								
序号	17	18	19	20	21	22	23	24
T/℃								
V_F/V								

【数据处理】

（1）测量同一温度下，正向电压随正向电流的变化关系，绘制伏安特性曲线。

(2) 在同一恒定正向电流条件下，测绘 PN 结正向压降随温度的变化曲线，确定其灵敏度，估算被测 PN 结材料的禁带宽度。

(3) 计算玻尔兹曼常数，学习用 Excel 进行指数函数曲线回归的方法。

① 直接计算法：对表 5.3.1 测得的数据，用式(5.3.12)，计算出玻尔兹曼常数 k。

② 曲线拟合法：借用 Excel 程序拟合指数函数。以公式 $I_F = A\exp(BV_F)$ 的正向电流 I_F 和正向压降 V_F 为变量，根据表 5.3.1 测得的数据，以 V_F 为 x 轴数据，I_F 为 y 轴数据，用 Excel 进行指数函数的曲线回归，求得 A，B 值，再由 $A = Is$，估算出反向饱和电流；$B = q/kT$，求出波尔兹曼常数 k。

(4) 求被测 PN 结正向压降随温度变化的灵敏度 S（mV/K）。以 T 为横坐标，V_F 为纵坐标，作 V_F-T 曲线，其斜率就是 S。

(5) 估算被测 PN 结材料的禁带宽度。

① 由前已知，PN 结正向压降随温度变化曲线的截距 B 就是 V_{g0} 的值。也可以根据式(5.3.10) 进行单个数据的估算，将温度 T 和该温度下的 V_F 代入 $V_{g(0)} = V_F - ST$ 即可求得 V_{g0}，注意 T 的单位是 K。

② 将实验所得的 $E_{g(0)}$ 与公认值 1.21eV 比较，并求其误差。

【注意事项】

(1) 在测量同一温度下，正向电压随正向电流的变化关系实验过程中，都是在室温下测量的。实际的 V_F 值的起、终点和间隔值可根据实际情况微调。有兴趣的同学也可以再设置一个合适的温度值，待温度稳定后，重复以上实验，测得一组其他温度点的伏安特性曲线。

(2) 在同一恒定正向电流条件下，测绘 PN 结正向压降随温度的变化曲线实验过程中，正向电流 I_F 应保持不变。设定的温度不宜过高，必须控制在 120℃以内。

【讨论思考题】

定性分析实验中的随机误差和可能的系统误差。

【扩展训练】

探究：用给定的 PN 结测量未知温度。

实验使用的 PN 结传感器可以方便地取出。根据实验原理，结合实验仪器，将该 PN 结制成温度传感器，试用其测量未知的温度。具体过程请自行设定。

【扩展阅读】

[1] 北京工商大学物理教研室．大学物理实验［M］．北京：机械工业出版社，2020.

[2] 刘恩科，朱秉生，罗晋生．半导体物理学［M］．北京：电子工业出版社，2011.

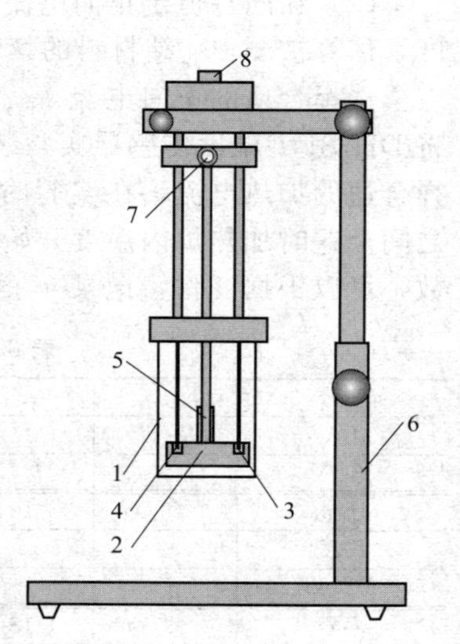

图 5.3.1 加热测试装置图

1—隔离圆筒；2—测试圆铜块；3—测温元件；4—被测 PN 结；5—加热器；6—支撑杆；7—加热电源插座；8—信号输出插座

【附录】仪器结构及说明（图 5.3.1）

(1) 加热测试装置。

如图 5.3.1 所示，1 为可拆卸的隔离圆筒；2 为测试圆铜块，被测 PN 结和温度传感器 AD590 均置于其上；加热器 5

装于铜块中心柱体内，通过热隔离后与外壳固定；测量引线通过高温导线连至顶部插座 8，再由顶部插座用专用导线连至测试仪；7 为加热器电源插座，接至测试仪的“12”端子。

（2）测试仪面板图见图 5.3.2。

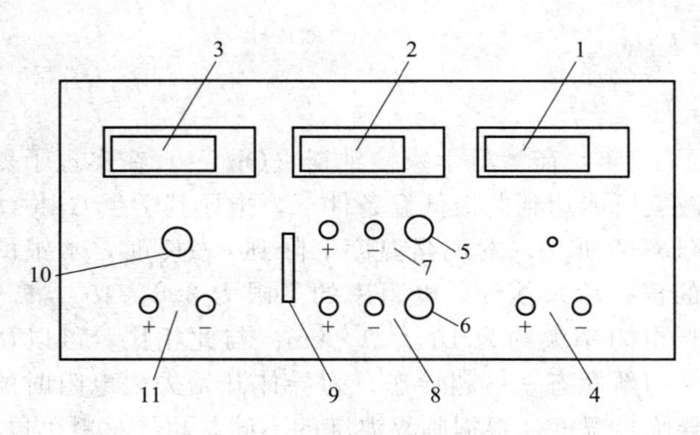

图 5.3.2 测试面板图

1—PN 结温度测量显示；2—PN 结 V_F，ΔV，I_F 测量显示；3—加热电流值显示；4—温度传感器输入端子；5—PN 结导通电流 I_F 调节旋钮；6—调零旋钮；7—PN 结导通电流 I_F 输出端子；8—PN 结电压输入端子；9—V_F、ΔV、I_F 显示选择开关；10—加热电流调节旋钮；11—加热电流输出端子

（3）测试仪电路原理框图见图 5.3.3。

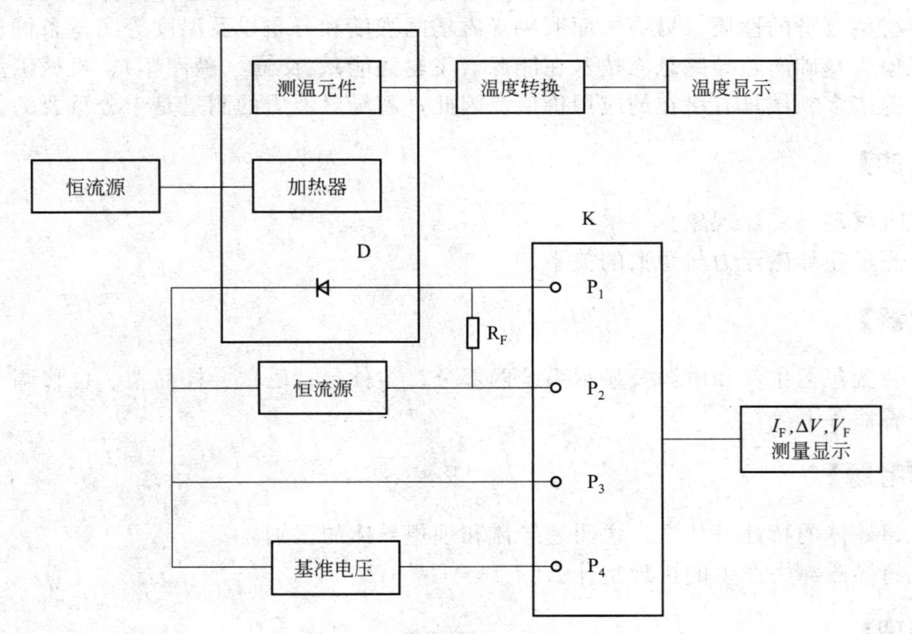

图 5.3.3 测试仪电路原理框图

图 5.3.3 中恒流源 1 产生 0～1A 的加热装置发热电流。测温元件由 AD590 构成，不同的温度，AD590 输出不同的电流，经电路变换后，直接由表头显示 PN 处温度值，单位为℃。恒流源 2 产生 PN 结正向导通电流 I_F，PN 正向压降由 V_F 测量电路测量 V_F 大小。V_F 电压经变换电路中补偿电压作相减运算，其运算值在测量 V_F 起始点设置成 0，随着 PN 结温度变化表示为 V_F 电压相对于 V_F 起始电压的变化量。当温度上升时，V_F 下降，则小于 0；当温度下降时，V_F 上升，则大于 0。上述 I_F、V_F 及 V 值可由显示选择开关选择择显示其变化。

5.4 超导磁浮力测量

【引言】

超导电性发现于1911年，荷兰科学家翁纳斯（Onnes）在实现了氦气的液化之后不久，利用液氦所能达到的极低温条件下，指导其学生Gilles Holst进行金属在低温下电阻率的研究，发现当温度下降到4.2K时，水银的电阻突然下降到一个很小的值。后来估计，电阻率的下限为$3.6\times10^{-23}\Omega\cdot cm$，而迄今正常金属的最低电阻率大约为$10^{-13}\Omega\cdot cm$。与此相比，可以认为水银进入了电阻完全消失的新状态——超导态。超导体开始失去电阻时的温度为超导转变温度或超导临界温度。根据临界温度的不同，超导材料可以分为：高温超导材料和低温超导材料。但这里所说的“高温”，其实仍然是远低于冰点0℃的，对一般人来说算是极低的温度。1933年，迈斯纳和奥克森菲尔德两位科学家发现，如果把超导体放在磁场中冷却，则在材料电阻消失的同时，磁感应线将从超导体中排出，不能通过超导体，这种现象称为抗磁性。

超导磁
浮力测量

磁浮力是超导材料在磁悬浮技术上应用的重要参数。磁浮力随悬浮间隙的变化一方面取决于超导材料自身的性质，另一方面取决于磁场的强度和分布以及温度等测量条件。以超导磁悬浮现象为基础的超导磁悬浮技术在能源（飞轮储能）、交通（磁浮车）、机械工业（无摩擦轴承）等诸多领域具有潜在的应用价值。因此，超导磁浮力的测量是十分重要的。

【实验目的】

（1）观察超导磁浮现象。

（2）测量超导磁浮力与距离的关系。

【实验仪器】

实验装置包括主件和电源及显示系统两部分。主件包括磁铁、样品架、位移调节盘、液氮槽、传感器等部分。

【预习思考题】

（1）超导体的特性是什么？说明超导体和理想导体的区别。

（2）超导磁浮力产生的机理是什么？

【实验原理】

（1）超导体的特性。

超导体具有许多特性，其中最主要的电磁特性如下。

① 零电阻现象。当把某种导电材料冷却到某一确定温度以下，其直流电阻突然降到零，把这种在低温下发生的零电阻现象称为物质的超导电性，具有超导电性的材料称为超导体。超导体的零电阻特性在实验上很难观察到，被观测到的最好办法是超导环中持续电流的实验。

② 完全抗磁性。当把超导体置于外加磁场时，磁通不能穿透超导体，而使其体内的磁感应强度始终保持为零，超导体的这个特性又称为迈斯纳效应。

完全抗磁性和零电阻效应是超导材料的两个主要特征。当一个超导体处于外磁场中时，由于抗磁性和磁通钉扎效应的作用，在超导体内部将感应出屏蔽电流，又由于零电阻效应所致，屏蔽电流几乎不随时间衰减。在超导体内持续流动的屏蔽电流产生的磁场与外磁场发生相互作用，从而产生超导磁悬浮现象。

（2）测力仪表的使用。

① 零点校正。

a. 测量前发现仪表显示不为零时，记下初始数值。

b. 按住设置键◙直至显示 oA。

c. 按◀键进入修改状态，在◀，▲，▼键的配合下将其修改为 1111，按 MOD 键退出。

d. 再次按住设置键◙直至显示 C nc H。

e. 反复按 MOD 键，直至显示 Cn-A，通过▲，▼键的配合，加（减）显示的初始数值，按 MOD 键退出。

f. 按住设置键◙直至回到测量状态。

注：改进型号按住◀可直接清零。

② 灵敏度调节。本仪器最小测量精度为小数点后两位（0.01kg），如果需要测量结果显示为小数点后一位，可按照以下步骤进行调整。

a. 按住设置◙直至显示 oA。

b. 按◀键进入修改状态，在◀，▲，▼键的配合下将其修改为 1111，按 MOD 键退出。

c. 再次按住设置键◙直至显示 C nc H。

d. 反复按 MOD 键，直至显示 Cn-d，通过▲，▼键的配合，改变小数点的位置，按 MOD 键退出。

e. 按 MOD 键进入 F-r 设置修改量程至 050.0kg（出厂设置为 50.00kg）。

f. 重新调节零点。

g. 按住设置键◙直至回到测量状态。

【实验内容与步骤】

（1）零场冷实验过程。

① 打开力显示单元的电源开关，预热 10min。力显示值约为－0.04kg（当容器中注满液氮时，显示值为零），如不为此值，按照零点校正方法调整，或按◀键直接清零。

② 用螺丝将样品固定在样品架中心（卡住即可，不必用劲拧，以免损坏样品），然后将样品架安装在容器中，使样品上表面低于容器上表面。

③ 逆时针转动手柄，使磁体向下移动至磁体与样品接触，调整磁体位置使其与样品对中，打开深度尺电源开关并使数值归零。

④ 顺时针转动手柄，使磁体远离样品，上移至大于 40mm 的位置（取 48mm 的位置）。

⑤ 向低温容器中注入液氮，使样品在没有外磁场作用的条件下冷却至液氮温度（零场冷）。保持液氮面略高于样品上表面（测试过程中因液氮蒸发液面下降时，可随时添加液氮）。

⑥ 按一定步长（转动手柄 1 圈，磁体移动约 1.5mm，步长取 3mm）逆时针转动手柄，向下移动磁体，同时从深度尺和数字电压表上分别读取距离和力的数据，记录在自拟的表格中。（由于超导体内存在磁通流动和磁通蠕动，力的数值会随时间衰减，为尽量减少测量误

差，建议在第一时间读取距离与力的数值。）

⑦ 在磁体距样品约 3mm 处取值后，反向移动磁体，用同样的方法记录力与距离的数值，填入表 5.4.1 中。

（2）场冷实验过程。

① 预备过程同零场冷步骤①～③。

② 顺时针摇动手柄，使磁体上移至距样品 1～10mm 之间的任意位置（可取 6mm 的位置），向低温容器中注入液氮，使样品在有外磁场作用的条件下冷却至液氮温度（场冷）。

③ 按一定步长（步长取 3mm）顺时针转动手柄，向上移动磁体，并在每一点停留相同时间，同时从深度尺和数字电压表上读取距离和力的数据，测量 12 组数据记录表 5.4.1 中。

④ 其他步骤同零场冷实验过程。

【数据处理】

用力与距离的对应关系作图，得到该样品零场冷和场冷条件下磁浮力与悬浮间隙的曲线。

表 5.4.1　力与距离的数据表

m/kg	S/mm

【注意事项】

（1）仪器置于稳定的平台上，周围环境应无振动和热辐射。

（2）加注液氮时要当心，避免低温液体对皮肤的伤害，禁止戴棉布或线手套操作。

（3）不要改动，以免影响使用。

（4）重复测量时必须等待液氮完全蒸发后（或将样品架取出再装入），使样品整体升温至 90K 以上（超导样品转变为正常态），使冻结在样品中的磁场退掉。

（5）实验结束后关闭力显示单元和深度尺电源，并将样品取出擦干后保存在干燥皿中，避免水和 CO_2 可能对样品造成的破坏。

【讨论思考题】

（1）超导磁浮力与哪些因素有关？

（2）超导磁的潜在应用价值体现在哪些方面？

【扩展训练】

设计一种用于超导磁悬浮微小力测量的形状记忆合金起浮装置。

【扩展阅读】

[1] 郭山河，李守春，王国光．大学物理实验［M］．长春：吉林大学出版社，2009.
[2] 刘恩科，朱秉生，罗晋生．半导体物理学［M］．北京：电子工业出版社，2011.

【附录】

迈纳斯效应可以通过磁悬浮实验直观演示：当一个小的永久磁铁放到超导样品表面附近时，由于永久磁体的磁通线不能进入超导体，在永久磁体和超导体之间存在的斥力可以克服磁体的重力，而使小磁体悬浮在超导表面一定的高度。但高温超导体样品特征决定了它们具有非完全抗磁性。迈纳斯效应是直流效应，用磁悬浮实验可以直观形象描述超导体的这种抗磁特性，因此磁悬浮是个很好的演示实验，但它难给出定量的结果。为了知道一个样品是否具有抗磁性需要测量该样品的磁化强度 M 随温度的变化关系。测量方法有很多，有磁称法、振动样品磁强针及 SOUID 磁强计等，这些都是测量直流磁化率 X_{DC} 的方法。

5.5 电子荷质比测定

【引言】

电子荷质比测定

电子的电量 e 和质量 m 的比值（e/m）称为电子的荷质比，是描述带电微观粒子性质的重要参量之一。测定电子荷质比在近代物理学中具有重要的意义，它是研究物质结构的基础。1897 年，汤姆逊在对“阴极射线”粒子的荷质比测定时，首次发现了电子。电子荷质比的测定方法有很多种，例如塞曼效应、磁控管法、汤姆逊法、密立根油滴实验法、磁偏转法以及磁聚焦法等。本实验采用磁聚焦法测定电子荷质比。

【实验目的】

（1）掌握用磁聚焦法测定电子荷质比。

（2）加深电子在电场和磁场中运动规律的理解。

（3）了解电子射线束磁聚焦的基本原理。

【实验仪器】

电子束实验仪、电子束实验仪显示屏、电压表、电流表。

【预习思考题】

（1）示波管由哪些部分构成，各部分的作用和功能是什么？

（2）采用什么方法才能使电子束聚焦？

【实验原理】

8SJ31 型示波管各部分参数和结构如图 5.5.1 所示，主要由灯丝 H、阴极 K、栅极 G、加速电极、第一阳极 A_1、第二阳极 A_2、x 向偏转板 D_x 以及 y 向偏转板 D_y 构成。阴极 K 是表面涂有氧化物的金属圆筒，经过灯丝加热后，该金属温度升高。当其中部分电子获得的能量大于逸出功后，这部分电子就会脱离金属表面成为自由电子而发射。在外电场作用下自由电子形成电子流，顶端开有小孔的圆筒栅极 G 套在阴极 K 的外面。由于栅极的电位比阴极电位低，使阴极发射出来具有一定初速的电子在通过栅极和阴极之间的电场时减速，初速度大的电子可以穿过栅极顶端的小孔并射向荧光屏，初速度小的电子则被电场排斥返回到阴极。如果栅极所加电位足够低，可使全部电子返回阴极。因此，调节栅极电位可控制射向荧光屏的电子射线密度，即控制荧光屏上光点的亮度，该过程即亮度调节。

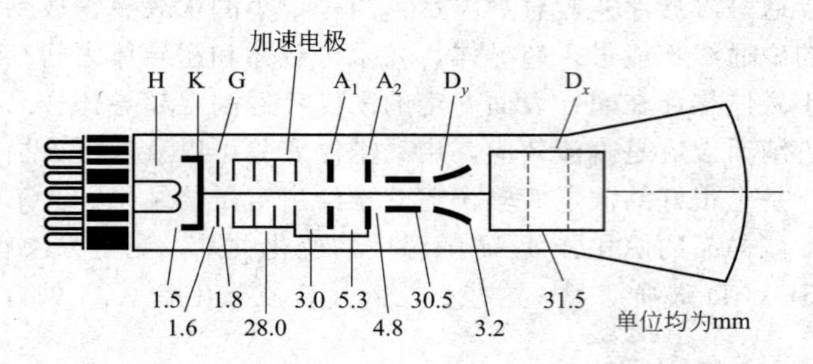

图 5.5.1 8SJ31 型示波管各部分参数及结构示意图

H—灯丝；K—阴极；G—栅极；A_1—第一阳极；A_2—第二阳极；D_x—x 向偏转板；D_y—y 向偏转板

为了使荧光物质发光亮些，电子要以较大的速度打在荧光屏上，需要在栅极之后装置加速电极。与阴极相比，它的电压一般为 1～2kV。加速电极是一个长形金属圆筒，筒内装有具有同轴中心孔的金属膜片，用于阻挡离开轴线的电子，使电子射线具有较细的截面。加速电极之后分别是第一阳极 A_1 和第二阳极 A_2。第二阳极通常和加速电极相连，而第一阳极对阴极的电压一般为几百伏特。这三个电极所形成的电场，除了对阴极发射的电子进行加速外，还使电子会聚成很细的电子射线，这种作用称为聚焦作用。通过调节第一阳极的电压，可以改变电场分布，使电子射线在荧光屏上聚焦成细小的光点，这就是聚焦调节。当然，改变第二阳极的电压，也会改变电场分布，从而进一步改变电子射线在荧光屏上聚焦的好坏，该过程为辅助聚焦调节。

为了使电子射线能够达到荧光屏上的任何一点，必须使电子射线在两个互相垂直的方向上都能偏转，这种偏转可以用磁场或者静电场来实现。通常示波管采用静电场使电子射线偏转，这称为静电偏转。静电偏转所需要的电场，由两对互相垂直的偏转板提供。其中一对能使电子射线在 x 方向偏转，称为 x 向偏转板 D_x。另一对能使电子射线在 y 方向偏转，称为 y 向偏转板 D_y。

若在通电螺旋管内平行地放置一个示波管，沿示波管轴线方向有一个均匀分布的磁场，其磁感应强度为 B。在示波管的热阴极 K 及阳极 A 之间加有直流高压 V，经阳极小孔射出的细电子束流将沿轴线做匀速直线运动。电子的运动方向与磁场平行，故磁场对电子运动不产生影响。电子流的轴向速率为

$$v_{\mathrm{H}}=\sqrt{2eV/m} \tag{5.5.1}$$

式中，m 和 e 分别为电子质量和电荷量。

若在示波管外的磁聚焦螺线管线圈上加电压，即通以励磁电流 I_s，则在 z 轴方向上产生一均匀磁场B。电子在均匀磁场中运动，设一个电子以速度 $\vec{v}$ 与 $\vec{B}$ 成 θ 角的方向进入均匀磁场中，速度 $\vec{v}$ 可以分解为平行于 $\vec{B}$ 的分量 $v_{\parallel}$ 和垂直于 $\vec{B}$ 的分量 $v_{\perp}$。磁场对 $v_{\parallel}$ 分量没有作用力，$v_{\parallel}$ 分量使电子沿 $\vec{B}$ 方向做匀速直线运动。$v_{\perp}$ 分量受洛仑兹力 $\vec{F}$ 的作用，使电子绕 $\vec{B}$ 轴作匀速圆周运动。因此，电子合成的运动轨迹是一条螺旋线，螺旋线的半径 R 为

$$R=\frac{v_{\perp}}{B\frac{e}{m}} \tag{5.5.2}$$

由上述公式可以看出 $v_{\perp}$ 越大，轨道半径越大，电子运动一周所需要的时间 T 为

$$T=\frac{2\pi R}{v_{\perp}}=\frac{2\pi m}{eB} \tag{5.5.3}$$

由上述公式可知电子的旋转周期 T 与轨道半径 R 及速率 $v_{\perp}$ 均无关。在一个周期内，电子前进距离（称螺距）为

$$h=v_{\parallel}T=\frac{2\pi m}{eB}v_{\parallel} \tag{5.5.4}$$

由于不同时刻电子以不同的角度 θ 入射 $v_{\perp}$ 不同，故在磁场的作用下，各电子将沿不同半径的螺线前进。然而，由于它们速度的平行分量 $v_{\parallel}$ 均相同［式(5.5.1)］，所以螺距也是相同的，即每转一周后都相交于一点，这个现象与光束通过光学透镜聚焦的现象很相似，故称为磁聚焦现象。适当改变 B 的大小，可使电子流的焦点刚巧落在荧光屏 S 上（这称为一次聚焦），这时，螺距 h 等于电子束交点 C 到 S 的距离 L_0，则式(5.5.1)、式(5.5.4) 消去 $v_{\parallel}$，即得

$$\frac{e}{m}=\frac{8\pi^2 V}{L_0^2 B^2} \tag{5.5.5}$$

式(5.5.5) 中的 B，V 及 I 均可测量，于是可算得电子的荷质比。如继续增大 B，使电子流旋转周期相继减小为上述的 1/2、1/3……则相应地电子在磁场作用下旋转 2 周、3 周……后聚焦于 S 屏上，这称为二次聚焦、三次聚焦等。因为示波管在聚焦线圈（长直线圈）中间部位，故有

$$B=\frac{4\pi N I_0\times 10^{-7}}{\sqrt{D^2+L^2}} \tag{5.5.6}$$

将式(5.5.6) 代入式(5.5.5) 中得

$$\frac{e}{m}=\frac{KV}{I_0^2} \tag{5.5.7}$$

式中，$K=(D^2+L^2)\times 10^{14}/(2L_0^2N^2)$ 为该台仪器常数。

其中，D 为螺线管线圈平均直径，$D=0.0915\text{m}$；L 为螺线管线圈长度，$L=0.246\text{m}$；N 为螺线管线圈匝数，$N=1320\text{T}$；L_0 为电子束从栅极 G 交叉点至荧光屏的距离，即电子束在均匀磁场中聚焦的焦距，$L_0=0.19\text{m}$；I_0 为光斑进行三次聚焦时对应的励磁电流的平均值。

保持 V 不变，光斑第一次聚焦的励磁电流为 I_1，则第二次聚焦的电流 $I_2=2I_1$，磁感应强度 B 增加一倍，电子在管内绕 z 轴转两周，同理，第三次聚焦的电流为 $I_3=3I_1$，所以

$$I_0=\frac{I_1+I_2+I_3}{1+2+3} \tag{5.5.8}$$

改变 V 值，重新测量，实验时要求 V 分别取三个不同值，每个 V 值实现三次聚焦，测出 e/m，求出平均值，并与公认值 $e/m=1.75881962\times 10^{11}\text{C/kg}$ 比较，求出百分误差。

【实验内容与步骤】

（1）测试前准备。

调节亮度旋钮（即调节栅压相对于阴极的负电压）、聚焦钮（即调节第一阳极电压，以

改变电子透镜的焦距，达到聚焦的目的）和加速电压旋钮，观察各旋钮的作用。（实验中必须注意，亮点的亮度切勿过亮，以免烧坏荧光屏。观察栅极相对于阴极的负电压对亮度的影响，并说明原因）。

（2）测荷质比。

① 接通电源。

② 调节加速电压旋钮，选择适当的加速电压（建议1000V以下），聚焦电压旋钮逆时针旋到底，栅压旋钮旋到适中位置。（此时电子束交叉点发散的电子在荧光屏上形成一光斑）。

③ 调节励磁电流 I，观察聚焦现象，继续加大励磁电流 I 以加大螺线管磁场 B，这时将观察到第二次聚焦、第三次聚焦等，分别记录三次聚焦的电流值，并代入式(5.5.6)计算出 e/m。

④ 将螺线管磁场的方向反向（即改变励磁电流的方向），再做一次，按要求测定各项数据，计算出电子荷质比的平均值和相对百分误差。

注：公认值 $e/m=1.759\times10^{11}\mathrm{C/kg}$。

【数据处理】

电子荷质比测量数据（表5.5.1～表5.5.4）。

表5.5.1 电子荷质比测量数据1

	电压	电流								平均
正向		I_1								
		I_2								
		I_3								

$I=$　　　　　　$e/m=$

表5.5.2 电子荷质比测量数据2

	电压	电流								平均
正向		I_1								
		I_2								
		I_3								

$I=$　　　　　　$e/m=$

表5.5.3 电子荷质比测量数据3

	电压	电流								平均
反向		I_1								
		I_2								
		I_3								

$I=$　　　　　　$e/m=$

表5.5.4 电子荷质比测量数据4

	电压	电流								平均
反向		I_1								
		I_2								
		I_3								

$I=$　　　　　　$e/m=$

平均值 $e/m=$

相对误差 =

【注意事项】

（1）本仪器使用时，周围应无其他强磁场及铁磁物质，仪器应南北方向放置以减小地磁场对测试精度的影响。

（2）螺线管不要长时间通以大电流，以免线圈过热。

（3）改变加速电压后，亮点的亮度会改变，应重新调节亮度，勿使亮点过亮，亮点过亮一则容易损坏荧光屏，二则聚焦好坏也不易判断，调节亮度后，加速电压值也可能会有变化，将其再调到规定的电压值即可。

【讨论思考题】

（1）如何消除地磁场对实验结果的影响？

（2）如何判断一次聚焦、二次聚焦、三次聚焦？

【扩展训练】

调节励磁电流 I_s，改变磁感应强度 B，观察三次以上磁聚焦现象，并对该现象进行解释。

【扩展阅读】

[1] 史文奎，陈晓莉．磁聚焦法测量电子荷质比实验理论探究［J］．西南师范大学学报（自然科学版），2010，35（4）：224-227.

[2] 王国菊，张丙元，牟娟．磁聚焦法测电子比荷实验中电场对电子束螺旋线起点的影响［J］．物理实验，2012，32（1）：39-40.

[3] 郝军华，野仕伟．磁聚焦法测定电子比荷实验的改进方法探究［J］．大学物理，2012，31（12）：24-26.

【附录】

约瑟夫·约翰·汤姆逊，1856 年出生于英国曼彻斯特，他的父亲是印制大学课本的商人，由于职业的关系，他的父亲结识了曼彻斯特大学的一些教授。汤姆逊 14 岁就进入了曼彻斯特大学学习。21 岁就担任了卡文迪许实验室教授，后来担任此实验室的第三任主任，在此期间他的 9 位学生获得了诺贝尔奖。汤姆逊最主要的成就是发现了电子，并做了很多电子和同位素的实验。德国的戈尔兹坦提出，玻璃壁上的辉光是由阴极产生的某种射线所引起的，他把这种射线命名为阴极射线，针对这种阴极射线的组成成分，科学家们持不同的态度，有的说是电磁波，有的说是带电原子，还有的说是带阴电的微粒。汤姆逊通过研究在磁场和电场中的射线运动发现其带电量，并测出粒子电荷与质量比，把这种粒子称为电子，这场持续已久的争论才得以终结。他通过大量的实验，创造了把质量不同的原子分离开来的方法，为后人发现同位素，提供了有效的方法。

5.6　电子衍射仪实验

【引言】

电子衍射仪实验

早在 20 世纪初，人们就知道光具有波粒二象性。1924 年法国物理学家德布罗意首先提出了一切微观粒子都具有波粒二象性的设想。1927 年戴维孙和革末合作完成了用镍晶体对电子反射的衍射实验，验证了电子的波动性。同时汤姆逊独立完成了用电子穿过晶体薄膜得到衍射纹的实验，进一步证明了德布罗意的波粒二象性的论点，并且测出德布罗意波的波长。目前电子衍射技术已成为研究固体薄膜和表面层晶体结构的先进技术。

【实验目的】

(1) 用实验方法了解波粒二象性。
(2) 了解晶格常数和密勒指数。

【实验仪器】

DF-8 型电子衍射仪。

【预习思考题】

(1) 电子衍射与 X 射线衍射的区别是什么?
(2) 透射电镜原理是什么?

【实验原理】

电子衍射是以电子束直接打在晶体上而形成的。在本仪器中,我们在衍射管的电子枪和荧光屏之间固定了一块直径为 15mm 的圆形金属薄膜靶。电子束聚焦在靶面上,并成为定向电子束流。电子束由 20kV 以下的电压加速,通过偏转板时,被引向靶面上任意部位。电子束采用静电聚焦和偏转。

若一电子束以速度 v 通过晶体膜,这些电子束的德布罗意波的波长为

$$\lambda=\frac{h}{p}=\frac{h}{mv} \tag{5.6.1}$$

式中,h 为普朗克常数;$p=mv$ 为运动电子的动量。

由于电子的动能

$$\frac{1}{2}mv^2=ev\ (v\ 为电子的加速电压) \tag{5.6.2}$$

所以电子束的德布罗意波的波长为

$$\lambda=\frac{h}{\sqrt{2mev}} \tag{5.6.3}$$

$$\lambda=\frac{h}{m}\sqrt{\frac{m}{2ev}}=\left(\frac{150}{v}\right)^{\frac{1}{2}} \tag{5.6.4}$$

式中,m 为电子的质量;e 为电子的电量。

原子在晶体中是有规则排列的,形成各种方向的平行面,每一族平行面可以用密勒指数 (h, k, l) 来表示。现在考虑电子波射在原子构成的一族平行面上(如图 5.6.1 所示),若入射波束和平面之间的夹角为 θ,两相邻平面间的距离为 d,则强波束射出的条件为

$$n\lambda=2d\sin\theta \tag{5.6.5}$$

当 θ 角很小时,$\sin\theta$ 可用 $\theta=\frac{r}{2d}$ 代替。其中,r 为衍射环半径,d 为金属薄靶到荧光屏的距离。

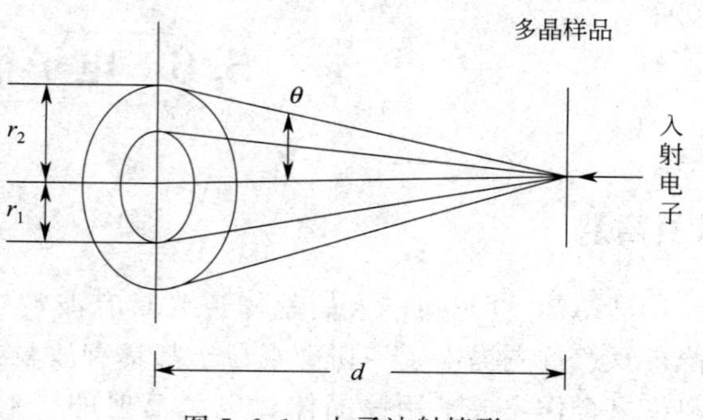

图 5.6.1 电子波射情形

由于密勒指数为（h，k，l）的一族平面，相邻平面间的距离为

$$d=\frac{a}{(h^2+k^2+l^2)^{\frac{1}{2}}} \tag{5.6.6}$$

式中，a 为单个晶胞边缘长度，即晶格常数。

将式(5.6.6) 代入式(5.6.5) 得

$$n\lambda=\frac{2a\sin\theta}{(h^2+k^2+l^2)^{\frac{1}{2}}} \tag{5.6.7}$$

即

$$\lambda=\frac{2a\sin\theta}{n(h^2+k^2+l^2)^{\frac{1}{2}}}$$

若令

$$H=nh\text{，}K=nk\text{，}L=nl$$

则

$$\lambda=\frac{2a\sin\theta}{(H^2+K^2+L^2)^{\frac{1}{2}}}=\frac{r}{D}\cdot\frac{a}{(H^2+K^2+L^2)^{\frac{1}{2}}} \tag{5.6.8}$$

即从密勒指数为（h，k，l）平面的任意 n 级布拉格衍射都可以看作为（H，K，L）面的第一级布拉格衍射。

由式(5.6.3) 和式(5.6.8)，我们可以用两种方法测量电子的波长，并进行比较，也可以用这两个关系式测定晶体的晶格常数或确定衍射圆环所对应的密勒指数等。

对于面心立方晶体，如金、铝等，几何结构因子决定密勒指数全部为偶数或者奇数的晶体平面才能得到衍射图样，而其他晶格平面反射均为零。所以可能产生衍射环的晶体反射平面的密勒指数如表 5.6.1 所示。

表 5.6.1 密勒指数

h,k,l	$h^2+k^2+l^2$	$(h^2+k^2+l^2)^{\frac{1}{2}}$
111	3	1.732
200	4	2.000
220	8	2.828
311	11	3.316
222	12	3.464
400	16	4.000
331	19	4.358

【实验内容与步骤】

(1) 求运动电子的波长，验证德布罗意关系式。

用毫米刻度尺对不同的加速电压直接测量衍射环的半径 r。靶到屏之间的距离 D，每个仪器都已标明。电子的加速电压可由数显高压表读出，从 10kV 开始，每隔 1kV 改变一次，直至加到电压值为 20kV 止，测量改变电压过程中同级圆环的半径 r，将 r 和靶与屏间距 D 代入式(5.6.2) 和式(5.6.6)，计算对应的德布罗意波长。并将这两式算得的结果进行比较。(实验仪器中所用的靶为金靶，金的晶格常数 $a=4.0786\text{Å}$)

(2) 测量晶体的晶格常数。

在电子加速电压为 10kV、15kV、20kV 时分别测量金的反射面为（111），（200），（220），（311）时的衍射纹半径 r，并代入式(5.6.2) 和式(5.6.6) 中，计算金的晶格常数。

(3) 测量衍射环所对应的密勒指数。

根据实验内容（1）和内容（2），可自行设计方案，测量衍射环对应的密勒指数。

(4) 根据实验内容（1），画出$\lambda^2 \sim \frac{1}{v}$的图形，并由此计算普朗克常数值。

【注意事项】

(1) 由于实验中所用高压达到 20kV，因此实验中一定要注意安全，千万不要用手去摸管脚的接线。

(2) 管脚周围不应有强磁场，以免影响管内电子束聚焦。

(3) 测量衍射环半径时，应从不同角度测量 4～6 次，取平均值代入布拉格公式，这样可以使误差减小到最低程度。

【讨论思考题】

(1) 实验中未考虑相对论效应，试讨论效应对实验结果的影响。

(2) 对于 10meV 电子束等式$\lambda = \frac{150}{v}$是有效的吗？若无效为什么无效？请给出可以应用的等式。

【扩展训练】

如何对薄膜材料进行结构分析？

【扩展阅读】

[1] 黄昆．固体物理学［M］．北京：高等教育出版社，1998.

[2] 宋长安，等．电子衍射研究［J］．甘肃科技，2008 (13)：69-71.

【附录】

DF-8 型电子衍射仪主要由三部分组成：机箱、电子衍射管和高压电源部分。

(1) 电子衍射管（图 5.6.2），图中 D 是靶到荧光屏的距离（衍射管出厂时会标明距离及误差）。

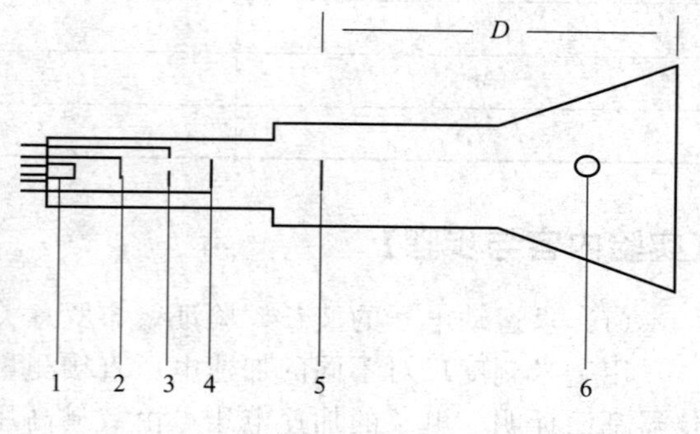

图 5.6.2 电子衍射管

1—灯丝；2—阴极；3—加速极；4—聚焦极；5—金属薄靶；6—高压帽

(2) 高压电源部分。

加在晶体薄膜靶与阴极之间高压 0～20kV 连续可调，面板上有数显高压表可直接显示晶体薄膜靶与阴极之间电位差。

阴极、灯丝和各组阳极均由另几组电源供电。

本仪器要求高压可调电源波动要小，以保证被反射的电子波长的稳定性。否则，将影响衍射环的清晰度。

(3) 主要技术数据。

输入电压：交流 220V。　　输出电压：直流 0～20kV 可调。

灯丝电压：6.3V。　　电流：0.8mA。

衍射样品：金（Au）。　　　　　　　　　荧光屏尺寸：130mm。

外形尺寸：360mm×200mm×500mm。

5.7　光纤传感器的位移特性实验

【引言】

光纤传感器的位移特性实验

传感器技术是现代信息技术的主要内容之一，在现代科学技术中具有极其重要的地位，其中光纤传感器是以光纤为基础制作的新型传感器设备，具有抗电磁干扰能力强、电绝缘性好、耐腐蚀、测量范围广、体积小以及传输容量大等优点，因此，在微小位移检测方面已得到广泛的研究和应用，现代光纤传感器能在高压环境下代替人工完成作业，被广泛用于医疗、交通、电力、机械、航空航天等各个领域。

【实验目的】

（1）了解反射式光纤位移传感器的工作原理。

（2）掌握光纤位移传感器测量位移的方法。

（3）初步得到光纤位移传感器的 V-X 关系曲线图。

【实验仪器】

导光型多模光纤、光纤位移传感实验模块、DHCG-9000 型传感器于测控技术试验台等。

【预习思考题】

（1）光纤的结构组成原理是什么？

（2）光信号在光纤中的传播原理是什么？

【实验原理】

本实验采用的是导光型多模光纤，它由两束光纤组成 Y 形光纤，探头为半圆分布，一束光纤端部与光源相接发射光束，另一束端部与光电转换器相接接收光束。两光束混合后的端部是工作端亦即探头，它与被测体相距 X，由光源发出的光通过光纤传到端部射出后再经被测体反射回来，由另一束光纤接收反射光信号再由光电转换器转换成电压量，而光电转换器转换的电压量大小与间距 X 有关，因此可用于测量位移。

（1）光纤导光的基本原理。

光是一种电磁波，一般采用波动理论来分析导光的基本原理。然而根据光学理论：当所研究对象的几何尺寸（指光纤的芯径）远大于所用光波的波长，而光波又处在折射率变化缓慢的空间时可用“光线”即几何光学这一直观又容易理解的方法来分析光波的传播现象。

根据折射定律：光由光密媒质 n_0 射向光疏媒质 n_1 时，折射角大于入射角，当入射角增至某一临界角 Ψ_C 时 $[\Psi_C=\arcsin(90°n_1/n_2)]$，出射光线沿两媒质的分界面传播，当入射角继续增大，$\Psi_0>\Psi_C$ 时，入射光线将不能穿过分界面而被完全反射回光密媒质中，这就是全反射。光纤是由折射率较高（光密介质）的纤芯和折射率较低（光疏介质）的包层构成的双层同心圆柱结构。能在光纤中传输的光线是满足全反射条件的子午光线（过光纤的轴心线，传播路径始终在一个平面内）和斜光线（不经过光纤轴心，不在一个平面内，是一条空间曲线）这两种。

（2）反射式强度外调制光纤传感器位移测量原理（图 5.7.1）。

反射式光纤位移传感器如图 5.7.1 所示。光纤采用 Y 形结构，两束光纤一端合并成光纤束探头（半圆型、同心圆型或随机分布型）；另一端分为两束，分别作为光源光纤和接收光纤，只起传输信号的作用。当光发射器发生的红外光（为非相干光）经光源光纤照射至反射体，被反射的一部分光经接收光纤入射光探测元件进行光电转换，然后经光电变换电路输出稳定的电信号。接收光纤接收的光强主要决定于反射体距探头的距离，通过对光强的检测而得到位移量。

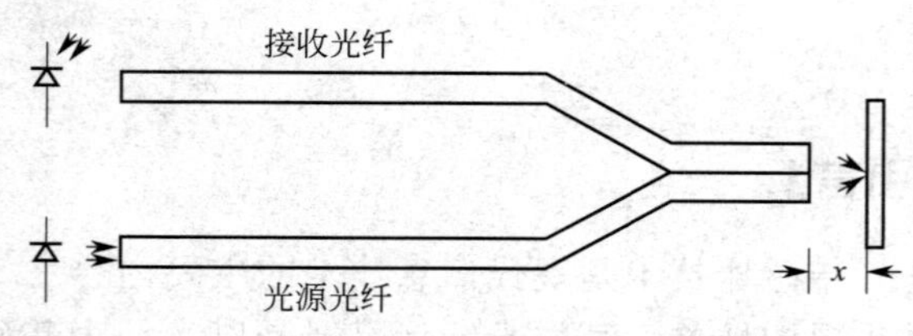

图 5.7.1　反射式光纤位移传感器原理

【实验内容与步骤】

（1）静态测量。

① 在光纤传感器模板的固定支架上装上光纤传感器的光纤探头，使探头对准镀铬反射片中心，光纤传感器的另一端四芯插头与处理电路光电变换器中输入插座对准后插紧（注意光纤传感器中间的连接块要水平放置，以免损坏）。

② 在光纤传感器模板的振动台两旁固定支架上（或是位移装置）装上测微头，使测微头能够带动反射片产生位移。

③ 开启电源，光电变换器 V_0 端接数字电压表。旋动测微头带动反射镜片，使光纤探头端面紧贴反射镜面，此时 V_0 输出为最小（因为很难完全重合，所以总是有些许微小电压）。

④ 旋动测微头，使反射镜面离开探头，每隔 0.1mm 取一个 V_0 电压值填入表格，并作出 V-X 曲线图。

（2）动态测量振动。

将测微头移开，振动台处于自由状态，根据静态测量位移中作出的 V-X 曲线选取前沿中点位置装好光纤探头。将低频振荡器输出接“激振 I”，调节激振频率和幅度，使振动台保持适当幅度的振动（以不碰到光纤探头为宜）。用示波观察 V_0 端电压波形，并用电压/频率表读出振动频率（此前，光电变换器左 V_0 端必须与信号整形电路的输入相连）。

【数据处理】

实验数据填入表 5.7.1。

表 5.7.1　数据记录表

位移/mm										
电压/mV										
位移/mm										
电压/mV										

利用 Excel 做出 V-X 关系图，对数据进行最小二乘法模拟位移与电压的线性直线关系，并对其进行分析。

【注意事项】

(1) 实验测量的位移量程不能超过 2.0mm。

(2) 实验时旋转微测头要一次旋过 0.1mm 位置处，避免微测头反复旋转。

(3) 由于实验敏感性好，要等数字表上数值稳定后开始记录数据。

【讨论思考题】

(1) 光纤传感器测位移时对被测体的表面有什么要求？

(2) 影响测量稳定发的因素有哪些？

【扩展训练】

讨论光纤位移传感器的工作原理及其优越性。

【扩展阅读】

[1] 王维，李志杰．大学物理实验 [M]．北京：科学出版社，2008.

[2] 石顺祥，等．光纤技术及应用 [M]．2 版．北京：科学出版社，2016.

【附录】

光纤传感器安装示意图如图 5.7.2 所示。光纤传感器位移实验接线原理图如图 5.7.3 所示。

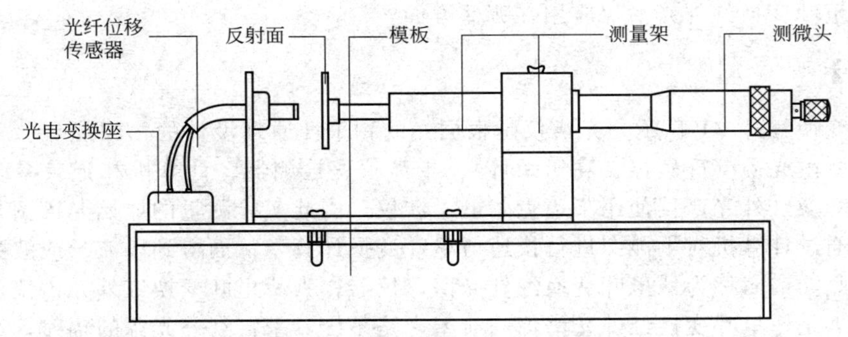

图 5.7.2　光纤传感器安装示意图

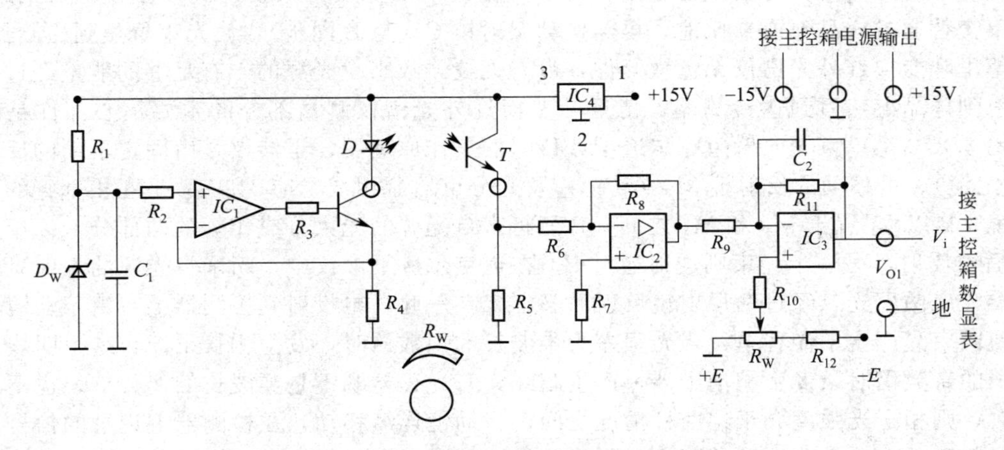

图 5.7.3　光纤传感器位移实验接线原理图

5.8 傅里叶变换红外光谱仪的使用

【引言】

从棱镜式色散型红外光谱仪到光栅型色散式红外光谱仪，再发展到红外光谱仪，红外光谱仪的发展经历了三代发展，与前两代产品相比，傅里叶红外光谱仪，具有宽的测量范围、高测量精度、极高的分辨率以及极快的测量速度。傅里叶变换红外光谱仪是干涉型红外光谱仪器的代表，具有优良的特性和完善的功能。

【实验目的】

（1）了解傅里叶变换红外光谱仪的结构和基本原理。

（2）了解并掌握傅里叶变换红外光谱仪的特点。

【实验仪器】

傅里叶变换红外光谱仪。

【预习思考题】

（1）傅里叶变换红外光谱仪基本光路包括哪些？

（2）傅里叶变换红外光谱仪应用在哪些方面？

【实验原理】

傅里叶变换红外（FT-IR）光谱仪是根据光的相干性原理设计的，因此是一种干涉型光谱仪，它主要由光源（硅碳棒、高压汞灯）、干涉仪、检测器、计算机和记录系统组成，大多数傅里叶变换红外光谱仪使用了迈克尔逊干涉仪，因此实验测量的原始光谱图是光源的干涉图，然后通过计算机对干涉图进行快速傅里叶变换计算，从而得到以波长或波数为函数的光谱图，因此，谱图称为傅里叶变换红外光谱，仪器称为傅里叶变换红外光谱仪。

图 5.8.1 是傅里叶变换红外光谱仪的典型光路系统，来自红外光源的辐射，经过凹面反射镜使成平行光后进入迈克尔逊干涉仪，离开干涉仪的脉动光束投射到一摆动的反射镜 B，使光束交替通过样品池或参比池，再经摆动反射镜 C（与 B 同步），使光束聚焦到检测器上。

傅里叶变换红外光谱仪无色散元件，没有夹缝，故来自光源的光有足够的能量经过干涉后照射到样品上然后到达检测器，傅里叶变换红外光谱仪测量部分的主要核心部件是干涉仪，图 5.8.2 是单束光照射迈克尔逊干涉仪时的工作原理图，干涉仪是由固定不动的反射镜 M_1（定镜）、可移动的反射镜 M_2（动镜）及光分束器 B 组成，M_1 和 M_2 是互相垂直的平面反射镜。B 以 45°置于 M_1 和 M_2 之间，B 能将来自光源的光束分成相等的两部分，一半光束经 B 后被反射，另一半光束则透射通过 B。在迈克尔逊干涉仪中，当来自光源的入射光经光分束器分成两束光，经过两反射镜反射后又汇聚在一起，再投射到检测器上，由于动镜的移动，使两束光产生了光程差，当光程差为半波长的偶数倍时，发生相长干涉，产生明线；为半波长的奇数倍时，发生相消干涉，产生暗线，若光程差既不是半波长的偶数倍，也不是奇数倍时，则相干光强度介于这两种情况之间，当动镜连续移动，在检测器上记录的信号余弦变化，每移动四分之一波长的距离，信号则从明到暗周期性地改变一次。

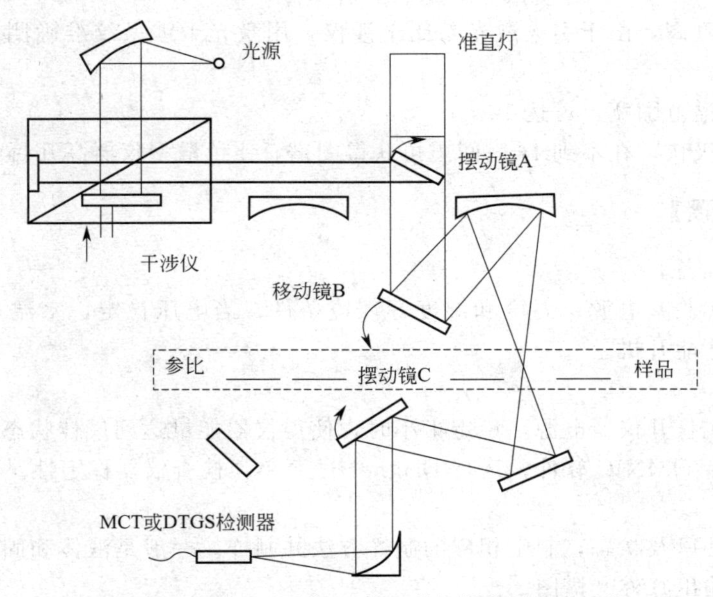

图 5.8.1 傅里叶变换红外光谱仪的典型光路系统

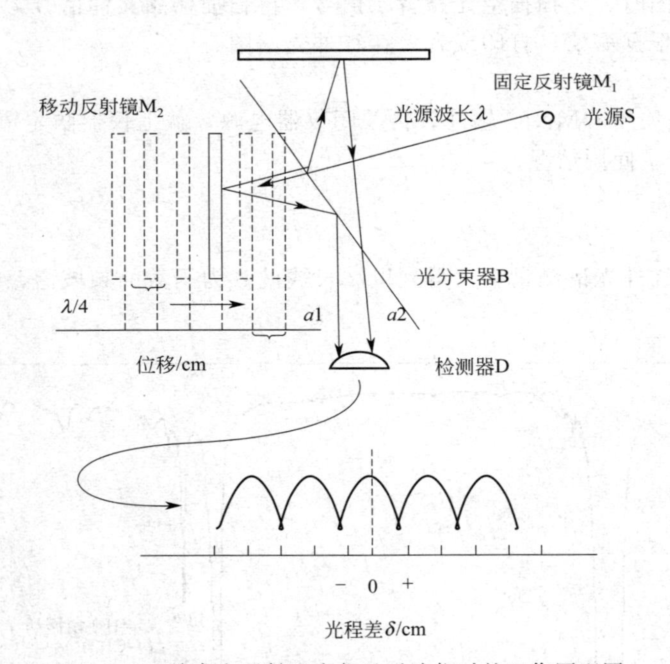

图 5.8.2 单束光照射迈克尔逊干涉仪时的工作原理图

在傅里叶变换红外光谱测量中，主要由两步完成：第一步，测量红外干涉图，该图是一种时域谱，它是一种极其复杂的谱，难以解释；第二步，通过计算机对该干涉图进行快速傅立叶变换计算，从而得到以波长或波数为函数的频域谱，即红外光谱图。

傅里叶红外光谱仪的主要特点如下。

① 多路优点。夹缝的废除大大提高了光能利用率。样品置于全部辐射波长下，因此全波长范围下的吸收必然改进信噪比，使测量灵敏度和准确度大大提高。

② 分辨率提高。分辨率决定于动镜的线性移动距离，距离增加，分辨率提高。一般可达 0.5cm，高的可达 10^{-2}cm。

③ 波数准确度高，由于引入激光参比干涉仪，用激光干涉条纹准确测定光程差，从而使波数更为准确。

④ 测定的光谱范围宽，可达 $10\sim10^4\text{cm}^{-1}$。

⑤ 扫描速度极快，在不到 1s 时间里可获得图谱，比色散型仪器高几百倍。

【实验内容与步骤】

(1) 开机前准备。

开机前检查实验室电源、温度和湿度等环境条件，当电压稳定，室温为 (21±5)℃左右，湿度≤65%才能开机。

(2) 开机。

开机时，首先打开仪器电源，稳定半小时，使得仪器能量达到最佳状态。开启电脑，并打开仪器操作平台 OMNIC 软件，运行 Diagnostic 菜单，检查仪器稳定性。

(3) 制样。

根据样品特性以及状态，制定相应的制样方法并制样。一般是液体和固体。

(4) 扫描和输出红外光谱图。

测试红外光谱图时，先扫描空光路背景信号，再扫描样品文件信号，经傅里叶变换得到样品红外光谱图。根据需要，打印或者保存红外光谱图。

(5) 关机。

① 关机时，先关闭 OMNIC 软件，再关闭仪器电源，盖上仪器防尘罩。

② 在记录本记录使用情况。

【数据处理】

在傅里叶变换红外光谱测量中，得到以波长或波数为函数的频域谱，即红外光谱图，见图 5.8.3。

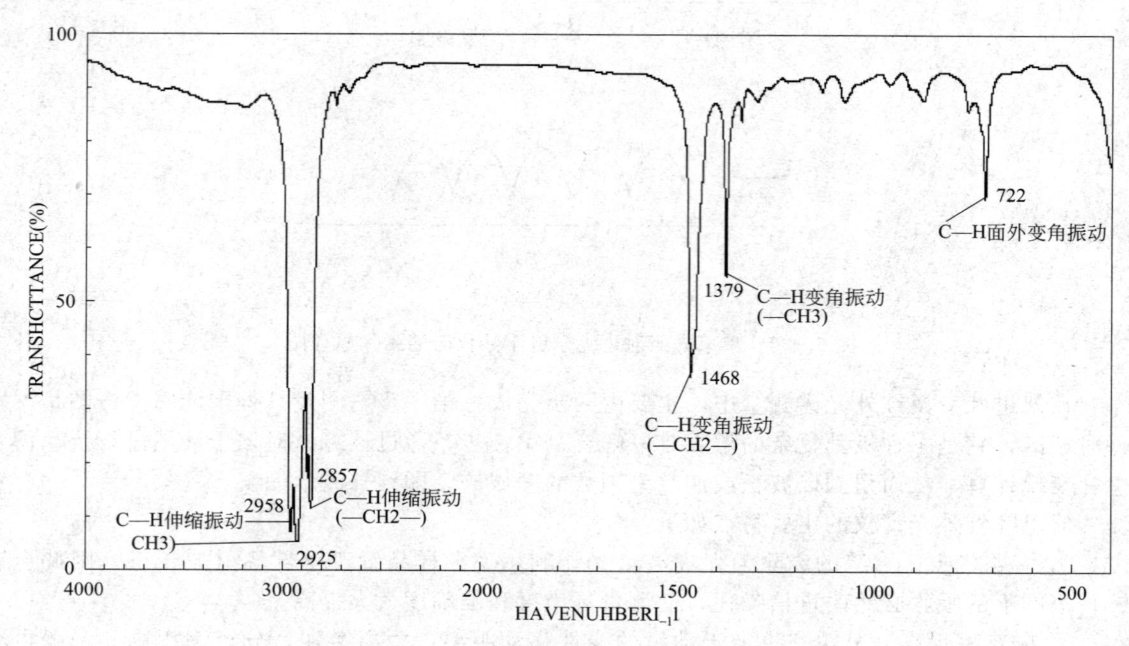

图 5.8.3　红外光谱图

【注意事项】

(1) 保持实验室电源、温度和湿度等环境条件，当电压稳定，室温为 (21±5)℃左右，湿度≤65%。

(2) 保持实验室安静和整洁，不得在实验室内进行样品化学处理，实验完毕即取出样品室内的样品。

(3) 样品室窗门应轻开轻关，避免仪器振动受损。

(4) 当测试完有异味样品时，须用氮气进行吹扫。

(5) 离开实验室前，须注意关灯，关空调，最后拉开总闸。

【讨论思考题】

(1) 傅里叶红外光谱仪主要测试哪些数据，有什么意义?

(2) 傅里叶红外光谱仪使用哪些光源?

【扩展训练】

仔细观察红外光谱谱图，并分析谱图含义。

【扩展阅读】

[1] 庚繁，等．微型近红外光谱仪关键技术研究进展 [J]. 激光与光电子学进展，2018，55 (10)：30-36.

[2] 许秀琴，等．近红外光谱仪的发展历程及最新进展 [J]. 安徽化工，2017，43 (4)：7-10.

[3] 杜雲．傅里叶变换红外光谱仪高速采样系统的研究 [D]. 合肥：合肥工业大学，2017.

[4] 陈成．静态傅里叶变换红外光谱仪系统设计及关键器件研究 [D]. 长春：中国科学院研究生院长春光学精密机械与物理研究所，2016.

【附录】

FTIR 工作原理见图 5.8.4。

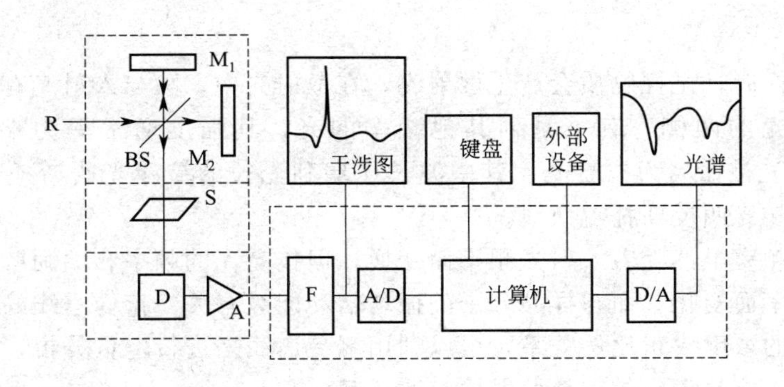

图 5.8.4　FTIR 工作原理

R—红外光源；M_1—定镜；M_2—动镜；BS—光束分裂器；

S—试样；D—探测器；A—放大器；F—滤光器；

A/D—模数转换器；D/A—数模转换器

5.9 拉曼光谱实验仪的使用

【引言】

1928 年，印度物理学家拉曼（C V Raman）和克利希南（K S Krisman）实验发现，当光穿过液体苯时被分子散射的光发生频率变化，这种现象称为拉曼散射。拉曼效应是单色光与分子或晶体物质作用时产生的一种非弹性散射现象。拉曼谱线的数目、位移的大小、谱线的长度直接与试样分子振动或转动能级有关。因此，与红外吸收光谱类似，对拉曼光谱的研究，也可以得到有关分子振动或转动的信息。目前拉曼光谱分析技术已广泛应用于物质的鉴定、分子结构的研究谱线特征中。

拉曼光谱实验仪的使用

【实验目的】

（1）了解拉曼光谱实验仪的结构和基本原理。

（2）了解并掌握拉曼光谱实验仪的特点。

（3）学习使用拉曼光谱仪测量物质的谱线。

【实验仪器】

拉曼光谱实验仪。

【预习思考题】

（1）拉曼光谱实验仪基本光路包括哪些？

（2）拉曼光谱实验仪应用在哪些方面？

【实验原理】

激光作用试样时，试样物质会产生散射光，在散射光中，除与入射光有相同频率的瑞利光以外，在瑞利光的两侧，有一系列其他频率的光，其强度通常只为瑞利光的 $10^{-6}\sim10^{-9}$，这种散射光被命名为拉曼光。其中波长比瑞利光长的拉曼光叫斯托克斯线，而波长比瑞利光短的拉曼光叫反斯托克斯线。

拉曼谱线的频率虽然随着入射光频率而变换，但拉曼光的频率和瑞利散射光的频率之差却不随入射光频率而变化，而与样品分子的振动转动能级有关。拉曼谱线的强度与入射光的强度和样品分子的浓度成正比例关系，可以利用喇曼谱线来进行定量分析，在与激光入射方向的垂直方向上，能收集到的喇曼散射的光通量 Φ_R 等于

$$\Phi_R = 4\pi\Phi_L ANLK\sin\alpha^2(\theta/2) \tag{5.9.1}$$

式中，Φ_L 为入射光照射到样品上的光通量；A 为拉曼散射系数，约等于 $10^{-28}\sim10^{-29}$ mol/球面度；N 为单位体积内的分子数；L 为样品的有效体积；K 为考虑到折射率和样品内场效应等因素影响的系数；α 为拉曼光束在聚焦透镜方向上的角度。

利用拉曼效应及拉曼散射光与样品分子的上述关系，可对物质分子的结构和浓度进行分析研究，于是建立了拉曼光谱法。绝大多数拉曼光谱图都是以相对于瑞利谱线的能量位移来

表示的，由于斯托克斯峰都比较强，故可以向较小波数的位移为基础来估计 $\Delta\sigma$（以 cm^{-1} 为单位的位移），即

$$\Delta\sigma=\sigma_y-\sigma \tag{5.9.2}$$

式中，σ_y 是光源谱线的波数；σ 是拉曼峰的波数。

以四氯化碳（CCl_4）的拉曼光谱为例：σ_y 是瑞利光谱的波数 $18797.0cm^{-1}$（532nm）；$\Delta\sigma$ 是 CCl_4 的拉曼峰的波数间隔 $218cm^{-1}$、$324cm^{-1}$、$459cm^{-1}$、$762cm^{-1}$、$790cm^{-1}$（拉曼峰与瑞利峰间隔）。

本仪器外光路系统：外光路系统主要由激发光源（半导体激光器）五维可调样品支架 S、偏振组件 P_1 和 P_2 以及聚光透镜 C_1 和 C_2 等组成，如图 5.9.1 所示。

激光器射出的激光束被反射镜 R 反射后，照射到样品上。为了得到较强的激发光，采用聚光镜 C_1 使激光聚焦，使在样品容器的中央部位形成激光的束腰。为了增强效果，在容器的另一侧放凹面反射镜 M_2。凹面镜 M_2 可使样品在该侧的散射光返回，最后由聚光镜 C_2 把散射光会聚到单色仪的入射狭缝上。

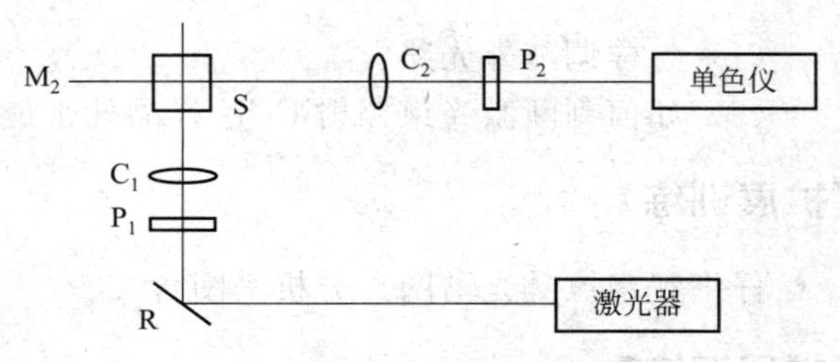

图 5.9.1　外光路系统示意图

调节好外光路，是获得拉曼光谱的关键，首先应使外光路与单色仪的内光路共轴。一般情况下，它们都已调好并被固定在一个钢性台架上。可调的主要是激光照射在样品上的束腰应恰好被成像在单色仪的狭缝上，是否处于最佳成像位置可通过单色仪扫描出的某条拉曼谱线的强弱来判断。

详细实验仪器相关信息参见 LRS-Ⅱ/Ⅲ型激光拉曼/荧光光谱仪使用说明书。

【实验内容与步骤】

本实验将用半导体激光器泵浦的 Nd^{3+}：YVO_4 晶体并倍频后得到的 532nm 激光作为激发光源研究液体样品 CCl_4 分子的拉曼光谱。

（1）按照连接图连接好电缆。

（2）打开仪器的电源，打开计算机开关，启动应用程序。

（3）将分析纯液态 CCl_4 倒入液体池内，放入外光路的液体池架上。

（4）打开激光器，使其输出波长、功率达到要求。

（5）按照调节说明，调节外光路，注意将杂散光的成像对准单色仪的入射狭缝上，并调节狭缝开 0.1mm 左右。

（6）设置基本参数，选择输入激光的波长，在 510～560nm 范围内以 0.1nm 步长单程扫描，测量 CCl_4 分子的拉曼光谱。

（7）数据处理及储存打印。

（8）关闭应用程序。

（9）关闭仪器电源。

（10）关闭激光器电源。

【数据处理】

测量得到 CCl_4 的拉曼光谱，标明狭缝的几何宽度和波长扫描范围；在谱图上把波长标度换成波数差标度，在各谱线峰尖处标出其波数差值，比较各谱线实测的相对强度。

【注意事项】

(1) 保证仪器使用环境符合规定。

(2) 光学零件表面有灰尘，不允许直接接触擦拭，可用吹气球小心吹掉。

(3) 仪器选定后，必须仔细调节外光路，这是实验成败的关键。

(4) 调节外光路时，要切实注意人眼的安全！确保激光束不会直射人眼，切勿大意，同时也要防止散射光刺激眼睛。

(5) 测试结束后，先取出样品，关掉电源。

【讨论思考题】

(1) 怎样调节外光路？

(2) 如何判断激光束照射 CCl_4 样品处于最佳位置？

【扩展训练】

仔细观察拉曼光谱图，分析谱图含义。

【扩展阅读】

[1] 吴先球，熊予莹．近代物理实验教程［M］．2版．北京：科学出版社，2013.

[2] 首都师范大学《仪器分析实验》教材编写组．仪器分析实验［M］．北京：科学出版社，2016.

【附录】

实验装置示意图如图 5.9.2 所示。

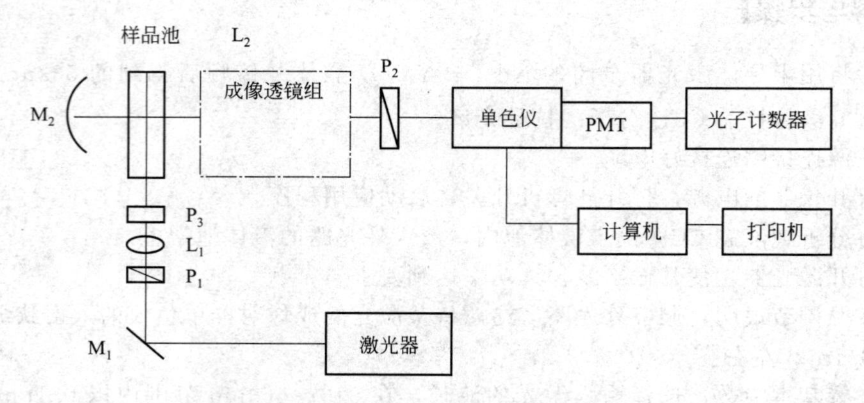

图 5.9.2 实验装置示意图

M_1—平面反射镜；M_2—凹面反射镜；P_1、P_2—偏振片；P_3—半波片；L_1—聚光透镜；L_2—成像透镜组

5.10 黑体辐射实验仪测量玻尔兹曼常数及维恩位移常数

【引言】

从某种意义上来说，由于我们生活在一个辐射能的环境中，我们被天然的电磁能源所包

围，就产生了测量和控制辐射能的要求。随着科学技术的发展，辐射度量的测量对于航空、航天、核能、材料、能源卫生及冶金等高科技部门的发展越来越重要。而黑体辐射源作为标准辐射源，广泛地用作红外设备绝对标准。它可以作为一种标准来校正其他辐射源或红外整机。另外，可利用黑体的基本辐射定律找到实体的辐射规律，计算其辐射量。

【实验目的】

（1）通过实验了解和掌握黑体辐射的光谱分布。

（2）测量波耳兹曼常数。

（3）测量维恩（Wien）位移常数。

（4）研究黑体和一般发光体辐射强度的关系。

（5）学会一般发光光源的辐射能量的测量，记录发光源的辐射能量曲线。

【实验仪器】

WGH-10 型黑体实验装置、电控箱、溴钨灯及电源、计算机等。

【预习思考题】

（1）如何构造黑体模型?

（2）黑体辐射满足什么规律?

【实验原理】

（1）热辐射与基尔霍夫（Kirchhoff）定律。

基尔霍夫定律是描述热辐射体性能的最基本定律。任何物体，只要其温度在绝对零度 0 K 以上，就向周围发射辐射，这种由于物体中的原子、分子受到热激发而发射电磁波的现象称为热辐射。只要其温度在绝对零度以上，也要从外界吸收辐射的能量。描述物体辐射规律的物理量是辐射出射度和单色辐射出射度，它们之间的关系为

$$M(\lambda,T)=\int_0^\infty M(T)\mathrm{d}\lambda \tag{5.10.1}$$

实验表明，热辐射具有连续的辐射谱，波长自远红外区延伸到紫外区，并且辐射能量按波长的分布主要决定于物体的温度。处在不同温度和环境下的物体，都以电磁辐射形式发出能量。所谓黑体是指入射的电磁波全部被吸收，既没有反射，也没有透射（当然黑体仍然要向外辐射）。显然自然界不存在真正的黑体，但许多的物体是较好的黑体近似（在某些波段上）。黑体是一种完全的温度辐射体，即任何非黑体所发射的辐射通量都小于同温度下的黑体发射的辐射通量；并且，非黑体的辐射能力不仅与温度有关，而且与表面的材料的性质有关，而黑体的辐射能力则仅与温度有关。在黑体辐射中，存在各种波长的电磁波，其能量按波长的分布与黑体的温度有关。

早在 1859 年，德国物理学家基尔霍夫在总结当时实验发现的基础上，用理论方法得出一切物体热辐射所遵从的普遍规律：在热平衡状态的物体所辐射的能量与吸收的能量之比与物体本身物性无关，只与波长和温度有关。即在相同的温度下，各辐射源的单色辐出度（辐射本领）$M_i(\lambda,T)$ 与单色吸收率（吸收本领）$\alpha_i(\lambda,T)$ 的比值与物体的性质无关。其比值对所有辐射源（$i=1,2,\cdots$）都一样，是一个只取决于波长 λ 和温度 T 的普适函数 $f(\lambda,T)$。$M_i(\lambda,T)$ 与单色吸收率 $\alpha_i(\lambda,T)$ 两者中的每一个都随物体的不同而差别非常大。基尔霍夫定律可以表示为

$$\frac{M_1(\lambda,T)}{\alpha_1(\lambda,T)}=\frac{M_2(\lambda,T)}{\alpha_2(\lambda,T)}=\cdots=f(\lambda,T) \tag{5.10.2}$$

对于所有波长，$\alpha_\lambda=1$，这种物体成为绝对黑体，由此得到

$$\frac{M_1(\lambda,T)}{\alpha_1(\lambda,T)}=\frac{M_2(\lambda,T)}{\alpha_2(\lambda,T)}=\cdots=M_{\lambda b}(T) \tag{5.10.3}$$

式中，$M_{\lambda b}(T)$ 为该温度下黑体对同一波长的单色辐射度。

由此可见，基尔霍夫的普适函数正是绝对黑体的光谱辐射度。而 $\alpha(\lambda,T)=1$ 的辐射体就是绝对黑体，简称黑体。黑体的辐射亮度在各个方向都相同，即黑体是一个完全的余弦辐射体。辐射能力小于黑体，若 $\alpha(\lambda,T)<1$，并且对于所有波长，各种温度都是常数，称为灰体。灰体的辐射光谱分布与同一温度下黑体的辐射光谱分布相似。自然界并不存在一种物体其固有特性与灰体丝毫不差，但对于有限的波长区域而言，物体可近似于灰体。所有既不是黑体也不是灰体的实际物体，我们称之为选择性辐射体。其吸收本领 $\alpha(\lambda,T)<1$，且随波长及温度而变，同时也随光线偏振情况以及光线的入射角而变，在这些物体的光谱分布曲线与普朗克曲线不同。自然界中很少有严格意义下的黑体与灰体，一般的热辐射体都是选择性辐射体。

(2) 黑体辐射规律。

黑体辐射遵循如下三条规律：斯忒藩-波尔兹曼定律、维恩位移定律和普朗克辐射定律。

① 斯忒藩-波尔兹曼定律。这是热力学中的一个著名定律。1879 年约瑟福·斯忒藩(Stefan) 通过对实验数据的分析，提出了物体绝对温度为 T、面积为 S 的表面，单位时间所辐射的能量（辐射功率或辐射能通量）$M(\lambda,T)$ 存在如下关系

$$M(\lambda,T)=\int_0^\infty M(T)\mathrm{d}\lambda=\text{曲线下面积}$$

5 年后，鲁德维格·波尔兹曼（Boltzmann）从理论上推导了这个公式

$$M(\lambda,T)=\int_0^\infty M(T)\mathrm{d}\lambda=\sigma T^4 \tag{5.10.4}$$

这就是斯忒藩-波尔兹曼定律。$\sigma=5.670\times10^{-8}$ $(\mathrm{J/m^2\cdot s\cdot K^4})$ 是斯忒藩-波尔兹曼常数，是对所有物体均相同的常数。此式表明，绝对黑体的总辐出度与黑体温度的四次方成正比，即黑体的辐出度（即曲线下的面积）随温度的升高而急剧增大。由于黑体辐射是各向同性的，所以其辐射亮度 L 与辐射度有关系，斯忒藩-波尔兹曼定律也可以用辐射亮度表示为

$$L=\frac{\sigma}{\pi}T^4(\mathrm{W/m^2\cdot sr}) \tag{5.10.5}$$

② 维恩位移定律。对应一定温度 T 的 $M(\lambda,T)$ 曲线有一最高点，位于波长 λ_{max} 处。温度 T 越高，辐射最强的波长 λ 越短，即从红色向蓝紫色光移动，这验证了高温物体的颜色由暗红逐渐转向蓝白色的事实。在研究工作中，可以从实验上测量不同温度下 $M(\lambda,T)$ 曲线峰值所对应的波长 λ_{max} 与温度 T 之间的定量关系，也可以利用经典热力学从理论上进行推导，历史上德国物理学家维恩于 1893 年找到了 λ_{max} 与 T 之间的关系如果用数学形式描述这一实验规律，则有

$$\frac{1}{\lambda_{max}}\propto T$$

即光谱亮度的最大值的波长 λ_{max} 与它的绝对温度 T 成反比

$$\lambda_{max}=\frac{A}{T} \tag{5.10.6}$$

这就是著名的维恩位移定律。而 $A=2.897\times10^{-3}$ (m·K) 为一常数，即维恩常数。维恩因

热辐射定律的发现1911年获诺贝尔物理学奖。

随温度的升高，绝对黑体光谱亮度的最大值的波长向短波方向移动。由于辐射光谱的性质依赖于它的温度，我们可以用分析辐射光谱的办法来估计诸如恒星或炽热的钢水等一类炽热物体的温度。热辐射是连续谱，眼睛看到的是可见光区中最强的辐射频率。某种物质在一定温度下所辐射的能量分布在光谱的各种波长上，它给人们提供了某一辐射体用作光源或加热元件的功能，但它们本身并非黑体。请注意，一般辐射源所辐射的光谱（能量按波长分布曲线）依赖于辐射源的组成成分，但对于黑体，不论它们的组成成分如何，它们在相同温度下均发出同样形式的光谱。

图5.10.1为黑体的频谱亮度随波长的变化关系曲线图。每一条曲线上都标出黑体的绝对温度。与诸曲线的最大值相交的直线表示维恩位移线。

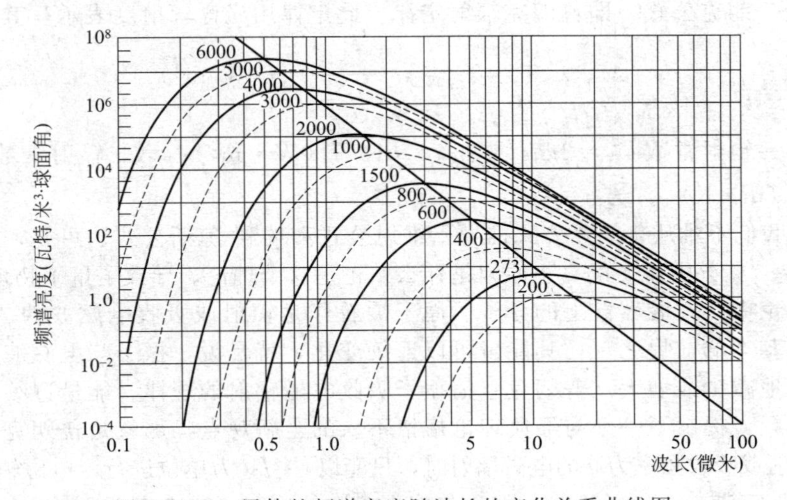

图5.10.1 黑体的频谱亮度随波长的变化关系曲线图

分析图中曲线可发现该曲线有如下特征：

a. 在任何确定的温度下，黑体对不同波长的辐射本领是不同的；

b. 在某一波长 λ 处有极大值，说明黑体对该波长具有最大的单色辐出度；

c. 当温度升高时，极大值位置向短波方向移动，曲线向上抬高并变得更为尖锐。

小结

以上两定律将黑体辐射的主要性质简洁而定量地表示了出来，很有实用价值。根据斯忒藩-波尔兹曼定律，热辐射能量随温度迅速增大。如果热力学温度加倍，例如从273K增到546K，辐射能量就增大16倍。因此，要达到非常高的温度，必须提供相应的能量以克服热辐射所造成的能量损失。反之，在氢弹爆炸中可以出现 3×10^7K以上的温度，在这么高的温度下，读者可算一算，一种物质 $1cm^2$ 表面的能量将是该物质在室温下所固守能量的多少倍呢？

利用维恩位移定律可以测定辐射体的温度，如测定了 λ_{max}，则可得到辐射体的温度。例如太阳表面发出的辐射在 $0.5\mu m$ 附近有一个极大值，我们可估算太阳的表面为6000K左右。还可以比较辐射体表面不同区域的颜色变化情况，来确定辐射体表面的温度分布，这种以图形表示出的热力学温度称之为热象图。热象图技术已在宇航、医学、军事等方面广为应用。如利用热象图的遥感技术可以监测森林火警，也可以用来监测人体某些部位的病变等。

③ 普朗克辐射定律。在实验测得黑体单色辐出度之后，摆在人们面前的一个饶有兴趣的问题是：怎样来解释实验上测得的 $M_0(\lambda,T)$-λ 曲线？怎样从理论上求得绝对黑体单色辐

出度的数学表达式？为此，19世纪末的许多物理学家作了巨大努力，从经典热力学、统计物理学和电磁学的基础上去寻求答案，但始终没有获得完全成功。1896年维恩根据经典热力学理论导出的公式只是在短波波长与实验曲线相符；1900年瑞利和琼斯根据统计物理学和经典电磁学理论导出的公式只是在波长很长时不偏离实验曲线。他们的共同结论是，在波长比光谱亮度的最大值短时，辐射能量将趋于无穷大。这显然是荒谬的结果，在物理学历史上，这一个难题被称为“紫外灾难”。“紫外灾难”表明经典物理学在解释黑体辐射的实验规律上遇到了极大的困难，是19世纪末经典物理学大厦上的两朵乌云之一。显然，如果事实不能被理论说明，那么理论存在缺陷，必须获得重建。

1900年，对热力学有长期研究的德国物理学家普朗克综合了维恩公式和瑞利-琼斯公式，利用内插法，引入了一个自己的常数，结果得到一个公式，而这个公式与实验结果精确相符，它就是普朗克公式，即普朗克辐射定律。此定律用光谱辐射度表示，其形式为

$$M_0(\lambda,T)=E_{\lambda T}=\frac{C_1}{\lambda^5\left(e^{\frac{C_2}{\lambda T}}-1\right)}(\mathrm{W/m^3})$$

式中，第一辐射常数 $C_1=2\pi hc^2=3.74\times10^{-16}(\mathrm{W\cdot m^2})$；第二辐射常数 $C_2=hc/\lambda=1.4398\times10^{-2}(\mathrm{m\cdot K})$

事实上，我们不难从普朗克公式推导出维恩公式和瑞利-琼斯公式。可是，这个公式的理论在什么地方？“紫外灾难”的真正原因是什么？正是这个理论，导致了量子物理学的产生。

在经典理论中，空腔器壁上的分子、原子被看作是辐射或吸收电磁波的“振子”，这是经典物理学最基本的前提之一，其能量可以连续变化，就是说，振子与电磁波之间的能量交换可以无限制地减少或增大。普朗克坚信振子吸收电磁辐射的规律、能量连续辐射的传统观念一定存在问题，提出了一个与经典理论格格不入的全新观点，那就是普朗克假设。

物体在发射或吸收频率为 ν 的电磁辐射时，只能以 $\varepsilon=h\nu$ 为单位进行，电磁辐射能量只能是 ε 的整数倍，即 $E=n\varepsilon=nh\nu$，其中 h 就是普朗克常数，$h=6.6260755\times10^{-34}\mathrm{J\cdot s}$。按照这个假设，他成功地从理论上推导出普朗克公式。

(3) 实验装置

WGH-10型黑体实验装置由光栅单色仪、接收器、扫描系统、电子放大器、A/D采集单元、电压可调的稳压溴钨灯光源、计算机及打印机组成。该设备集光学、精密机械、电子学、计算机技术于一体。

主机部分由以下几部分组成：单色仪、狭缝、接收器、光学系统以及光栅驱动系统等，见图5.10.2。

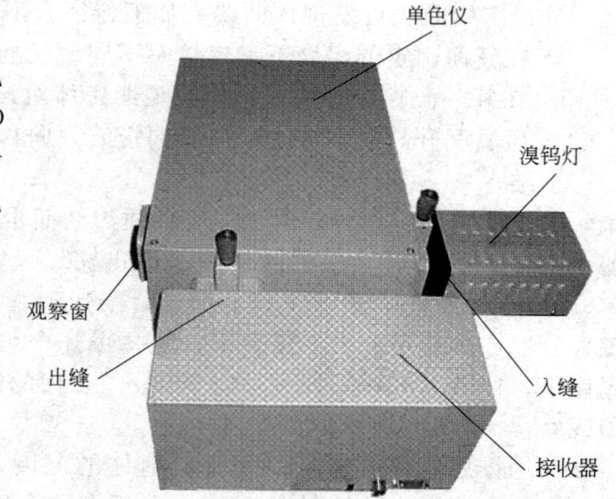

图5.10.2 WGH-10型黑体实验装置

a. 狭缝。狭缝为直狭缝，宽度范围0～2.5mm连续可调，顺时针旋转为狭缝宽度加大，反之减小，每旋转一周狭缝宽度变化0.5mm。为延长使用寿命，调节时注意最大不超过2.5mm，平日不使用时，狭缝最好开到0.1～0.5mm左右。

为去除光栅光谱仪中的高级次光谱，在使用过程中，操作者可根据需要把备用的滤光片插入入缝插板上。

b. 光栅单色仪。光栅单色仪系统原理如图5.10.3所示。

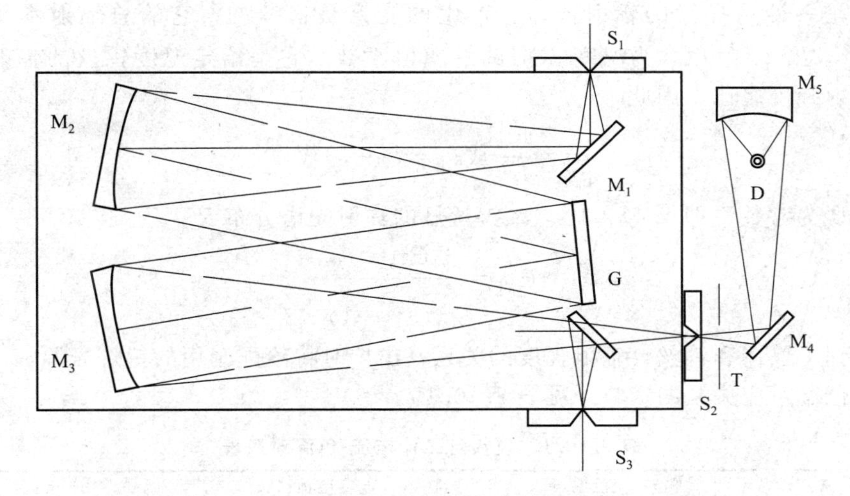

图 5.10.3　光栅单色仪光学原理图

M_1—反射镜；M_2—准光镜；M_3—物镜；M_4—反射镜；M_5—深椭球镜；

G—平面衍射光栅；S_1—入射狭缝；S_2、S_3—出射狭缝；T—调制器；D—光电接受器

入射狭缝、出射狭缝均为直狭缝，宽度范围 0～2.5mm 连续可调，光源发出的光束进入入射狭缝 S_1，S_1 位于反射式准光镜 M_2 的焦面上，通过 S_1 射入的光束经 M_2 反射成平行光束投向平面光栅 G 上，衍射后的平行光束经物镜 M_3 成像在 S_2 上。经 M_4、M_5 会聚在光电接受器 D 上。M_2、M_3 的焦距为 302.5mm，光栅 G 每毫米刻线 300 条，闪耀波长 1400nm。

滤光片工作区间：第一片 800～1000nm；第二片 1000～1600nm；第三片 1600～2500nm。

(4) 仪器的机械传动系统。

仪器采用如图 5.10.4(a) 所示“正弦机构”进行波长扫描，丝杠由步进电机通过同步带驱动，螺母沿丝杠轴线方向移动，正弦杆由弹簧拉靠在滑块上，正弦杆与光栅台连接，并绕光栅台中心回转，如图 5.10.4(b) 所示，从而带动光栅转动，使不同波长的单色光依次通过出射狭缝而完成“扫描”。

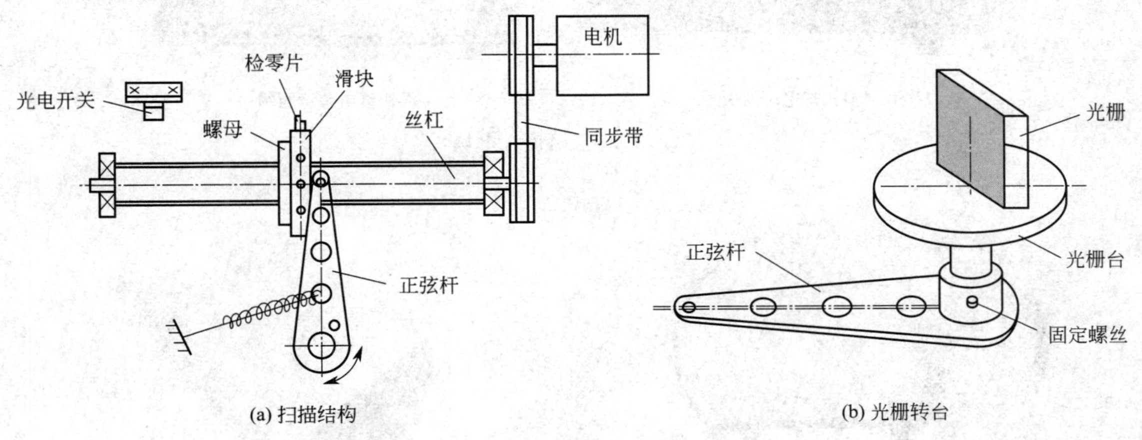

(a) 扫描结构　　(b) 光栅转台

图 5.10.4　扫描结构图及光栅转台图

(5) 溴钨灯光源。

标准黑体应是黑体实验的主要设置，但购置一个标准黑体其价格太高，所以本实验装置采用稳压溴钨灯作光源，溴钨灯的灯丝是用钨丝制成，钨是难熔金属，它的熔点为 3665K。

钨丝灯是一种选择性的辐射体，它产生的光谱是连续的，它的总辐射本领 R_T 可由 $R_T=\varepsilon_T\sigma T^4$ 求出，其中 ε_T 为温度 T 时的总辐射系数，它是给定温度钨丝的辐射强度与绝对黑体的辐射强度之比，因此

$$\varepsilon_T=\frac{R_T}{E_T}\text{或}\varepsilon_T=(1-e^{-BT})$$

式中，B 为常数，即 1.47×10^{-4}，钨丝灯的辐射光谱分布 $R_{\lambda T}$ 为

$$R_{\lambda T}=\frac{C_1\varepsilon_{\lambda T}}{\lambda^5(e^{\frac{C_2}{\lambda T}}-1)}$$

上面谈到了黑体和钨丝灯辐射强度的关系，出厂时将给配套用的钨灯光源，一套标准的工作电流与色温对应关系的资料，见表 5.10.1。

表 5.10.1 溴钨灯工作电流-色温对应表

电流/A	色温/K	电流/A	色温/K
2.50	2940	1.80	2500
2.30	2860	1.70	2450
2.20	2770	1.60	2430
2.10	2680	1.50	2330
2.00	2600	1.40	2250
1.90	2550		

光源系统采用电压可调的稳压溴钨灯光源（图 5.10.5～图 5.10.8），额定电压值为 12V，电压变化范围为 2～12V。

溴钨灯电源面板

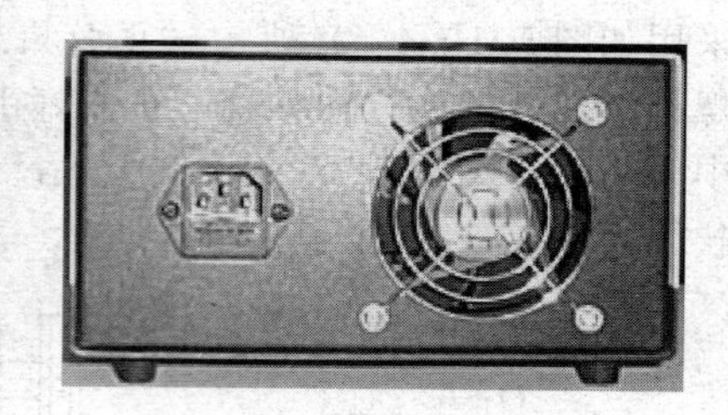

溴钨灯电源背面图

图 5.10.5 溴钨灯电源

图 5.10.6 溴钨灯装接图

图 5.10.7 溴钨灯外形图

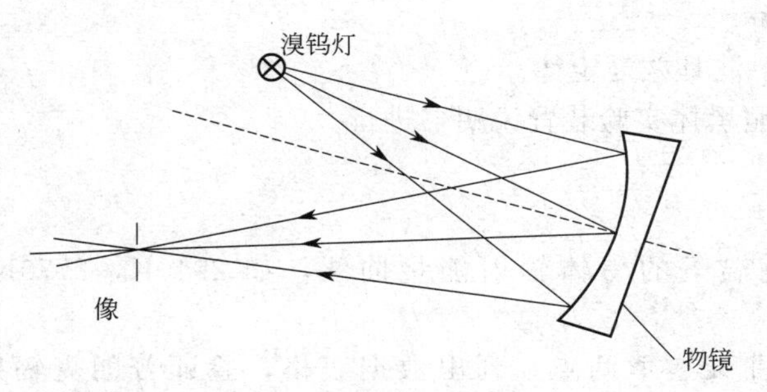

图 5.10.8　光源光路图

（6）接收器。

本实验装置的工作区间在800～2500nm，所以选用硫化铅（PbS）为光信号接收器，从单色仪出缝射出的单色光信号经调制器，调制成50Hz的频率信号被PbS接收，选用的PbS是晶体管外壳结构、该系列探测器是将硫化铅元件封装在晶体管壳内，充以干燥的氮气或其他惰性气体，并采用熔融或焊接工艺，以保证全密封。该器件可在高温、潮湿条件下工作且性能稳定可靠。

（7）电控箱。

电控箱（图5.10.9）控制光谱仪工作，并把采集到的数据及反馈信号送入计算机。

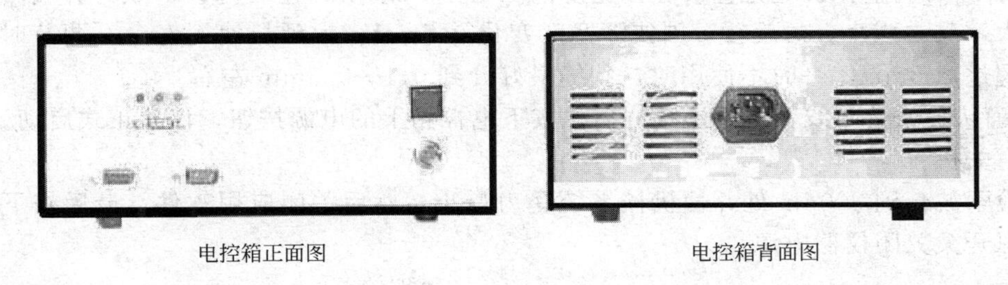

图 5.10.9　电控箱

【实验内容与步骤】

实验前请先仔细阅读实验仪器使用说明书。

（1）打开黑体辐射实验系统电控箱电源及溴钨灯电源开关。

（2）打开计算机电源。

（3）双击“黑体”图标进入黑体辐射系统软件主界面，设置如下。

工作方式——模式：能量，间隔：2nm。

工作范围——起始波长：800nm，终止波长：2500nm。

最大值：10000.0，最小值：0.0（“最大值”与狭缝宽度有关，宽度越大，值越大，“最大值”最多能调节为“10000”）。(此时传递函数和修正为黑体均不选)

（4）调节溴钨灯工作电流为2.5A，即色温为2940K，点击“单程”计算传递函数。

（5）建立传递函数，并修正为黑体。

（6）记录溴钨灯光源的全谱存于寄存器中。

（7）改变溴钨灯工作电流，绘制不同色温下的黑体辐射能量曲线，把全谱存于五个寄存器中。

（8）分别对各个寄存器中的数据进行归一化。

(9) 验证维恩定律。

(10) 验证斯忒藩-波耳兹曼定律。

更多的使用请参照黑体实验装置说明书进行。

【数据处理】

(1) 绘制不同色温下的黑体辐射能量曲线，如 2940K，2770K，2600K，2500K 和 2430K。

(2) 同一色温的曲线上取两点，列出数据表格，验证普朗克辐射定律，并计算相对误差。

(3) 验证斯忒藩-波耳兹曼定律，求出五个色温下斯忒藩-波耳兹曼系数，求平均，并计算相对误差。

(4) 验证维恩定律，计算维恩常数，并计算相对误差。

(5) 将以上所测辐射曲线与绝对黑体的理论曲线进行比较，并对其进行分析。

【注意事项】

(1) 开机。

① 接通电源前，认真检查接线是否正确。

② 狭缝的调整：狭缝为直狭缝，宽度范围为 0～2.5mm 连续可调，顺时针旋转为狭缝宽度加大，反之减小。每旋转一周狭缝宽度变化 0.5mm。为延长使用寿命，调节时应注意最大不超过 2.5mm，平时不使用时，狭缝最好开到 0.1～0.5mm 左右。

③ 确认各条信号线及电源连接好后，按下电控箱上的电源按钮，仪器正式启动。

(2) 关机。

先检索波长到 800nm 处，使机械系统受力最小，然后关闭应用软件，最后按下电控向上的电源开关关闭仪器电源。

【讨论思考题】

(1) 因为绝对黑体价格昂贵，因此我们选用辐射光谱曲线和黑体辐射曲线类似的钨丝作为黑体，这一类辐射体也叫作灰体，由于钨丝灯的总辐射通量和黑体相比为一个总辐射系数，因此，只要知道总辐射系数参数，便能够还原出黑体辐射的普朗克定律，验证黑体辐射的相关内容。

(2) 由于不同电流下，不同色温下，钨丝的辐射量不一样，为了便于对不同色温之间的数据进行对比，因此我们需要对其进行归一化，即使是不同的总辐射量，但不同波长对总辐射的比值是可以相互比较，因此需要对谱线数据进行归一化。

(3) 由于光谱仪里面存在光学器件组成的光路图，钨丝所发的光通过光谱仪里面的光路，也就是信道才传输到计算机，因此我们认为光谱仪是一个系统，存在乘性干扰，当光信号经过该系统后，输出特性便是光信号和传递函数卷积，因此为了还原钨丝的辐射曲线，在测量光谱前我们需要去除这个传递函数，通常一个系统的传递函数测量是单位冲激函数的响应，但在黑体辐射测量实验中，我们已经知道与该灯已标定的标注 2940K 辐射能量曲线，因此我们只需要在色温 2940K 下得到一条能量曲线，然后通过与标定曲线比较，便能测量传递函数。

(4) 光源灯丝老化带来电阻的升高，带来实验误差的增大，我们色温和电流关系是通过查表可得，由于电阻的增大，在相同的电流发光下，我们得到的老化的钨丝色温应该较原来的偏大，比如说在实验中验证普朗克辐射定律用到的色温值比真实值偏小，造成实验结果偏大。

【扩展训练】

验证普朗克辐射定律。

【扩展阅读】

[1] 马维超．黑体辐射实验规律是如何预示了普朗克假设的［J］．东北师大学报（自然科学版），1986（4）：130-134.

[2] 杨平京，马世红．组合式黑体辐射实验装置的搭建和探究［J］．物理实验，2013，33（2）：3.

【附录】

为了研究黑体辐射，人们构造了图 5.10.10 这样一个物理模型。我们可以把这个空腔看做黑体。

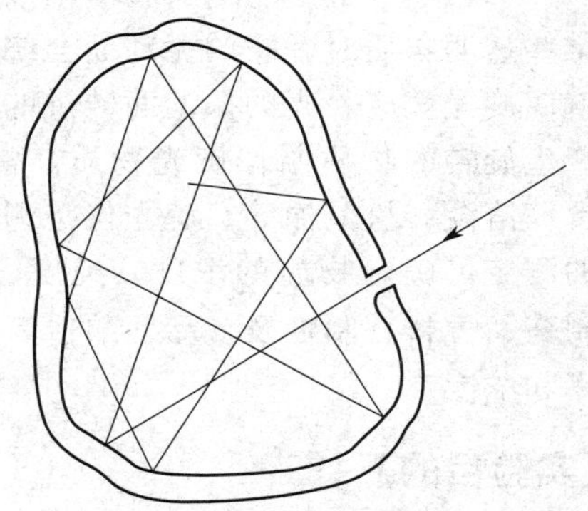

图 5.10.10　黑体模型

当空腔与内部的辐射处于平衡时，腔壁单位面积所发射出的辐射能量和其所吸收的辐射能量相等。实验得出的平衡时辐射能量密度（ε 表示，热平衡时单位体积内的能量）按波长分布的曲线，其形状和位置只与黑体的绝对温度有关，而与空腔的形状及组成物质无关（实验规律）。当时的物理学家试图通过经典物理学来解释这种能量分布，但他们失败了。在普朗克之前，曾经有两种解释，两种通过经典物理学得出的公式，第一个是维恩从热力学角度得出的维恩公式，$\rho(\nu)=b\nu^3 e^{\frac{-a\nu}{T}}$ 这个公式在短波情况下较为符合，但是长波情况下显著不一致，第二个是瑞利和金斯从经典电动力学和统计力学推导的瑞利-金斯公式，$\rho(\nu)=\frac{8\pi}{c^3}\nu^2 kT$ 这个公式在长波情况下较为符合，但是短波情况下完全不符合，而且这个公式在短波时是发散的，因此瑞利-金斯公式从 0 向∞积分波长时，会出现紫外灾难，$\varepsilon=\int_0^\infty \rho(\nu)\mathrm{d}\nu \to \infty$ 能量趋近无穷，所以称作灾难，经典理论结束。实际上量子理论就是由于黑体辐射问题产生的，这就是为什么我要讲黑体辐射，追本溯源而已，黑体辐射的问题是 1900 年普朗克引进量子概念后才得到解决的。普朗克假定，黑体以 $h\nu$ 为能量单位连续不断地发射和吸收频率为 ν 的辐射，而不是像经典理论所要求的可以连续地发射和吸收辐射能量。能量单位 $h\nu$ 称为能量

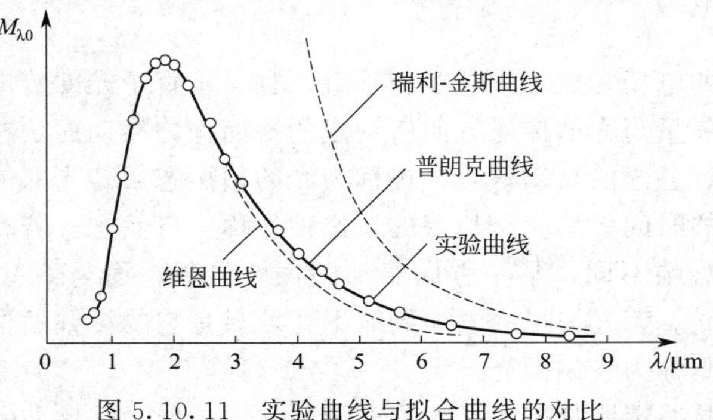

图 5.10.11　实验曲线与拟合曲线的对比

子，其中 $h=6.62606896(33)\times10$^(−34)J·s。（h 是普朗克常数），基于这个假定，普朗克得到了与实验结果符合很好的黑体辐射公式：（通过插值法结合两个公式然后发现结合的公式必须满足能量子假设）$\rho_\nu \mathrm{d}\nu=\frac{8\pi h\nu^3}{c^3}\cdot\frac{1}{\mathrm{e}^{\frac{h\nu}{k_\mathrm{B}T}}-1}\mathrm{d}\nu$。这里的 $\rho_\nu \mathrm{d}\nu$，代表是黑体内频率在 ν 到 $\nu+\mathrm{d}\nu$ 之间的辐射能量密度，c 是光速，k_B 是波尔兹曼常数，T 是黑体的热力学温度。图 5.10.11 为不同拟合曲线实验曲线的对比。

5.11　旋光度的测量

【引言】

1911 年，法国物理学家阿喇果（D. F. J Arago）发现，当线偏振光通过某些透明物质时，它的振动面会绕光的传播方向转过一定的角度，这种现象就叫旋光效应，光的振动面转过的角度称为旋光角或旋光度，使光的振动面产生旋转的物质叫作旋光物质。常见的旋光物质有：石英、朱砂、酒石酸、食糖溶液、松节油等。旋光仪是测定旋光物质旋光度的仪器，通过对旋光度的测定可确定物质的浓度、纯度、比重、含量等，广泛应用于石油、化工、制药、香料、制糖及食品、酿造等工业。本实验就是要应用旋光效应，测量旋光溶液的旋光率和浓度。

旋光度的测量

【实验目的】

（1）观察线偏振光通过旋光物质所发生的旋光现象。

（2）学习旋光仪的使用方法，用旋光仪测定糖溶液的浓度。

【实验仪器】

WXG-4 小型旋光仪、烧杯、蔗糖、蒸馏水。

【预习思考题】

（1）旋光度与哪些物理量有关？

（2）什么是旋光现象？有何应用？

【实验原理】

光是电磁波，它的电场和磁场矢量互相垂直，且又垂直于光的传播方向。通常用电矢量代表光矢量，并将光矢量与光的传播方向所构成的平面称为振动面。在传播方向垂直的平面内，光矢量可能有各种各样的振动状态，被称为光的偏振态。若光的矢量方向是任意的，且各方向上光矢量大小的时间平均值是相等的，这种光称为自然光。若光矢量可以采取任何方向，但不同的方向其振幅不同，某一方向振动的振幅最强，而与该方向垂直的方向振动最弱，则称为部分偏振光。若光矢量的方向始终不变，只是它的振幅随位相改变，光矢量的末端轨迹是一条直线，则称为线偏振光。

当线偏振光通过某些透明物质（例如糖溶液）后，偏振光的振动面将以光的传播方向为轴线旋转一定角度，这种现象称为偏振面的旋转，或称为旋光现象。旋转的角度 φ 称为旋光度。能使其振动面旋转的物质称为旋光性物质。比如糖溶液、松节油等液体有旋光性，石英、朱砂等固体也具有旋光性质。不同的旋光性物质可使偏振光的振动面向不同方向旋转。如果面对光源，使振动面顺时针旋转的物质称为右旋物质；使振动面逆时针旋转的物质称为左旋物质。

实验证明，对某一旋光溶液，当入射光的波长给定时，旋光度 φ 与偏振光通过溶液的长度 L 和溶液的浓度 c 成正比，即

$$\varphi=\alpha cL \tag{5.11.1}$$

式中，旋光度 φ 的单位为“度”；偏振光通过溶液的长度 L 的单位为 dm；溶液浓度 c 的单位为 $g \cdot mL^{-1}$；α 为该物质的比旋光度，它在数值上等于偏振光通过单位长度（dm）、单位浓度（$g \cdot mL^{-1}$）的溶液后引起的振动面的旋转角度，其单位为（度 $\cdot mL \cdot dm^{-1} \cdot g^{-1}$）。

由于测量时的温度及所用波长对物质的比旋光度都有影响，因而应当标明测量比旋光度时所用波长及测量时的温度。例如 $[\alpha^{50℃}_{5893Å}]=66.5°$，它表明在测量温度为 500℃，所用光源的波长为 5893Å 时，该旋光物质的比旋光度为 66.5°。

在糖溶液浓度已知的情况下，测出溶液试管的长度 L 和旋光度 φ，就可以计算出该溶液比旋光度，即

$$[\alpha]^{t}_{\lambda}=\frac{\varphi}{cL} \tag{5.11.2}$$

已知某溶液的比旋光度，且测出溶液试管的长度 L 和旋光度 φ，可根据式(5.11.2) 求出待测溶液的浓度，即

$$c=\frac{\varphi}{L\,[\alpha]^{t}_{\lambda}} \tag{5.11.3}$$

旋光仪是用来测定旋光物质旋光度的装置，其结构如附录图 5.11.3 所示。测量时如果只是将旋光仪中起偏镜 4 和检偏镜 7 的偏振面调到相互正交，这时在目镜 10 中看到最暗视场；然后装上测试管 6，转动检偏镜，使因偏振面旋转而变亮的视场重新达到最暗，此时检偏镜的旋转角度即表示被测溶液的旋光度。

因为人的眼睛不能够准确地判断视场是否最暗，故多采用“半荫法”或“三分视界法”比较相邻两光束的强度是否相等来确定旋光度。如果在起偏镜后再加一片石英晶片，此石英片和起偏镜的一部分在视场中重叠。随着石英片安放的位置不同，可以将视场分为两部分［图 5.11.1(a)］或三部分［图 5.11.1(b)］，同时在石英片旁装上一定厚度的玻璃片，来补偿由石英片产生的光强变化。

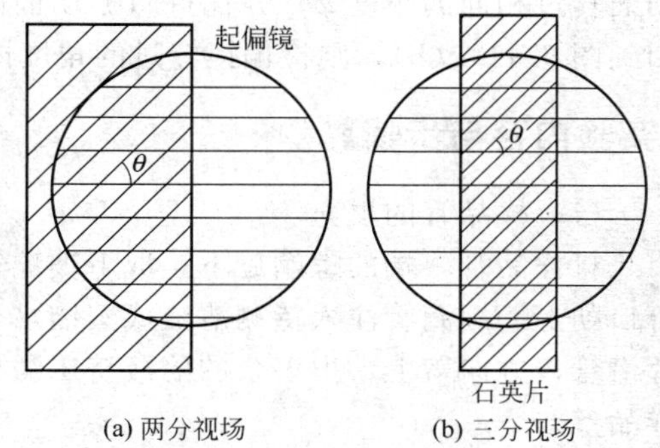

图 5.11.1　两分视场和三分视场

取石英片的光轴平行于自身表面并与起偏轴成一个角度 θ（仅几度）。由光源发出的光经起偏镜后变成线偏振光，其中一部分光再经过石英片（其厚度恰使入射的线偏振光在石英片内分成 e 光和 o 光，其相差为 π 的奇数倍，出射的合成光仍为线偏振光），其偏振面相对于入射光的偏振面转过了 2θ，所以，进入测试管里的光是振动面间的夹角为 2θ 的两束线偏振光。在图 5.11.2 中，如果以 OP 和 OA 分别表示起偏镜和检偏镜的偏振轴，OP' 表示透过石英片后偏振光的振动方向，β 表示 OP 与 OA

的夹角，β' 表示 OP' 与 OA 的夹角，再以 OA_{P} 和 OA_{P}' 分别表示通过起偏镜和起偏镜加石英片的偏振光在检偏镜偏振轴方向的分量，则由图 5.11.2 可知，当转动检偏镜时，A_{P} 和 A_{P}' 的大小将会发生变化，反映在从目镜中见到的视场上将出现亮暗交替变化，图 5.11.2 中列出四种显著不同的情形。

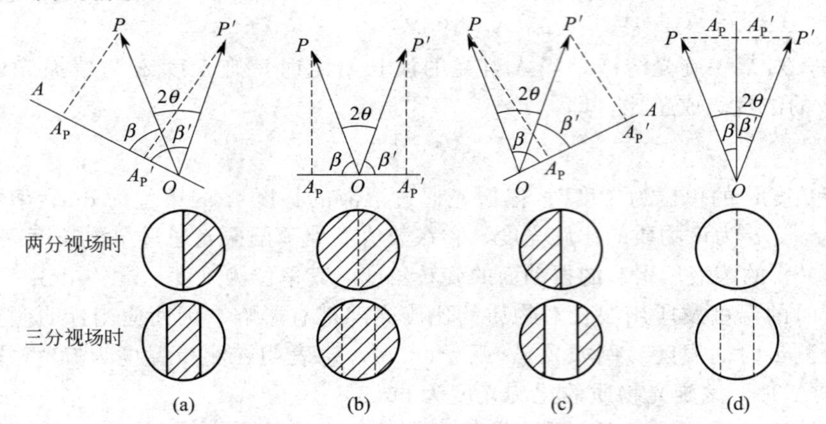

图 5.11.2　转动检偏器时对应的四种视场

① $\beta'>\beta$，$OA_{\mathrm{P}}>OA_{\mathrm{P}}'$ 通过检偏镜观察时，与石英片对应的部分为暗区，与起偏镜对应的部分为亮区，视场被分成清晰的两（或三）部分。当 $\beta'=\pi/2$ 时，亮暗反差最大。

② $\beta'=\beta$，$OA_{\mathrm{P}}=OA_{\mathrm{P}}'$ 通过检偏镜观察时，视场中两（或三）部分界线消失，亮度相等，较暗。

③ $\beta'<\beta$，$OA_{\mathrm{P}}<OA_{\mathrm{P}}'$ 通过检偏镜观察时，视场又被分成清晰的两（或三）部分，与石英片对应的部分为亮区，与起偏镜对应的部分为暗区。当 $\beta=\pi/2$ 时，亮暗反差最大。

④ $\beta'=\beta$，$OA_{\mathrm{P}}=OA_{\mathrm{P}}'$ 通过检偏镜观察时，视场中两（或三）部分界线消失，亮度相等，较亮。由于在亮度不太强的情况下，人眼辨别亮度微小差别的能力较大，所以常取图 5.11.2(b) 的现象。

在旋光仪中放上测试管后，透过起偏镜和石英片的两束偏振光均通过测试管，它们的振动面转过相同的角度 φ，并保持两振动面间的夹角 2θ 不变。如果转动检偏镜，使视场仍旧回到图 5.11.2(b)，则检偏镜转过的角度即为被测试溶液的旋光度。

【实验内容与步骤】

(1) 样品管的填充。

将样品管一端的螺帽旋下，取下玻璃盖片（小心不要掉在地上摔碎!），然后将管竖直，管口朝上。用滴管注入待测溶液或蒸馏水至管口，并使溶液的液面凸出管口。小心将玻璃盖片沿管口方向盖上，把多余的溶液挤压溢出。装好后，将样品管外部拭净，以免沾污仪器的样品室。

(2) 仪器零点的校正和半暗位置的识别。

接通电源并打开光源开关，5～10min 后，钠光灯发光正常（黄光），才能开始测定。通常在正式测定前，均需校正仪器的零点，即将充满蒸馏水的样品管放入样品室，旋转度盘转动手轮至目镜视野中三分视场的明暗程度完全一致（较暗），再按游标尺原理记下读数，如此重复测定三次，填入表 5.11.1 中。

上述校正零点过程中，三分视场的明暗程度（较暗）完全一致的位置为视场中中间亮两旁暗与中间暗两旁亮的交界位置，称为仪器的半暗位置。通过零点的校正，要学会正确识别和判断仪器的半暗位置，并以此为准，进行样品旋光度的测定。

表 5.11.1　仪器零点的校正

零点 φ_0/度						零点平均值 $\overline{\varphi_0}$ /度
1		2		3		
左	右	左	右	左	右	

（3）样品旋光度的测定。

分别将 1dm 和 2dm 长的充满已知浓度和未知浓度的蔗糖溶液的样品管放入旋光仪内，并应把样品管有圆泡一端朝上，以便把气泡存入，不致影响观察和测定。然后旋转度盘转动手轮，使达到半暗位置，按游标尺原理记下读数，重复三次，填入表 5.11.2 中。

表 5.11.2　样品旋光度的测定

溶液类型	试管长度 L/dm	读数 φ/度						观测值 $\bar{\varphi}$/度	旋光度 $\varphi=\bar{\varphi}-\overline{\varphi_0}$ /度
		1		2		3			
		左	右	左	右	左	右		
已知浓度	1								
已知浓度	2								
未知浓度	2								

【数据处理】

（1）计算仪器的零点值 $\overline{\varphi_0}$。

（2）对表 5.11.1 中三次测量得到的仪器半暗位置取平均值即为仪器的零点值 $\overline{\varphi_0}$。

（3）计算待测溶液的旋光度。

根据表 5.11.2，对三次测量得到的仪器半暗位置取平均值，即为旋光度的观测值，由观测值减去零点值，即为该样品真正的旋光度。并将计算结果填入表 5.11.2 中。例如，仪器的零点值为$-0.05°$，样品旋光度的观测值为$+9.85°$，则样品真正的旋光度为 $\varphi=+9.85°-(-0.05°)=+9.90°$。

（4）计算已知溶液的比旋光度。

溶液的比旋光度和旋光度的关系为：$[\alpha]_\lambda^t=\frac{\varphi}{cL}$。式中，$t$ 为测定时的温度，单位是℃；λ 表示钠光的波长为 589.3nm；φ 为旋光度；c 为溶液的浓度，以 g/mL 为单位，这里已知蔗糖浓度 $c=0.10$g/mL；L 为样品管的长度，以 dm 为单位，$[\alpha]_\lambda^t$ 为比旋光度，以（度 · mL · dm^{-1} · g^{-1}）为单位。

将上一步得到的试管长度为 1dm 和 2dm 对应的已知浓度的溶液的旋光度 φ_1 和 φ_2 分别带入公式，求比旋光度，然后再求二者的平均值。

$$[\alpha]_\lambda^t=\frac{\varphi}{Lc}=\frac{1}{2}\left(\frac{\varphi_1}{L_1c}+\frac{\varphi_2}{L_2c}\right)$$

（5）计算未知蔗糖溶液的浓度。根据公式 $c=\frac{\varphi}{[\alpha]_\lambda^t\cdot L}$，将第 4 步求出的比旋光度的平均值 $[\alpha]_\lambda^t$、试管长度为 2dm 以及对应的未知蔗糖溶液的旋光度 φ 带入，计算未知蔗糖溶液的浓度。

【注意事项】

（1）读数时要注意该物质使光的振动面是向左旋还是向右旋，左旋记为负值（如－11.7°），右旋记为正值（如＋11.7°）。相应的比旋光度也有正负之分。

（2）右旋和左旋的规定：面对着光源观察时，物质使偏振光的旋转方向为顺时针的是右旋，逆时针的是左旋。蔗糖溶液是左旋物质，葡萄糖溶液是右旋物质。

（3）溶液应装满整个试管，不能有气泡。

（4）注入溶液后，试管和试管两端透光窗均应擦拭干净，才可以装上旋光仪。

（5）试管的两端经过精密磨制，以保证其长度为确定值，使用时务必十分小心，以防损坏。

【讨论思考题】

（1）实验中，一般选择全暗视场作为参考视场，为何不选视场均匀但全亮的位置作为参考视场？

（2）旋光率与哪些因素有关？

【扩展训练】

测定其他旋光物质的旋光度。

【扩展阅读】

[1] 陈国杰，李斌，谢嘉宁．大学物理实验［M］．北京：科学出版社，2018.
[2] 江美福，方建兴．大学物理实验教程［M］．北京：科学出版社，2009.

【附录】

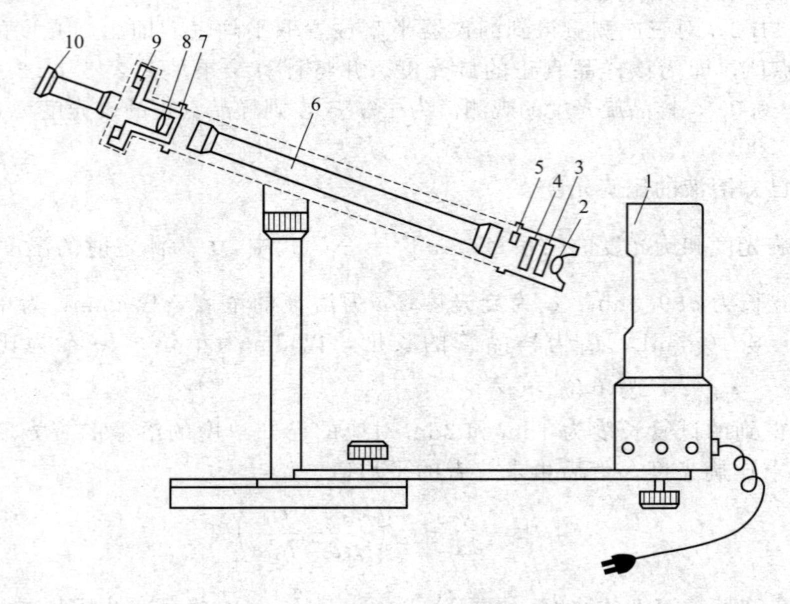

图 5.11.3　实验装置

1—光源；2—会聚透镜；3—滤色片；4—起偏镜；5—石英片；
6—测试管；7—检偏镜；8—望远镜物镜；9—刻度盘；10—望远镜目镜

5.12 真空的获得和测量

【引言】

真空指的是不存在物质的空间，是进行科学研究、技术开发以及生产活动等广泛场景中所需要具备的环境。尽管在真空中声音、温度不能传播，但是引力场、引力波、电磁场、电磁波等场与波形式的物质却可以在其中传播。真空的品质用真空度来衡量，依据不同的应用场景，真空度的要求也不同。掌握真空的获得和测量是一项基础而重要的技能。

【实验目的】

（1）掌握真空的制备和测量原理。

（2）学会利用相关的仪器制备和测量真空。

【实验仪器】

旋片式真空泵、油扩散泵、热电偶真空计和电离真空计。

【预习思考题】

（1）请从微观角度解释一下气体对容器的压强是怎么产生的。

（2）请解释气体密度改变如何影响热导率。

【实验原理】

（1）真空的获得。

在一个密闭的容器内得到真空，所需要用到的仪器是真空泵，它是能够不断将容器内的空气排出的装置。每一种真空泵都有自己具体的排空方法和工作条件，同时也存在它所能获得的排空程度的上限。

根据真空泵所能获得的真空度的不同，可以分为粗真空泵、高真空泵和超高真空泵。粗真空泵的特点是抽气量大，适合于工业生产中所需要的真空条件。比如在食品工业中，为了防止包装袋内空气对食物的氧化，粗真空泵可创造出食品“真空包装”这一条件。在医药、化工领域经常要用到蒸发、蒸馏的操作。它们具有结构简单，使用较为方便，维护方便，工作稳定性好，能满足日常要求等优点，因此在民用工业中的应用比较广泛。高真空泵可提供较高的真空度，它被用于新工艺、新技术、新材料的研制和生产中，如航空航天的模拟实验，真空镀膜等领域。常见的高真空泵有滑阀式真空泵、旋片式真空泵、罗茨真空泵等。超高真空泵是可用来提供现代研究的真空环境，如进行表面分析，样品、光激源和探测器的安放等都需要超高真空。这一级别的真空泵的真空室材质通常为不锈钢，真空度优于 5×10^{-10} mbar[1]。需要指出的是，较高真空度的获得，往往需要不同真空度规格的真空泵的组合使用，先利用较低排空度的泵作为初级泵，获得一个较粗糙的真空环境，再衔接在较高排空能力的泵作为次级泵，获得规格更高的真空。

本节课内容我们以机械泵——旋片式真空泵和油扩散泵为例，介绍它们的构造、工作原

---

[1] 1mbar＝100Pa。

理和指标。

旋片式真空泵能够排空密封容器中的气体，若附加安装了气镇装置，还可以抽除可凝性气体。但是，这种真空泵不适于抽除含氧量过高、对金属腐蚀作用大、与泵油起化学反应和含有颗粒尘埃的气体。它能提供0.1帕数量级的真空度。

旋片式真空泵是最基本的真空获得设备之一，多为中小型泵，包括单级和双级两种。所谓双级，就是将两个单级泵连通起来，一般多做成双级泵以得到较高的真空度。

旋片泵的主要结构：转子、泵体、端盖、旋片、弹簧等。在旋片泵的腔内安装一个转子，并且安装的位置是偏心的，泵腔内表面与转子的外圆相切并且两者之间存在很小的间隙，转子槽内装有带弹簧的二个旋片。旋转时，靠离心力和弹簧的张力使旋片顶端与泵腔的内壁保持接触，转子旋转带动旋片沿泵腔内壁滑动。

如图5.12.1所示，旋片泵的旋片把转子、泵腔和两个端盖所围成的月牙形空间分隔成A，B，C三部分。当转子按图中的箭头方向转动时，与吸气口相连通的空间A的容积是增加的，这是吸气过程。连通排气口的空间C的容积变小，这是排气过程。居中的空间B的容积减小，这是压缩过程。A的增大导致了气体压强降低，泵的入口处将气体吸入。随着转动的继续，A与吸气口不再相通，即转至空间B的位置，气体被压缩，最终与排气口相通，排气阀在被压缩气体的压力作用下打开，气体从油箱底部排出。泵反复地转动将会使气体逐渐排出。如果组成双级泵，这时总的压缩比由两级气泵来负担，将显著提高极限真空度。

油扩散泵（图5.12.2）是利用定向流动的低压高速油蒸气射流抽气的真空泵。这种泵的极限真空为10E（－4～－5）Pa，油扩散泵是获得较高真空的主要设备，广泛用于真空冶炼、真空镀膜、空间模拟试验和对油污染不敏感的一些真空系统中。

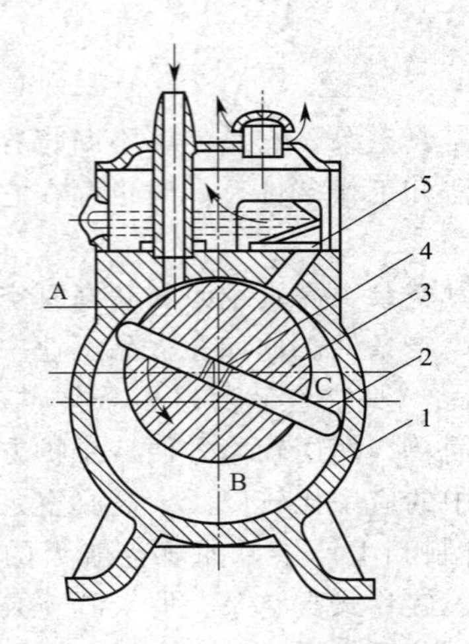

图5.12.1　旋片式真空泵

1—泵体；2—旋片；3—转子；4—弹簧；5—排气阀

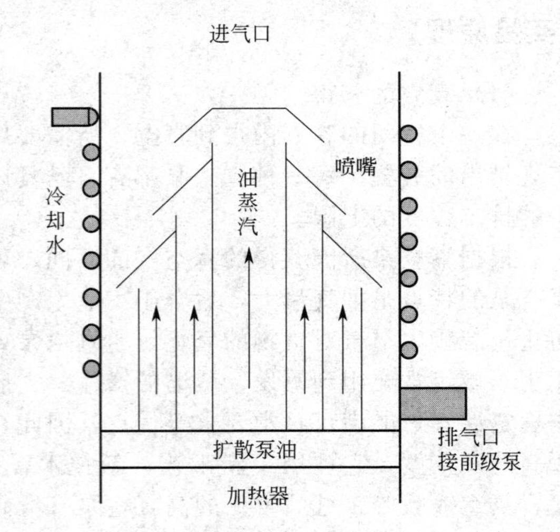

图5.12.2　油扩散泵

(2) 真空的测量。

真空计是用于真空度测量的仪器。不同的真空计有不同的量程，因此要测量真空的真空度，要了解待测真空的真空度的数量级，这可以根据所使用的真空泵的指标来获悉。

下面介绍几个常用的真空计。派蓝尼型真空计是一种热传导式真空计。空间中气体密度的不同导致了真空度的不同。它是利用气体密度不同，热导率也不同，再将温度信号转化为电阻信号，进而通过电路来测量真空中的气体密度。它的测量范围约为 $10^{2}\sim10^{-3}$ mbar。电离真空计是利用在一定条件下，气体的压力与被电离气体的离子流成正比的关系这一原理工作的。这一条件指的是待测真空的气压较低。这一类真空计还包括冷阴极电离真空计、放射性电离真空计、热阴极电离真空计等。它的测量范围约为 $10^{-2}\sim10^{-11}$ mbar。

本节课内容我们以热电偶真空计以及电离真空计为主，介绍它的构造、工作原理。

如图 5.12.3 所示，热电偶真空计是用一对接入到电路中的热电偶来测量电阻丝的温度，从而得到真空度的真空计。用两种不同的金属丝连接可以做成热电偶，当两端的接处点的温度不同，就可以产生电势差，温差与电动势形成一个映射。热电偶的两个接点分别与热丝温度和室温一致，经过校正之后，热电势与气体压强的值形成映射。当容器的线度小于气体分子平均自由程时，它的热传导系数正比于压强。将一根金属丝通以恒定的加热电流时，由于气体导走了一部分热量，故当达到热平衡时，金属丝便保持一定的温度。气体的压强高，导走的热量多，金属丝的平衡温度就低。这样，金属丝的平衡温度就与气体的压强形成了函数关系，因此可以通过测量金属丝的温度来得到压强的大小。热电偶真空计的测压范围为 $1\sim10^{-3}$ Pa。

热电偶真空计有很多特点。它不仅可作真空检测，还可被用来作为真空监控器件。它具有性能稳定、重复性好、抗氧化、耐沾污，操作方便，结构简单合理，维修方便，抗干扰性能强，是应用广泛的真空计。

电离真空计：如图 5.12.4 所示，在低压强气体中，气体分子被电离生成的正离子数与气体压强成正比。电离真空计正是基于这一定条件，利用待测气体的压力与气体电离产生的离子流成正比关系的原理制作的真空测量仪器。

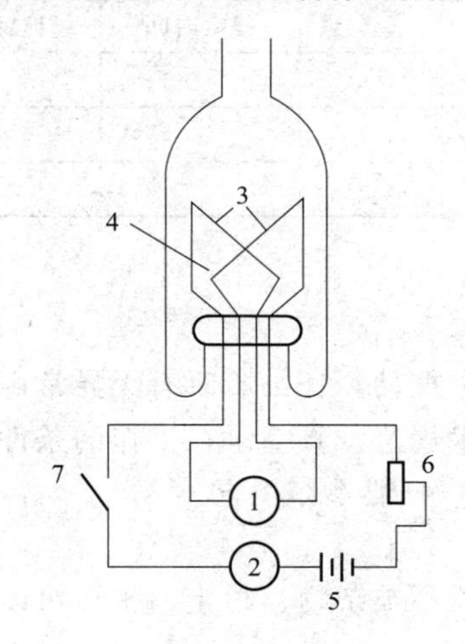

图 5.12.3　热电偶真空计

1—毫伏表；2—毫安表；3—加热丝；4—热偶；5—热丝电源；6—电位器；7—开关

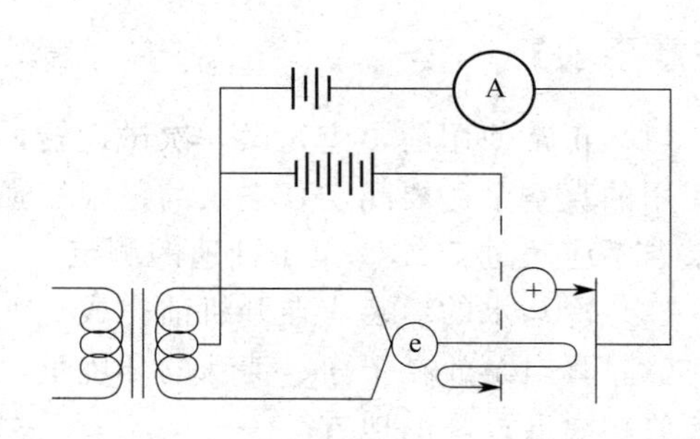

图 5.12.4　电离真空计

【实验内容与步骤】

(1) 首先全方位检查真空系统，观察相连接的地方是否紧固，顺序是否正确，所有的阀门是否处在关闭的状态。

(2) 将电源接通，把机械泵打开，开始抽气。当机械泵运行平稳以后，打开它与扩散泵之间的前级阀门，用机械泵对扩散泵抽气。

(3) 打开热电偶真空计，开始测量扩散泵内部的气压，当真空度达到0.01Torr[1]后，开启扩散泵的水冷却，打开扩散泵加热电源。

(4) 加热半个小时以后，关闭前级阀门，打开机械泵与真空室的旁通阀门，开始对真空室抽气。

(5) 将热电偶真空计打开，测量真空室内部的气压，达到0.01Torr后，关闭旁通阀门，打开机械泵与扩散泵之间的前级阀门，并打开扩散泵与真空室之间的主阀门，用扩散泵对真空室抽气。

(6) 当热电偶真空计的度数稳定后，将热电偶真空计关闭，打开电离真空计测量真空度。

(7) 在开机的过程中记录下不同开关阀门状态下各时间点的真空度，以及稍后会出现的真空度上限。用坐标纸做出真空度随时间变化的曲线。

(8) 达到最高真空度后准备关机。

(9) 依次关闭电离真空计、扩散泵和真空室间主阀门、扩散泵加热电源，同时保持水冷和机械泵的抽气状态。

(10) 半个小时之后关掉机械泵，关闭冷却水，关闭总电源。

【数据处理】

表5.12.1为各测量流程中，不同被测区域压强随时间的变化。

表5.12.1　不同被测区域压强随时间变化

真空计	区域	5 min	10 min	15 min	…	稳定时间	稳定气压
热电偶真空计	扩散泵				…		
热电偶真空计	真空室				…		
电离真空计	真空室				…		

【注意事项】

(1) 正常使用前，应先做一次试运转，观察有无异常振动，仔细聆听有无异常声响。初次使用的真空泵还要测定真空泵的极限压强，应符合技术规范。真空泵在工作的条件下，真空泵温不应超过70℃。至于抽速的测定，由于比较复杂，一般不作检查。

(2) 冷却水的填装应在开机前完成。

(3) 真空泵放在干净、清洁的环境里，注意保持仪器不被杂物、粉尘、水源污染。也不适合放在温度过高的地方。

(4) 长时间不使用后，再次使用前应断续多次启动。

【讨论思考题】

思考当气体变得稀薄时，为什么平均自由程变大？

【扩展训练】

阅读一些真空镀膜流程的资料。

---

[1] 1Torr＝133.322Pa

【扩展阅读】

[1] 颜泽海．真空的获得与测量实验设计［J］．现代职业教育，2020（12）．
[2] 祝巍，等．自组装式真空实验教学方法探究［J］．物理实验，2018，38（9）．

【附录】

图 5.12.5～图 5.12.8 依次是本节实验的实验仪器——旋片式真空泵、油扩散泵、热电偶真空计和电离真空计。

图 5.12.5　旋片式真空泵

图 5.12.6　油扩散泵

图 5.12.7　热电偶真空计

图 5.12.8　电离真空计

5.13　电磁波感应器的制作与位移电流的验证

【引言】

电磁波是交变电磁场，在真空中的传播速度为光速。电磁波所满足的运动规律为麦克斯韦方程组，该方程组是经典电磁学的基石。特别地，电磁波作为无源电磁场的运动形式，正是亥姆霍兹方程的解，常见的单频率电磁波联系着三个特殊的方向：电场强度偏振方向、磁感应强度偏振方向和能流密度传播方向。电磁波的用途非常广泛，基于无线电技术，人们掌握了多种通信手段，电磁波的探测和接收是实现电磁波通信的重要环节之一。

位移电流假说是关于电磁基本现象的重要理论，对其进行试验验证对加深电磁基本规律的认识有重要意义，也是更加深入研究电磁现象的量子电动力学的重要基础。

电磁波感应器的设计与制作

电磁波感应器的设计与制作

【实验目的】

(1) 认识时变电磁场，理解电磁感应的原理和作用。
(2) 通过电磁感应装置的设计，初步了解天线的特性及基本结构。
(3) 理解掌握电磁波辐射原理。

【实验仪器】

JMX-JY 数字射频分析仪、金属丝。

【预习思考题】

(1) 法拉第电磁感应定律的内容是什么？
(2) 什么是电偶极子？
(3) 了解天线基本结构及其特性。

【实验原理】

随时间变化的电场要在空间产生磁场，同样，随时间变化的磁场也要在空间产生电场。因此，电场和磁场相互制约，并成为统一的电磁场的两个不可分割的部分。天线是能够辐射电磁波的装置，其发射源为功率信号发生器，发射天线是产生电磁波的部件。如果电磁波穿过另一天线，高频电流就能在天线体上激发出来，接收天线离发射天线越近，电磁波功率越强，感应电动势越大。如果在天线馈电点接入小功率的白炽灯泡，白炽灯获得足够能量就可发光。一个完整的电磁感应装置就这样由接收天线和白炽灯构成了。

如图 5.13.1 所示，电偶极子是一种基本的辐射单元，它是一段长度远小于波长的直线电流元，线上的电流均匀同相，一个作时谐振荡的电流元可以辐射电磁波，故又称为元天线，元天线是最基本的天线。电磁感应装置的接收天线可采用多种天线形式，相对而言性能优良，但又容易制作，成本低廉的有半波天线、环形天线、螺旋天线等，如图 5.13.2 所示。

本实验重点介绍其中的一种——半波对称振子天线。

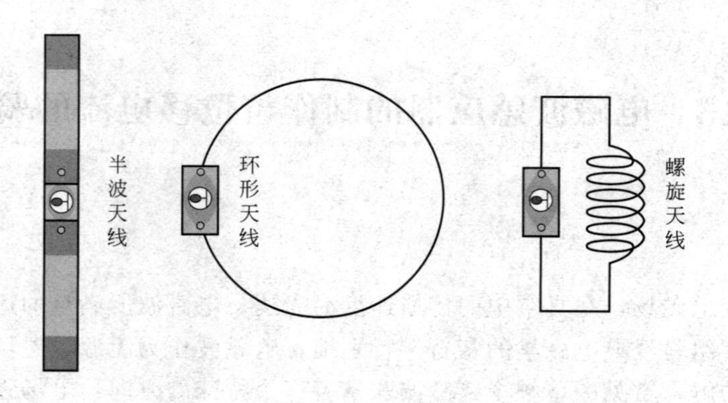

图 5.13.1 电偶极子

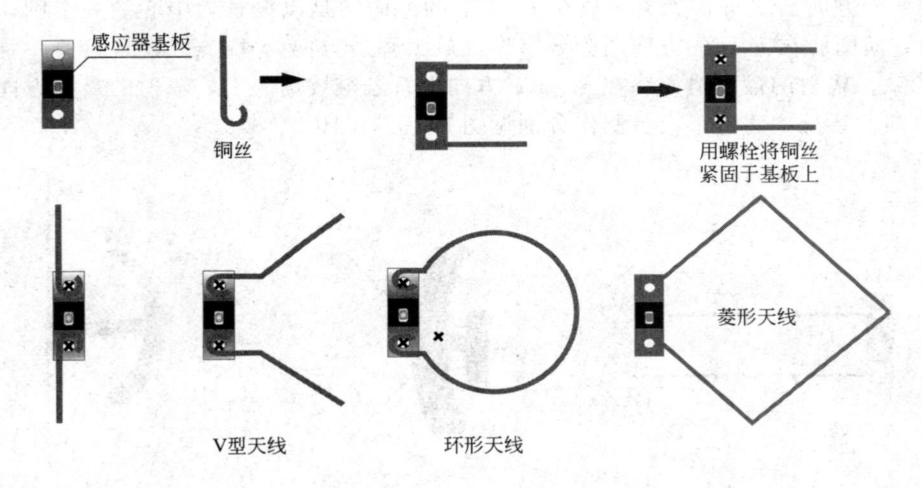

图 5.13.2　对称天线

半波对称振子天线又称半波振子，它是对称天线最简单的模式。对称天线（或称对称振子）可以看成是由一段末端开路的双线传输线形成的。这种天线又称为偶极子天线，是最通用的天线形式之一。而对称天线中应用最为广泛的一种天线是半波天线，它具有结构简单和馈电方便等优点。

半波振子因其一臂长度为 $\lambda/4$，全长为半波长而得名。其辐射场可由两根单线驻波天线的辐射场相加得到，于是可得半波振子（$L=\lambda/4$）的远区场强有以下关系式

$$|E|=\frac{60I_{\mathrm{m}}\cos(\pi\cos\frac{\theta}{2})}{R_0}\sin\theta=\frac{60I_{\mathrm{m}}}{R_0}|f(\theta)| \tag{5.13.1}$$

式中，$f(\theta)$ 为方向函数。对称振子归一化方向函数为

$$F(\theta)=\frac{|f(\theta)|}{f_{\max}}=\left|\frac{\cos(-\pi\cos\frac{\theta}{2})}{\sin\theta}\right| \tag{5.13.2}$$

式中，$f_{\max}$ 是 $f(\theta)$ 的最大值。由式(5.13.2)可画出半波振子的方向如图 5.13.3 所示。

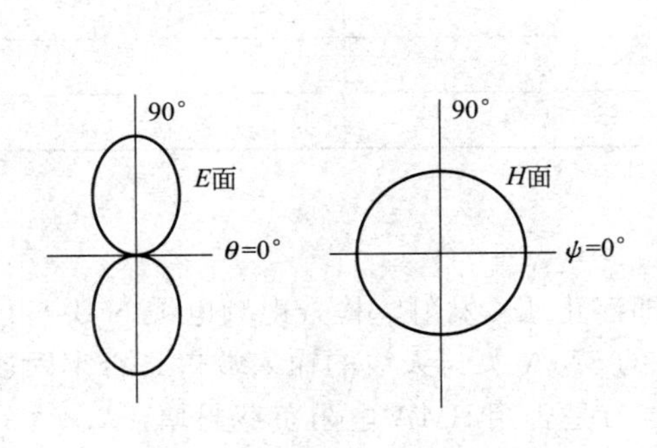

图 5.13.3　半波振子方向图

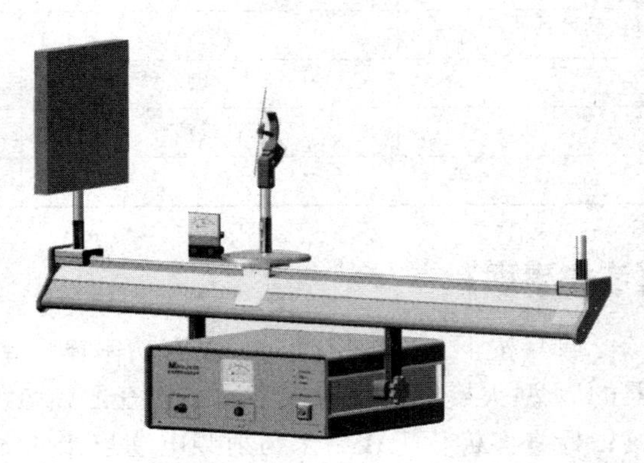
图 5.13.4　试验系统构建图

半波振子方向函数与 ψ 无关，故在 H 面上的方向图是以振子为中心的一个圆，即为全方向性的方向图。在 E 面的方向图为 8 字形，最大辐射方向为 $\theta=\pi/2$，且只要一臂长度不超过 0.625λ，辐射的最大值始终在 $\theta=\pi/2$ 方向上；若继续增大 L，辐射的最大方向将偏离 $\theta=\pi/2$ 方向。系统构建、感应器制作分别见图 5.13.4、图 5.13.5。

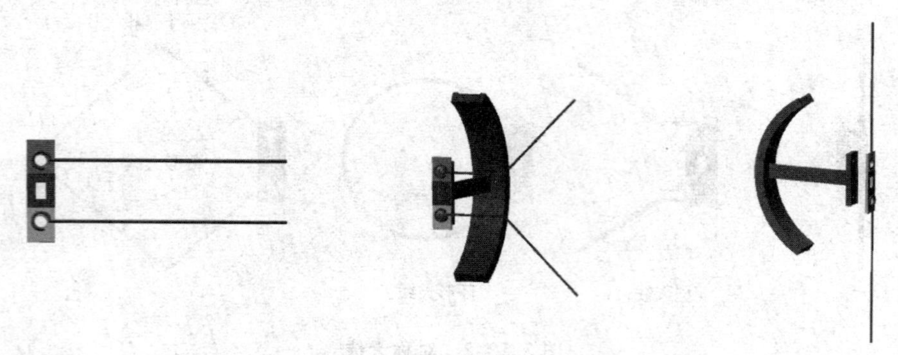

图 5.13.5　感应器制作示意图

【实验内容与步骤】

（1）取两段等长金属丝作为接收天线的振子，用螺钉将金属丝分别连接在感应器的两端，构成一副偶极子天线。

（2）将射频仪 N 型端口与四极化天线的 A 或 B 端口用射频连接线牢固连接。

（3）用金属丝制作天线体，焊接于感应灯板两端，竖直固定到测试支架上，调节测试支架滑块到离发射天线 50 cm 左右，按下功率信号发生器上 TX 钮，同时移动测试支架滑块，靠近发射天线，直到小灯刚刚发光时，记录下滑块与发射天线的距离。

（4）改变天线振子的长度，重复上面过程，记录数据。

（5）设计制作其他天线形式的感应器，重复上面过程，记录数据。

【数据处理】

数据处理结果见表 5.13.1。

表 5.13.1　数据处理结果 1

次数	天线形式	天线长度/cm	距离/cm
1	环型		
2	方型		
3	直线型		
4	圆型		

【注意事项】

（1）按下 TX 按钮时，若没有功率输出，应立即停止 TX 发射，检查射频电缆 N 头与仪器的 N 型头接头是否连接牢固，检查射频电缆小头的 SMA 头与天线的输入端口是否牢固连接；检查多极化天线中未与射频电缆连接的 SMA 端口是否用 SMA 电阻负载封堵。

（2）尽量减少按下 TX 按钮的时间，以免影响其他小组的测试准确性。

（3）测试时尽量避免人员走动，以免人体反射影响测试结果。

【讨论思考题】

（1）在电磁波辐射、传播和接收过程中，试分析能量的转化。

（2）电磁波强度往往与源的距离的平方成反比，试分析其原因。

【扩展训练】

通过查找资料，弄清雷达采用旋转扫描的原因。

【扩展阅读】

[1] 张海斌. 微波感应器的原理和应用[J]．电子制作，2018（10）．

[2] 刘万强，孙贤明，王海华．电磁场与电磁波实验教学的探索与实践[J]．大学物理，2012，31（12）．

位移电流验证实验

位移电流的验证

【实验目的】

（1）了解认识无源感应器结构。

（2）了解掌握 JMX-JY 数字射频分析仪的主要结构。

（3）认识位移电流，理解位移电流产生的机理。

（4）用无源感应器和金属线，自制半波对称振子天线感应器。

（5）用半波天线通过 JMX-JY 数字射频分析仪验证位移电流。

【实验仪器】

JMX-JY 数字电磁波综合实验仪、金属丝、小改刀、感应器。

【预习思考题】

（1）什么是位移电流？

（2）麦克斯韦方程中位移电流如何计算？

（3）位移电流的方向如何确定？

【实验原理】

电磁波的电磁场矢量是垂直于传播方向的，因此电磁波为横波。振幅沿传播方向的垂直方向作周期性交变。电磁波能量从电磁波的发射源到场点，波前将会分布在以场点为半径的球面，因此场点处电磁波的能流密度与其到发射源距离的平方成反比。点亮白炽灯需要能量，两端要有电荷通过用电器做定向运动，点亮白炽灯一般需要有包括电源组成的闭合电路。实验过程，选用无源感应器，且没有形成闭合电路，当我们在空间发射电磁波时，且把我们已经做好了的半波天线感应器置放于电磁波中，由电磁波产生的交变电场能够在半波天线感应器中产生一个电流，并点亮感应器中的白炽灯。变化电磁场能够引起导体中的电荷运动形成电流，在空间中传播的电磁能转化为电路中的电能。

根据麦克斯韦的假设：① 变化的电场可等效于一种电流，而这个电流称为位移电流。

$$I_{\mathrm{d}}(t)=\frac{\mathrm{d}}{\mathrm{d}t}[\Phi_{\mathrm{d}}(t)] \tag{5.13.3}$$

② 位移电流在产生磁场方面与传导电流等效，位移电流由变化的电场产生。

【实验内容与步骤】

(1) 用金属丝制作线状天线体，用螺钉固定在感应器板两端，构成感应接收天线。

(2) 将电源线插入主机背面的电源插座，打开电源开关。

(3) 将射频电缆一端与面板 RF-out 下的 N 型头可靠连接，另一端与天线的射频输入口 (SMA 中的 A，B，C，D) 中的一个端口可靠连接，未连接射频电缆的端口需用 50Ω 电阻型负载封堵。

(4) 轻按下主机面板左下角的 switch 电源开关，打开主机，完成设备自检。

(5) 按下面板左上的 TX 发射按钮，电磁波通过天线向空间发射电磁波。

(6) 用拇指和食指，握住感应器板的两侧 (手不要接触到金属丝)，将感应器置放于距离多极化天线发射面 15cm 以外，观察无源感应器变化；将感应器逐渐远离发射天线，观察感应器灯的明暗变化，记录观察现象，用电磁理论解释观察结果，并写出实验报告。

【数据处理】

表 5.13.2 用于记录感应器灯的明暗变化情况随着其与发射天线的距离 L 之间的关系。

表 5.13.2 数据处理结果 2

次数	1	2	3	4	5	6
距离 L/cm	15	20	25	30	35	40
明暗情况						

【注意事项】

(1) 按下 TX 按钮时，若感应器灯不亮，应立即停止发射，检查高频 N 头是否对应连接牢固，发射天线是否接好，或请老师检查。否则会损坏机仪器。

(2) 测试感应器时，感应灯与发射天线之间的距离不能太小，否则会烧毁感应灯 (置于 15cm 以外，或视感应灯亮度而定)。

(3) 尽量减少按下 TX 按钮的时间，以免影响其他小组的测试准确性。

(4) 测试时尽量避免人员走动，以免人体反射影响测试结果。

【讨论思考题】

(1) 总结：位移电流与传导电流的区别是什么?

(2) 请写出麦克斯韦方程组中体现位移电流效应的方程式。

【扩展训练】

请结合麦克斯韦方程组，识别出电磁学物理量与斯托克斯环路定理、高斯定理中的哪些数学对象是对应的。

【扩展阅读】

[1] 王霜．麦克斯韦“位移电流”概念演化历史研究．上海师范大学硕士毕业论文 [D]．2018-04-01.

[2] 格日乐图，白音布和．位移电流的性质 [J]．内蒙古民族大学学报（自然科学版），2003（4）．

【附录】

实验器材图如图 5.13.6 所示。

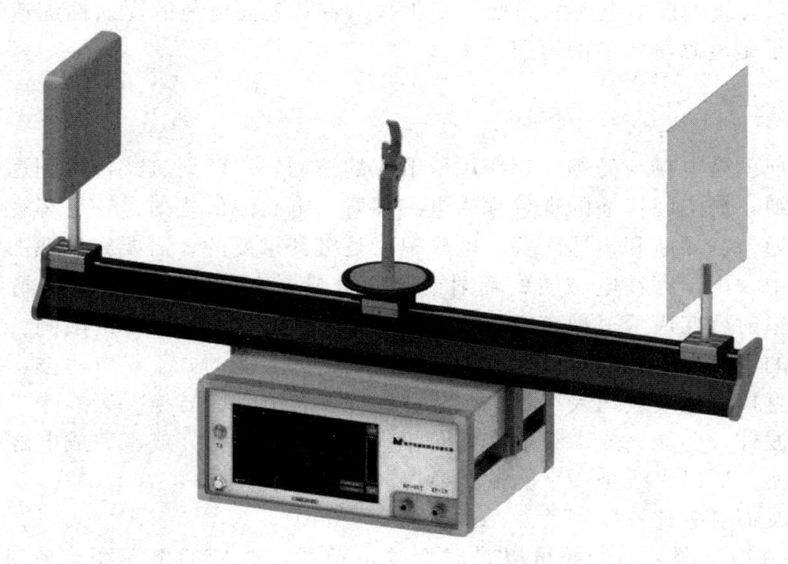

图 5.13.6　实验器材图

5.14　电磁波辐射原理与地磁屏蔽实验

【引言】

从经典电磁理论的框架来看，电磁波的辐射源于电荷的加速运动。然而电荷能够加速运动，必然是因为受到了电磁作用。从量子色动力学框架来看，电荷的运动状态改变与电荷参与量子散射的初末态改变有关，而电荷与电磁波相互作用过程，即为电荷吸收并辐射光子的过程。电磁辐射在通信、医疗等领域有广泛而重要的应用。电磁屏蔽现象本质上是电磁波与良导体相互作用的结果，这一现象被应用于仪器和信息的保护、防止电磁辐射带来的危害等情形。

电磁辐射原理实验

电磁辐射原理

【实验目的】

（1）认识天线的作用与地位。

（2）深刻理解电磁辐射与天线的关系。

【实验仪器】

发射天线、金属丝、感应器。

【预习思考题】

(1) 分析天线辐射电磁波的过程中，电磁场叠加现象的作用。

(2) 被辐射出去的电磁波的周期性由什么决定?

(3) 认识到天线电极中电流的周期性变化联系着其表面电荷的周期性加速运动，以及电荷的加速运动正是电磁场辐射的原因。

【实验原理】

电磁波辐射就是电场与磁场互相作用所形成的波动，以辐射方式传送到远方。电磁能量脱离波源的束缚，向空间传播的现象称为电磁辐射。电磁波的辐射是一种客观存在的物理现象，对于无线通信、导航和雷达而言，电磁辐射是极其重要的，需要充分地加以利用；而在某些电子系统中，由于存在电磁波的辐射或无线电泄漏会影响到其他设备或系统的正常工作，这时电磁辐射就变成了一种有害的电磁干扰，需要对其进行必要的限制。天线辐射的是电磁波，接收的也是电磁波，然而发射机通过馈线送入天线的并不是电磁波，接收天线也不能把电磁场波直接经过馈线送入接收机，其中必须进行能量的转换。天线除了能有效地辐射或者接收电磁波外，还能完成高频电流到同频率电磁波的转换，或者完成电磁波到同频率的高频电流的转换。所以天线是一个能量转换器。

产生电磁波辐射应具备以下条件。

① 必须存在时变源，时变源可以是时变的电荷源，时变的电流源，或时变的电磁场。为了有效地产生电磁辐射，时变源的频率应足够高，更确切地说，辐射系统的尺寸大小能和电磁波波长比拟时，才有可能产生明显的辐射效应。

② 波源电路必须开放。源电路的结构方式对辐射强弱有极大的影响。封闭的电路结构，如谐振腔不会产生辐射，源电路越开放辐射越强（图 5.14.1)。

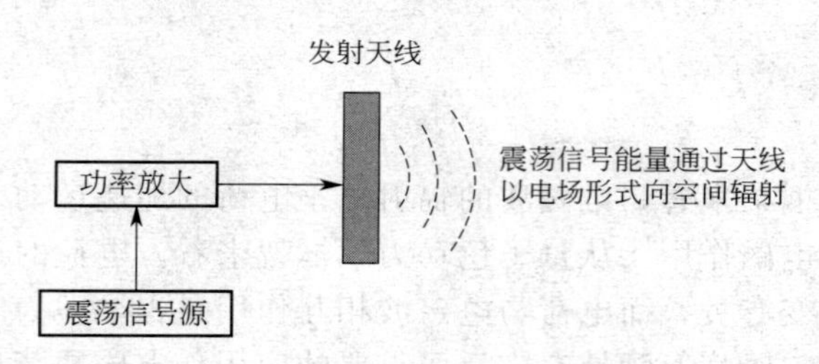

图 5.14.1 天线辐射电磁波

我们以感应器制作接收天线来研究电磁辐射的过程。如图 5.14.2 所示给出由高频开路平行双导线传输线演变为天线的过程。开始时，平行双导线传输线之间的电场呈现驻波分布，导线上有交变电流流动时，就可以发生电磁波的辐射，辐射的能力与导线的长度和形状有关。如图 5.14.2a 所示，在两根互相平行的导线上，电流方向相反，线间距离又远远小于波长，它们所激发的电磁场在两线外部的大部分空间由于相位相反而互相抵消。如果将两线末端逐渐张开，如图 5.14.2b 所示，那么在某些方向上，电场散播在周围空间，两导线产生的电磁场就不能抵消，辐射将会逐渐增强。当两线完全张开时，如图 5.14.2c 所示，张开的两臂上电流方向相同，它们在周围空间激发的电磁场只在一定方向由于相位关系而互相抵消，在大部分方向则互相叠加，使辐射显著增强。当导线的长度 L 远小于波长 λ 时，辐射很微弱；导线的长度 L 增大到可与波长相比接近时，导线上的电流将大大增加，能形成较强的辐射。这样的结构被称为开放式结构。由末端开路的平行双导线传输线张开而成的天线，就是通常的对称振子天线，是最简单的一种天线。

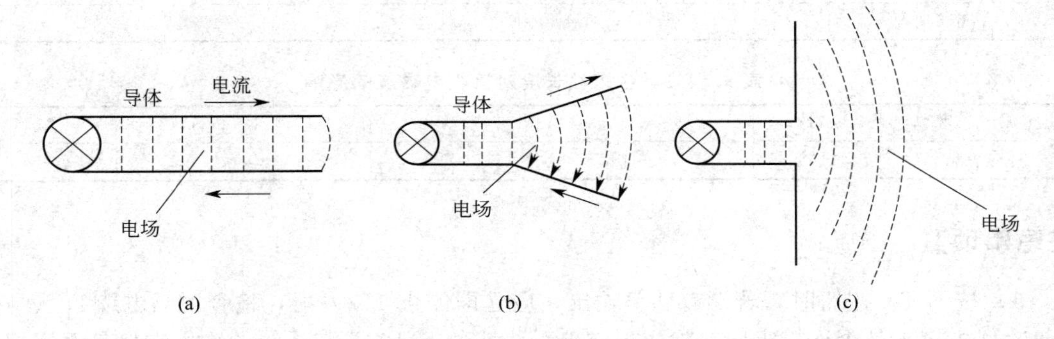

图 5.14.2　天线演变过程

【实验内容与步骤】

（1）取接近 1/4 波长金属丝两根，细心理直每根金属丝。

（2）将每根金属丝的一端用尖嘴钳弯成直径约 3.5cm 的圆环。

（3）取直径为 2.5 mm 的带垫螺钉，分别将两根金属丝与感应器和极化尺连接。

（4）将发射天线架设在发射支架上，连接好发射电缆，SMA 端口与多极化天线的 A 端口或 B 端口（线极化），并确认连接牢固，射频电缆另外一端口与仪器的输出端口连接，并确认连接牢固。

（5）用金属丝制作天线体，焊接或用螺钉固定于感应器板两端，并将制作好的感应器天线固定到测试支架上，调节测试支架滑块到离发射天线 30 cm 左右位置；分别按照图 5.14.3 左、中、右图所示形状弯曲感应器上金属，并分别按下仪器上 TX 按钮，记录下观察结果；调整金属丝的不同长度，在同一位置重复上述实验，观察感应器上白炽灯亮度变化。

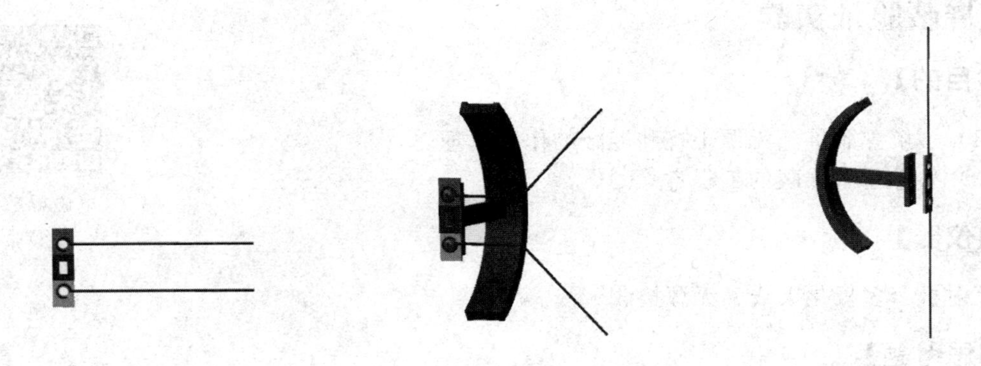

图 5.14.3　天线辐射电磁波制作步骤

【数据处理】

表 5.14.1 为感应器上金属按照图 5.14.3 左、中、右图所示形状弯曲后，分别对感应器灯光情况所做记录；表 5.14.2 记录随着感应器上金属的长度与波长 λ 的比值不同所引起的感应器灯光情况的变化。

表 5.14.1　金属丝形状对接收电磁波的影响

金属丝形状	图 5.14.3 左	图 5.14.3 中	图 5.14.3 右
明暗情况			

表 5.14.2　金属丝长度对接收电磁波的影响

金属丝长度	$\lambda/16$	$\lambda/8$	$\lambda/4$	$\lambda/2$	λ	$3\lambda/2$	2λ
明暗情况							

【注意事项】

（1）按下 TX 按钮时，若没有功率输出，应立即停止 TX 发射，检查射频电缆 N 头与仪器的 N 型头接头是否连接牢固，检查射频电缆小头的 SMA 头与天线的输入端口是否牢固连接；检查多极化天线中未与射频电缆连接的 SMA 端口是否用 SMA 电阻负载封堵。

（2）尽量减少按下 TX 按钮的时间，以免影响其他小组的测试准确性。

（3）测试时尽量避免人员走动，以免人体反射影响测试结果。

【讨论思考题】

讨论金属丝长度变化与天线辐射的关系。

【扩展训练】

能清楚随着电磁波波长的缩短，电磁波的衍射能力、穿透能力的变化。

结合不同波段电磁波的性质列举不同波段电磁波的用途。

【扩展阅读】

[1] 宋文姝．一种基于 Arduino 的无线电信号发射源[J]．现代工业经济和信息化，2021，11（7）．
[2] 杨亚迪，吴静．20 米内电能可实现微波无线传输[J]．国家电网报，2021-09-14.

电磁屏蔽验证实验

电磁屏蔽验证实验

【实验目的】

（1）了解熟悉屏蔽无源干扰和屏蔽的作用原理。

（2）熟悉了解屏蔽的工程意义。

【实验仪器】

反射板、多极化天线、无源接收天线。

【预习思考题】

（1）电磁场在良导体表面的边值条件是什么？

（2）静电屏蔽现象有哪些应用？

【实验原理】

屏蔽就是两个空间域之间进行金属隔离，以隔绝电场、磁场和电磁波由一个区域对另一个区域的感应和辐射，具体地讲，就是用屏蔽体将元部件、电路、组合件、电缆或整个系统的干扰源包围起来，防止电磁场向外扩散。因为金属对来自导线、电缆、元部件、电路或系统等外部的感应电磁波和内部电磁波均起着吸收能量（涡流损耗）、反射能量（电磁波在屏蔽体上的界面反射）和抵消能量（电磁感应在屏蔽层上产生反向电磁场）的作用。电磁屏蔽的作用是切断电磁波的传播路径，从而消除干扰。从广义上讲，所谓屏蔽就是用技术手段将电磁能量限制在规定的空间范围内。

无源电子干扰是用本身不发射电磁波的金属、反射器或电波吸收体等器材，反射或吸收天线设备发射的电磁波，使其效能受到削弱或破坏。

在解决电磁干扰问题的诸多手段中，电磁屏蔽是最常用与有效的，用电磁屏蔽的方法来解决电磁干扰问题的最大好处是不会影响电路的正常工作，因此不必对电路做任何修改。但屏蔽体应用不当，会大大降低电磁屏蔽的效果。

【实验内容与步骤】

（1）将反射板置放在多极化天线与无源接收天线之间，按下 TX 发射按钮。

（2）将已经做好的感应器线天线置放于距多极化天线发射面不小于 25cm 以外位置，按下仪器上 TX 开关，观察感应器白炽灯亮度，将一只手置放于天线和感应器之间，观察感应器白炽灯亮度变化。

（3）将反射板置放于发射天线与感应器间，观察感应器白炽灯的亮度变化。

【数据处理】

数据处理结果如表 5.14.3 所示。

表 5.14.3 明暗情况表

屏蔽情况	无阻挡	用手阻挡	用反射板阻挡
明暗情况			

【注意事项】

（1）按下 TX 按钮时，若没有功率输出，应立即停止 TX 发射，检查射频电缆 N 头与仪器的 N 型头接头是否连接牢固，检查射频电缆小头的 SMA 头与天线的输入端口是否牢固连接；检查多极化天线中未与射频电缆连接的 SMA 端口是否用 SMA 电阻负载封堵。

（2）尽量减少按下 TX 按钮的时间，以免影响其他小组的测试准确性。

（3）测试时尽量避免人员走动，以免人体反射影响测试结果。

【讨论思考题】

（1）用电磁理论解释电磁波被屏蔽的机制。

（2）为什么电磁波在金属表面存在一定的趋肤深度？

【扩展训练】

依次用若干金属、金属网、敞口程度逐渐收窄的铁质容器来逐渐屏蔽特定的空间，观察在这一空间中的手机在何种封闭程度下刚好接收不到来电信号。

【扩展阅读】

[1] 王斌，等．实验室静电防护措施及技术[J]．电力电子技术，2021，55 (8)．

[2] 商森钗．探究生活中静电屏蔽的现象[J]．新课程，2020（46）．

【附录】

实验器材参见图 5.13.6。

5.15　电磁波传播特性实验

【引言】

电磁波传播
特性实验

电磁波的传播本质上是电磁运动的传播，随着电磁场的运动在新的空间位置处发生，能量也实现了传播。电场与磁场并不是独立的，它们是互相激发的，电磁场变化规律的最高概括是麦克斯韦方程组。特别地，在真空中不存在电荷与电流，$\boldsymbol{E}$ 和 $\boldsymbol{B}$ 的运动被二阶齐次偏微分方程描述，它的通解就是不同频率的平面波的线性叠加，其最简单的解就是单频率平面波，本实验所提供的电磁波就是平面波。平面波的场强用数学函数来描述，即为三角函数，因此，本节实验的电磁波存在明确波长、波幅等指标。

【实验目的】

（1）直观地了解电磁波在空间中传播的特性。

（2）通过对电磁波波长、波幅、波节、驻波的测量进一步认识和了解电磁波。

【实验仪器】

电磁波发生器、半波天线等。

【预习思考题】

（1）什么是迈克尔逊干涉原理？它在实验中有哪些应用？

（2）驻波的产生原理及其特性？

【实验原理】

电场和磁场可以互相激发，进而在空间中传播开去，它们在空间中的传播称为电磁波。空间中的某一点如果同时通过几列电磁波，该点的场强为这几列波的矢量合成，任何一列电磁波保持各自的震动幅度。

当两列频率相等、振动方向相同、相位差恒定的波源所发出的波相叠加时，在空间总会有一些点振动始终加强，而另一些点振动始终减弱或完全抵消，因而形成干涉现象。例如光的双缝干涉试验中，光的亮暗条纹会周期性地出现在光屏上。

干涉是相干电磁波的一个重要性质，干涉原理不仅可以显示出电磁波传播特性，还在实际应用中发挥巨大作用。驻波是干涉的特殊情况。在同一媒质中两列振幅相同的相干波，在同一直线上反向传播时就叠加形成驻波。反向波往往可以通过正向波的反射得到，因此驻波经常用平面波与其反射波的叠加得到。

曲面波在经过一段距离的传播后，其波前的曲率半径增大，从局部来看，电磁波近似可看成平面波。由天线发射出去的电磁波，在垂直入射到金属板上后，将会被金属板反射回来，它与入射波相叠加，金属板和天线之间就可以形成驻波，并且它们之间的距离将确保在轴线附近往返的电磁波接近平面波。将电磁波感应器放在金属板与天线之间，它将同时接收到直射波和反射波。这两列波将形成驻波，两列电磁波的波程差满足一定关系时，在感应器位置可以产生波腹或波节。

由于良导体对电磁波有非常好的反射作用，反射回来的电磁波的衰减是很小的。因此，我们可以假设到达电磁感应器的两列平面波的振幅相同。两列波因波程不同而有一定的相位差，电场可表示为

$$E_x = E_m \cos(\omega t - kz) \tag{5.15.1}$$

$$E_y = E_m \cos(\omega t - kz + \delta) \tag{5.15.2}$$

式中，$\delta = \beta Z$ 是因波程差而造成的相位差，则当相位差 $\delta = \beta Z_1 = 2n\pi$（$n = 0, 1, 2, \cdots$）时，合成波的振幅最大，$Z_1$ 的位置为合成波的波腹；相位差 $\delta = \beta Z_2 = 2n\pi + \pi$，（$n = 0, 1, 2, \cdots$）时，合成波的振幅最小，$Z_2$ 的位置为合成波的波节。前面提到了两列波的振幅已当做相等来处理，实际上到达电磁感应器的两列波的振幅还存在较小的差别，故合成波波腹振幅值和波节振幅值不是恰好为单向波振幅的二倍和零倍。

根据以上分析，若固定感应器，只移动金属板，即只改变第二列波的波程，让驻波得以形成，当合成波振幅最大（波腹）时

$$Z_1 = 2n\pi / \beta = n\lambda \tag{5.15.3}$$

当合成波振幅最小（波节）时

$$Z_2 = (2n\pi + \pi) / \beta = (n + 1/2)\lambda \tag{5.15.4}$$

此时合成波振幅最大到合成波振幅最小（波腹到波节）的最短波程差为 $\lambda/2$，若此时可动金属板移动的距离为 ΔL，则

$$2\Delta L = \lambda / 2 \tag{5.15.5}$$

即 $\lambda = 4\Delta L$，可见，测得了可动金属板移动的距离 ΔL，代入上式中便确定电磁波波长。

【实验内容与步骤】

（1）本实验采用的电磁波感应器为半波天线，将它安装在可旋转的极化尺支臂上，先垂直大地放置，再将极化尺滑块移到距离发射天线不小于 15cm 刻度处；将射频电缆的小头（SMZ 端）与 A 或 B 端口连接，确认多极化发射天线背面未连接电缆的其他三个端口已经用 SMA 电阻负载封闭。

（2）按下仪器 TX 发射按钮，缓慢移动反射板，观察半波接收天线上的灯是否有明暗变化；缓慢旋转极化尺上的半波天线至水平放置，观察半波接收天线上灯是否有明暗变化；再检查多极化天线电缆 SMA 头连接的发射端口是否是水平极化（A 端口）或垂直极化（B 端口）位置，调整天线后面 SAM 头的连接位置，重复上述过程，记录实验结果。

（3）如系统正常工作，从远而近移动可动反射板，使灯泡明暗变化，以灯泡明暗度判断波节（波腹）的出现。再由近而远移动反射板，并记录下最初灯泡最亮时反射板位置的坐标

Z_1 及灯泡最暗时反射板位置的坐标 Z_2，继续测第二次灯泡最亮时反射板位置的坐标 Z_1 及灯泡最暗时反射板位置的坐标 Z_2，由最亮到最暗，最暗到最亮，如此反复，记下测得的最亮次数 i，将测量数记入表 5.15.1 中：从仪器上卸下反射板，缓慢移动感应器，观察感应器灯泡亮度变化。

【数据处理】

表 5.15.1　灯泡亮度变化数据

次数	感应位置/cm	Z_{1i}/cm	Z_{2i}/cm	i	波长/cm	平均波长/cm
1						
2						
3						
4						
5						

按照标准实验报告的格式和内容完成实验报告，完成数据运算及整理，计算出电磁波波长；对实验中的现象分析讨论，用微安表进行数据测量定量分析时，需对实验误差产生的原因进行讨论分析。

【注意事项】

（1）按下 TX 按钮时，若没有功率输出，应立即停止 TX 发射，检查射频电缆 N 头与仪器的 N 型头接头是否连接牢固，检查射频电缆小头的 SMA 头与天线的输入端口是否牢固连接；检查多极化天线中未与射频电缆连接的 SMA 端口是否用 SMA 电阻负载封堵。

（2）尽量减少按下 TX 按钮的时间，以免影响其他小组的测试准确性。

（3）测试时尽量避免人员走动，以免人体反射影响测试结果。

【讨论思考题】

（1）随着光的频率的增加，光的波粒二象性有怎样的变化？

（2）驻波的电磁场函数的表达式有怎样的特点？

【扩展训练】

根据电磁场的叠加原理，推测出金属反射板表面上的运动电荷，发出了怎样的电磁波。

【扩展阅读】

（1）电磁波的数学形式。

一般地，电磁波是在空间中分布的含时矢量场，电磁波中包含电场和磁场，通常它们分别用电场强度 $\boldsymbol{E}$ 和磁感应强度 $\boldsymbol{B}$ 来刻画。在直角坐标系内，电磁场的全部信息由 $\boldsymbol{E}$ 和 $\boldsymbol{B}$ 完全给定

$$\begin{cases}\boldsymbol{E}=E_x(x,y,z,t)\boldsymbol{i}+E_y(x,y,z,t)\boldsymbol{j}+E_z(x,y,z,t)\boldsymbol{k}\\ \boldsymbol{B}=B_x(x,y,z,t)\boldsymbol{i}+B_y(x,y,z,t)\boldsymbol{j}+B_z(x,y,z,t)\boldsymbol{k}\end{cases}\tag{5.15.6}$$

式(5.15.6) 展示出电场强度和磁感应强度均为四元三维矢量函数。

(2) 电磁波的叠加。

电磁波为矢量场，以电场为例，对于某一时刻 t 空间中的某一点(x,y,z)，都对应一个有大小和方向的电场强度 $\boldsymbol{E}(x,y,z,t)$。本实验中电磁波的波段处于微波的范围内，从光子结构看待，该电磁波的光量子能量较小，光子散射过程可被忽略；另外，从本实验的电磁波发生装置的功率和光束的分散程度来看，空间中的电磁场也并非强场，非线性效应可以被忽略，因此线性光学规律在本实验中得到很好地保持。

在本实验中轴线中每一点的电磁场可以近似地被视作两列光束的叠加，叠加的规则完全遵循矢量加法运算。实际上在实验室中，电磁波将会迅速散布到室内各处，探测点处的电磁场也将会受到各个方向电磁扰动的干扰，因此前文中提到了驻波电磁场强度的近似范围是零到二倍单向电磁波的强度。

(3) 驻波出现的证明。

设等幅度、等频率、方向相反的两列正弦波为

$$\begin{cases} y_1=\sin(t+kx+x_1) \\ y_2=\sin(-t+kx+x_2) \end{cases} \tag{5.15.7}$$

简单起见，其中振幅、频率都简化为 1，相位都已吸收到 x_1 和 x_2 中，则两列波的叠加为

$$\begin{aligned} y &= y_1+y_2 \\ &=\sin(t+kx+x_1)+\sin(-t+kx+x_2) \\ &=\sin\left[\left(t+\frac{x_1-x_2}{2}\right)+\left(kx+\frac{x_1+x_2}{2}\right)\right]+\sin\left[-\left(t+\frac{x_1-x_2}{2}\right)+\left(kx+\frac{x_1+x_2}{2}\right)\right] \\ &=2\sin\left(t+\frac{x_1-x_2}{2}\right)\cos\left(kx+\frac{x_1+x_2}{2}\right) \end{aligned} \tag{5.15.8}$$

对任一时刻 t，都有

$$x=\frac{2n\pi-(x_1+x_2)}{2k},\ n\ \text{为整数} \tag{5.15.9}$$

处为波腹；对任一时刻 t，都有

$$x=\frac{(2n+1)\pi-(x_1+x_2)}{2k},\ n\ \text{为整数} \tag{5.15.10}$$

处为波节。

从式(5.15.8) 可以看到振幅被分解为两个因子，它们将时间变量 t 和位置变量 x 分离开来，这正是驻波在数学上的特征。

(4) 金属反射电磁波。

本实验采用金属板作为反射电磁波的界面，不仅实现了电磁波的“镜面”反射，还使得反射电磁波振幅减弱很小。由于良导体具有非常小的电阻率，良导体内部的自由电荷在电场的作用下重新分布，这种移动的响应速度非常快，因此电磁场在导体内部的衰减极快，即存在很小的趋肤深度，也导致电磁波能量损失极小。电磁波反射的效果则由导体边值关系决定。

【附录】

实验器材参见图 5.13.6。

5.16 动态法测杨氏模量

【引言】

杨氏模量是固体材料的重要物理参数，它标志着材料抵抗弹性形变的能力。对杨氏模量的测量有多种方法。常见的用拉伸法测量钢丝的杨氏模量（Young modulus），但这种方法测最准确度不高，一般适用于测量形变量大、延伸性较好的材料。在有关的国家标准（GB/T 2105—91）中推荐采用“动力学法测杨氏模量”。动态法不仅测量准确度高，而且使用范围宽，在实际应用中有着广泛的应用，比如也可以用来测量脆性材料（如玻璃）的杨氏模量。

【实验目的】

（1）理解动态法测定材料杨氏模量的基本原理。

（2）掌握动态法测量杨氏模量的基本方法。

（3）培养综合运用知识和使用常用实验仪器的能力。

【实验仪器】

杨氏模量实验仪，通用双踪示波器，天平、游标卡尺、螺旋测微器。

【预习思考题】

信号发生器和示波器的使用方法。

【实验原理】

（1）测量公式。

一个水平悬挂的细长圆截面棒受到竖直方向的横向振动时，满足以下一维动力学方程

$$\frac{\partial^4 y}{\partial x^4}+\frac{\rho S}{EJ}\frac{\partial^2 y}{\partial t^2}=0 \tag{5.16.1}$$

式中，x 为沿棒的轴线；y 为截面上的位移；E 为杨氏模量；ρ 为密度；S 是棒的截面积；J 为截面的惯性矩，$J=\int y^2\mathrm{d}S=S\left(\frac{d}{4}\right)^2$。用分离变量法可解出振动方程的通解

$$y(x,t)=(B_1\operatorname{ch}Kx+B_2\operatorname{sh}Kx+B_3\cos Kx+B_4\sin Kx)A\cos(\omega t+\varphi)$$

式中，$\omega=\left(\frac{K^4 EJ}{\rho S}\right)^{\frac{1}{2}}$ 称为频率公式，它对任意形状截面、不同边界条件的试样都是成立的。需要用特定的边界条件定出常量 K，代入特定截面的转动惯量，就可以得到在具体条件下的计算公式了。如果悬线挂在试样的节点上，则边界条件为：自由端横向作用力 $\left(F=-\frac{\partial M}{\partial x}=-EJ\ \frac{\partial^3 y}{\partial x^3}\right)$为零，弯矩$\left(M=EJ\ \frac{\partial^2 y}{\partial x^2}\right)$为零。即

$$\left.\frac{\mathrm{d}^3 X}{\mathrm{d}x^3}\right|_{x=0}=0,\qquad \left.\frac{\mathrm{d}^3 X}{\mathrm{d}x^3}\right|_{x=l}=0,\qquad \left.\frac{\mathrm{d}^2 X}{\mathrm{d}x^2}\right|_{x=0}=0,\qquad \left.\frac{\mathrm{d}^2 X}{\mathrm{d}x^2}\right|_{x=l}=0$$

将通解代入边界条件，得

$$\cos Kl\cdot\operatorname{ch}Kl=1$$

用数值解法求得本征值 K 和试样长 l 应满足 $Kl=0$，4.730，7.853，10.996，14.137，…
$Kl=0$，对应于静态。$Kl=4.730$，对应于一级振动即对称形振动，其振动频率为基频 ω，$\omega=\left[\dfrac{(4.730)^4 \cdot EJ}{\rho l^4 S}\right]^{\frac{1}{2}}$，$Kl=7.853$，对应于二级振动即反对称形振动。如图 5.16.1 所示。

可见试样在做基频振动时，存在两个节点，它们的位置距离端面分别为 $0.224l$ 和 $0.776l$。

解出杨氏模量 $E=1.9978\times10^{-3}\dfrac{\rho l^4 S}{J}\omega^2=7.8870\times10^{-2}\dfrac{l^3 m}{J}f^2$。对于圆棒 $J=\int y^2 \mathrm{d}S=S\left(\dfrac{d}{4}\right)^2$，式中 d 为圆棒的直径。得到

$$E=1.6067\frac{l^3 m}{J}f^2 \tag{5.16.2}$$

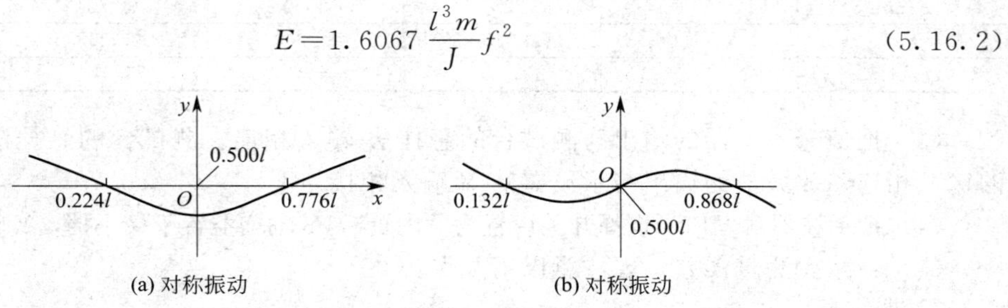

图 5.16.1　振动波形图

式中，m 为圆棒质量。在实验中测出固有频率 f，即可算出被测样品的杨氏模量 E。

本实验用共振法测量 J，即由共振频率推测固有频率。

（2）共振频率的测量装置。

激振传感器中的电磁线圈通过正弦交流电时，产生竖直方向的交变磁场，该磁场可使位于线圈下方的铁磁膜片产生振动通过悬线带动试棒作正弦振动。拾振传感器将机械振动还原为电振动。连续改变输入正弦波的频率，当此频率接近棒的固有频率时，试棒将产生共振。由于棒的振幅关于棒的中心对称（见图 5.16.2 ），当悬挂点对称时，示波器显示的正弦波幅值反映了两悬点的共同振幅，该幅值与悬点的位置有关且共振时达到最大。

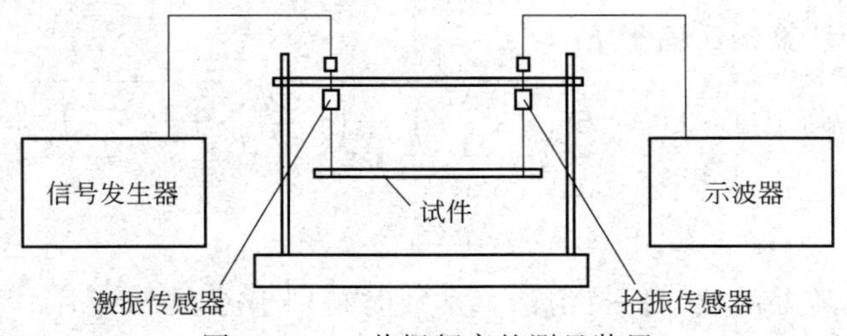

图 5.16.2　共振频率的测显装置

（3）固有频率的测量误差。

推导公式时所要求的自由端边界条件，只有当悬挂点为节点时，才能满足。否则由于振动模式的改变，以共振频率代替固有频率将带来误差。为消除此误差，可在节点两侧取几个悬挂点测其共振频率 f_i，用插值法算出相应于节点处的共振频率。计算公式可用拉格朗日插值公式。此外膜片的振动声、悬线的伸缩、膜片与传感器外壳的摩擦、使悬挂偏离竖直方向的摆动等因素也都会带来误差，操作时都应尽量避免。

$\dfrac{d}{l}$值偏大也会带来误差，此误差可用表 5.16.1 修正。修正公式为 $Er=kE$。

表 5.16.1 修正数据表

$\frac{d}{l}$	0.01	0.02	0.03	0.04	0.05	0.06
k	1.001	1.002	1.005	1.008	1.014	1.019

【实验内容与步骤】

（1）测定试样的长度 L、直径 d 和质量 m，每个物理量测 5 次。

（2）按表 5.16.2 测量各悬挂点的共振频率。

表 5.16.2 共振频率数据表

x/mm	15.0	22.5	30.0	37.5	45.0
X/l	0.100	0.150	0.200	0.250	0.300
f_i/Hz					

（3）把信号发生器的输出与测试台的悬挂法-输入相连，测试台的悬挂法-输出与放大器的输入相连，放大器的输出与示波器的 Y 输入相接。

（4）把示波器触发信号选择开关设置为“内置”，Y 轴增益置于最小挡，Y 轴极性置于 AC。

（5）为减少测量误差，要注意以下几点：

① 悬线长度取 3～5 cm；

② 试棒水平悬挂；

③ 悬线保持与棒垂直，用固定螺丝保持传感器轴线竖直；

④ 对称悬挂，用卡尺测准悬挂点；

⑤ 控制信号电压以降低振动产生的噪声；信号电压视离节点远近取值。

（6）其他量的测量。

信号发生器的仪器误差为 0.1 Hz；测质量 m 用电子天平；仪器误差为 2 mg；测长度 l 用米尺；测直径 d 用螺旋测微器。m、l 各测 1 次，d 测 5 次。各测量值的仪器误差都取均匀分布。

【数据处理】

（1）代入公式，计算杨氏模量 E。

（2）计算 E 的不确定度：$U_E=E\sqrt{\left(3\frac{\Delta L}{L}\right)^2+\left(4\frac{\Delta d}{d}\right)^2+\left(2\frac{\Delta f}{f}\right)^2+\left(\frac{\Delta m}{m}\right)^2}$。

【注意事项】

（1）试样棒不可随处乱放，保持清洁，拿放时特别小心。

（2）更换试样棒要小心，避免损坏激振。

（3）实验时，试样棒需稳定之后可以进行测量。

【讨论思考题】

（1）为什么长度 l 可用米尺测，而直径 d 必须用螺旋测微器测？

（2）计算二级共振频率 ω_2 与基频共振频率 ω_1 的比值。

【扩展训练】

测量铜棒二次波的共振频率。要求：

① 画出二次波的共振图，导出频率公式，估算频率值；

② 制定测量方案，提出测量仪器清单；

③ 调出二次波共振信号并测量共振频率；

④ 测量结果与理论计算值相比较，进一步分析实验中带来误差的因素。

【扩展阅读】

[1] 吴世春．普通物理实验［M］．重庆：重庆大学出版社，2015.

[2] 金雪尘，王刚，李恒梅．物理实验［M］．南京：南京大学出版社，2017.

【附录】

物体的固有频率 $f_{固}$ 和共振频率 $f_{共}$ 是两个不同概念。他们之间的关系是 $f_{固}=f_{共}\sqrt{1+\frac{1}{4Q^2}}$，式中，$Q$ 为试样的机械品质因素。对于悬挂法测量，一般 Q 的最小值为 50，把该值代入公式，$f_{固}=f_{共}\sqrt{1+\frac{1}{4Q^2}}=f_{共}\sqrt{1+\frac{1}{4\times 50^2}}\approx 1.00005f_{共}$，可见，共振频率与固有频率相比只差十万分之五。本实验中只能测量出试样的共振频率，由于相差很小，所以用共振频率代替固有频率是合理的。

5.17 电磁波的极化特性实验

【引言】

具有特定频率的电磁波即平面电磁波，是亥姆霍兹方程的特解，更复杂的空间电磁扰动则是平面波的叠加。平面波是横波，它的电场强度、磁感应强度和波因廷矢量是互相垂直的，且电场强度与磁感应强度之比为电磁波传播速度。平面波的极化情况是比较简单的，它就是电磁波场矢量的方向，这样的电磁波是线偏振的。此外，电磁波中还存在圆偏振、椭圆偏振以及更加复杂的偏振行为。

电磁波的极化特性实验

【实验目的】

（1）掌握几种极化电磁波的产生原因及其性质。

（2）通过极化特性实验，考察电磁波感应器的极化特性，并与理论结果进行对比、讨论。

（3）通过本实验加深学生对电磁波极化特性的理解和认识。

【实验仪器】

JMX-JY 数字射频分析仪、M2.5 小螺钉、尖嘴钳、柔性金属丝、小十字改刀。图 5.17.1 为本实验装置示意图。

【预习思考题】

（1）室外的自然光和激光的偏振情况是如何的？

(2) 能够让特定偏振的光线通过，同时能阻碍其他偏振方向的光线的光学器件是什么？

【实验原理】

电磁波的极化是电磁理论中的一个重要概念，它表示空间点上电场强度矢量的方向随时间变化的特性，并用电场强度矢量 E 的端点在空间描绘出的轨迹来表示。由其轨迹方式可得电磁波的极化方式有三种：线极化、圆极化、椭圆极化。极化波可由两个同频率的直线极化波在空间中合成，如图 5.17.2 所示，两线极化波沿正 z 方向传播，一个的极化取向在 x 方向，另一个的极化取向在 y 方向。若 x 在水平方向，y 在垂直方向，这两个波就分别为水平极化波和垂直极化波，即

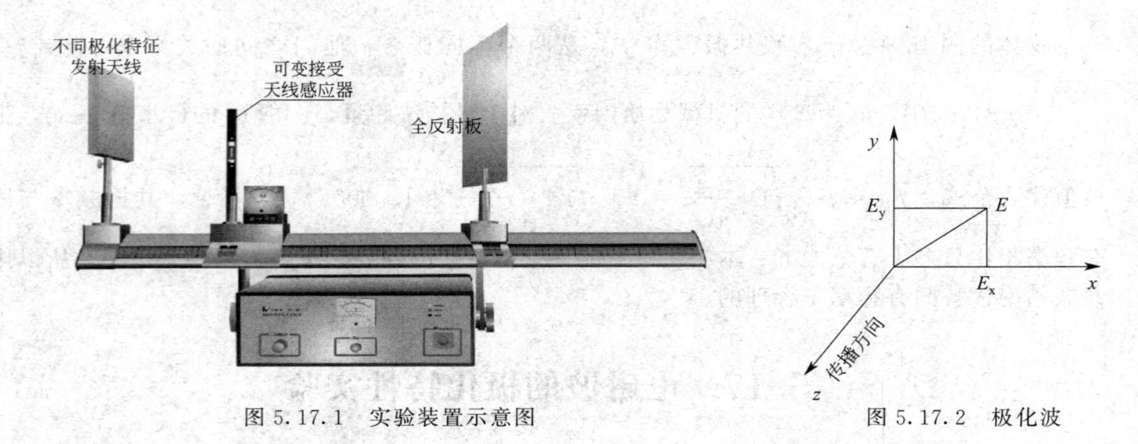

图 5.17.1 实验装置示意图

图 5.17.2 极化波

$$\text{水平极化波 } E_x = E_1 \sin(\omega t - kz) \tag{5.17.1}$$

$$\text{垂直极化波 } E_y = E_2 \sin(\omega t - kz + \delta) \tag{5.17.2}$$

式中，E_1，E_2 分别是 x 和 y 方向电场强度的振幅，δ 是 E_2 超前 E_1 的相角（水平极化波取为参考相面）。取 xy 平面中分析，利用三角函数公式展开

$$E_x = E_y = E_2(\sin\omega t + \cos\delta + \cos\omega t + \sin\delta) \tag{5.17.3}$$

将式(5.17.1) 和式(5.17.2) 代入式(5.17.3)，经过整理后，可得到

$$aE_x^2 - bE_xE_y + cE_y^2 = 1 \tag{5.17.4}$$

式中

$$a = \frac{1}{E_1^2 \sin^2\delta}, b = \frac{2\cos\delta}{E_1 E_2 \sin^2\delta}, c = \frac{1}{E_2^2 \sin^2\delta}$$

式中的 a，b 和 c 分别为水平极化波和垂直极化波的振幅 E_1，E_2 和相角 δ 有关的常数。式(5.17.4) 是个具有一般形式的椭圆方程，它表明由 E_x，E_y 合成的电场矢量终端画出的轨迹是一个椭圆。因此：

① 当两个线极化波同相或反相时，其合成波是一个线极化波；

② 当两个线极化波相位差为 $\pi/2$ 时，其合成波是一个椭圆极化波；

③ 当两个线极化波振幅相等，相位相差 $\pi/2$ 时，合成波是一个圆极化波。

半波振子接收或发射的电磁波是线性极化的，最经常被用来接收和发射椭圆极化或者圆极化电磁波的装置为螺旋天线。一般情况下，螺旋天线在它的中轴线方向产生的电磁波是椭圆极化而非圆极化。当螺圈缠绕达到一定密集程度时，它所发出的电磁波就可看成是圆极化了。

圆极化或者椭圆极化的电磁波的旋转并不唯一，通常规定，无论对于发射还是接收，在

面对电磁波的方向，电场矢量终端沿着顺时针方向旋转的电磁波，称为右旋圆极化波，反之，则称为左旋圆极化波。发射或接收右旋圆极化波的天线必须是右旋的，发射或接收左旋圆极化波的天线必须是左旋的。天线的左旋和右旋的判断方法如下：沿着天线辐射电磁波的方向来看，如果缠绕方式符合右手螺旋定则，则该螺旋天线为右旋极化天线，反之为左旋极化天线。

课程内容可以灵活选择不同的设计。本教程提供了三种不同的实验，既可以很直观地验证极化性质，又可以利用微安表测量来反映电场数据，以便于绘制各种天线的方向图：垂直极化实验；水平极化实验；圆极化实验。

【实验内容与步骤】

(1) 在实验测试平台架设好四极化天线，信号源输出端通过高频电缆连接到 A 端口，B,C,D 端口接匹配负载。

(2) 在实验平台上架设极化旋转支架，线极化半波天线固定于支架中心位置，并用高频电缆连接好接收指示装置。

(3) 将已做好的天线感应器通过螺钉安装在极化尺测试支架上，装在极化尺测试支架中。分别将极化尺置成垂直、水平、倾斜 45°三种位置，按下 **TX** 发射按钮，并移动反射板或感应器滑块，观察感应器中白炽灯亮度变化，观察感应器白炽灯达到同等亮度时与发射天线的距离，并记录数据填入表 5.17.1 中。

(4) 连续旋转极化支架，每隔 5°记录一次读数，范围为 0°～180°然后将极化旋转支架翻转 180°，重新测量，记录 180°～360°的读数，完成 1 周的测量，并记录数据到表 5.17.2 中。

(5) 将四极化天线更换到其他端口发射，重复以上步骤，并记录数据。

(6) 根据数据作出极化图，从而判别 A，B，C，D 端口发射时，电磁波的极化形式。根据以上步骤，进行极化测量实验。

【数据处理】

表 5.17.1 极化尺置成三种位置时白炽灯变化情况记录表

发射天线端口	距离/cm		
	水平	垂直	45°
A			
B			
C			
D			

表 5.17.2 各个端口极化图测试数据表

(接收功率单位：μA；角度单位：°)

角度	功率	角度	功率	角度	功率	角度	功率
0		90		0		90	
5		95		5		95	
10		100		10		100	
15		105		15		105	

续表

角度	功率	角度	功率	角度	功率	角度	功率
20		110		20		110	
25		115		25		115	
30		120		30		120	
35		125		35		125	
40		130		40		130	
45		135		45		135	
50		140		50		140	
55		145		55		145	
60		150		60		150	
65		155		65		155	
70		160		70		160	
75		165		75		165	
80		170		80		170	
85		175		85		175	

根据表 5.17.2 数据绘制极化图 5.17.3。

【注意事项】

（1）按下 TX 按钮时，若 ALM 红色告警灯亮，应立即停止发射，检查高频 N 头是否对应连接牢固，发射天线是否接好，或请老师检查。否则会损坏仪器。

（2）测试感应器时，不能将感应灯靠近发射天线的距离太小，否则会烧毁感应灯。（置于 15 cm 以外，或视感应灯亮度而定）。

（3）避免与相邻小组同时按下 TX 按钮，尽量减少按下 TX 按钮的时间，以免相互影响测试准确性。

（4）测试时尽量避免人员走动，以免人体反射影响测试结果。

【讨论思考题】

（1）分析感应灯离发射天线太近会被烧毁的原因。

（2）讨论电磁波不同极化收发的规律。

（3）依据实验数据，分析电磁波的极化形式。

【扩展训练】

通过阅读资料，阐述偏振片能够将特定方向的偏振过滤掉的工作原理。

【扩展阅读】

[1] 贾建科，聂翔，韩团军．电磁波极化实验的改进[J]．电气电子教学学报，2011，33（3）．

[2] 刘贤峰，等．圆极化电磁波的理论教学与实验设计[J]．实验科学与技术．2021，19（4）．

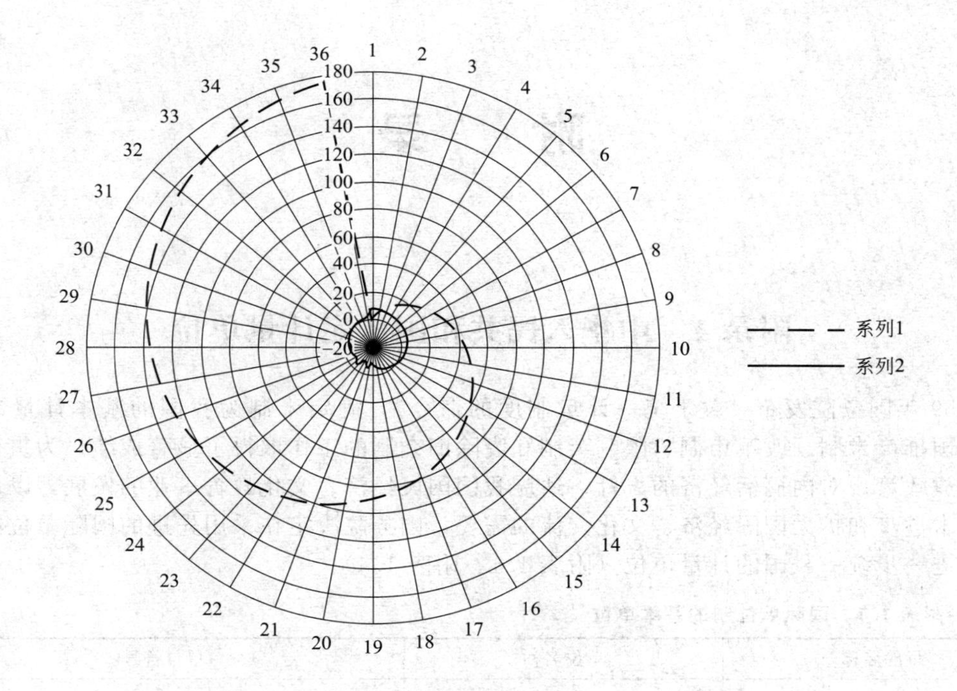

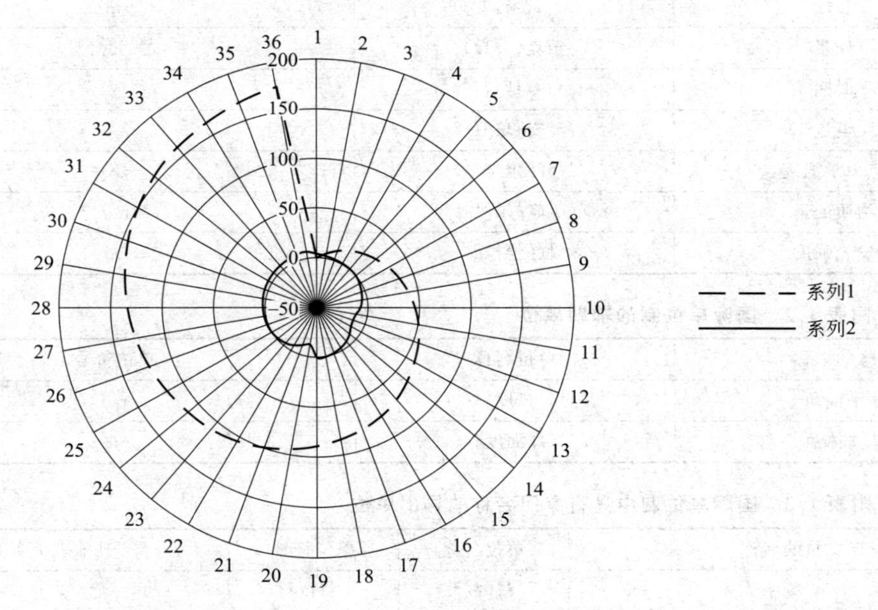

图 5.17.3　极化图

【附录】

实验器材图见图 5.13.6。

附　录

附录 1　中华人民共和国法定计量单位

1959 年国务院发布《关于统一计量制度的命令》，确定米制为我国的基本计量制度以来，全国推广米制、改革市制、限制英制和废除旧杂制的工作取得了显著成绩。为贯彻对外实行开放政策，对内搞活经济的方针，适应我国国民经济、文化教育事业的发展，以及推进科学技术进步和扩大国际经济、文化交流的需要，国务院决定在采用先进的国际单位制的基础上，进一步统一我国的计量单位（附表 1.1～附表 1.4）。

附表 1.1　国际单位制的基本单位

量的名称	单位名称	单位符号
长度	米	m
质量	千克(公斤)	kg
时间	秒	s
电流	安[培]	A
热力学温度	开[尔文]	K
物质的量	摩[尔]	mol
发光强度	坎[德拉]	cd

附表 1.2　国际单位制的辅助单位

量的名称	单位名称	单位符号
平面角	弧度	rad
立体角	球面度	sr

附表 1.3　国际单位制中具有专门名称的导出单位

量的名称	单位名称	单位符号	其他表示实例
频率	赫[兹]	Hz	s^{-1}
力、重力	牛[顿]	N	$kg \cdot m/s^2$
压力、压强、应力	帕[斯卡]	Pa	N/m^2
能量、功、热量	焦[尔]	J	$N \cdot m$
功率、辐射通量	瓦[特]	W	J/s
电荷量	库[仑]	C	$A \cdot s$
电位、电压、电动势	伏[特]	V	W/A
电容	法[拉]	F	C/V

续表

量的名称	单位名称	单位符号	其他表示实例
电阻	欧[姆]	Ω	V/A
电导	西[门子]	S	A/V
磁通量	韦[伯]	Wb	V・s
磁通量密度、磁感应强度	特[斯拉]	T	Wb/m
电感	亨[利]	H	Wb/A
摄氏温度	摄氏度	℃	—
光通量	流[明]	lm	cd・sr
光照度	勒[克斯]	lx	lm/m
放射性活度	贝可[勒尔]	Bq	s
吸收剂量	戈[瑞]	Gy	J/kg
剂量当量	希[沃特]	Sv	J/kg

附表 1.4　国家选定的非国际单位制单位

量的名称	单位名称	单位符号	换算关系和说明
时间	分 [小]时 天(日)	min h d	1 min=60 s 1 h=60 min=3 600 s 1 d=24 h=86 400 s
平面角	[角]秒 [角]分 度	(″) (′) (°)	1″=(π/648 000) rad (π 为圆周率) 1′=60″=(π/10 800) rad 1°=60′=(π/180) rad
旋转速度	转每分	r/min	1 r/min=(1/60) s
长 度	海里	n mile	1 n mile=1 852m (只用于航程)
速 度	节	kn	1 kn=1 n mile/h =(1 852/3 600) m/s (只用于航程)
质 量	吨 原子质量单位	t u	1 t=1000kg 1 u≈1.660 565 5×10^{-27}kg
体 积	升	L,(l)	1 L=1dm^3=0.001m^3
能	电子伏	eV	1 eV≈1.602 189 2×10^{-19}J
级 差	分贝	dB	
线密度	特[克斯]	tex	1 tex=1 g/km

附录 2　基本物理常量

基本物理常量见附表 2.1。

附表 2.1　基本物理常量

物理量	符号	数值	单位	相对标准不确定度
真空中光速	c	299792458	m/s	精确
牛顿引力常数	G	6.67428×10^{11}	m^3/(kg・s^2)	1.0×10^{-4}
阿伏伽德罗常数	NA	6.02214179×10^{23}	mol^{-1}	5.0×10^{-8}
普适摩尔气体常数	R	8.314472	J/(mol・K)	1.7×10^{-6}

续表

物理量	符号	数值	单位	相对标准不确定度
玻尔兹曼常数R/NA	k	1.3806504×10^{-23}	J/K	1.7×10^{-6}
理想气体摩尔体积	V_m	22.413996×10^{-3}	m^3/mol	1.7×10^{-6}
基本电荷(元电荷)	e	$1.602176487\times10^{-19}$	C	2.5×10^{-8}
原子质量常数	m_u	$1.660538782\times10^{-27}$	kg	5.0×10^{-8}
电子质量	m_e	9.10938215×10^{-31}	kg	5.0×10^{-8}
电子荷质比	$-e/m_e$	$-1.758820150\times10^{11}$	C/kg	2.5×10^{-8}
质子质量	m_p	$1.672621637\times10^{-27}$	kg	5.0×10^{-8}
中子质量	m_n	$1.674927211\times10^{-27}$	kg	5.0×10^{-8}
法拉第常数NAe	F	9.64853399×10^{4}	C/mol	2.5×10^{-8}
真空电容率(电常数)	ε_0	$8.854187817\times10^{-12}$	F/m	精确
真空磁导率(磁常数)	μ_0	$1.2566370614\times10^{-6}$	H/m	精确
电子磁矩	μ_e	$-9.28476377\times10^{-24}$	J/T	2.5×10^{-8}
质子磁矩	μ_p	$1.410606662\times10^{-26}$	J/T	2.6×10^{-8}
玻尔半径	α_0	$5.2917720859\times10^{-11}$	m	6.8×10^{-10}
玻尔磁子	μ_B	9.27400915×10^{-24}	J/T	2.5×10^{-8}
核磁子	μ_N	5.05078324×10^{-24}	J/T	2.5×10^{-8}
普朗克常数	h	6.62606896×10^{-34}	J·s	5.0×10^{-8}
精细结构常数	α	$7.2973525376\times10^{-3}$		6.8×10^{-10}
里德伯常数	$R\infty$	$1.0973731568527\times10^{7}$	m^{-1}	6.6×10^{-12}
康普顿波长h/mec	λc	$2.4263102175\times10^{-12}$	m	1.4×10^{-9}
质子-电子质量比	m_p/m_e	1836.15267247		4.3×10^{-10}
静电力常量	k	9.0×10^{9}	$N\cdot m^2/C^2$	精确

参考文献

[1] 李辉．基于卓越工程师教育培养计划的教材建设 [J]. 中国高等教育，2012 (19)：101-104.
[2] 霍连利，郑栋梁. 试论基础课实验教学的本质特征与教学艺术 [J]．实验教学与仪器，1997 (9)：64-68.
[3] 张占新，王汝政. 大学物理实验教学改革措施与实践 [J]. 大学物理实验，2013 (6)：108-110.
[4] 曾以成. 普通物理实验教材结构分析 [J]. 物理实验，1995 (4).
[5] 沈元华，陆申龙. 基础物理实验 [M]. 北京：高等教育出版社，2003.
[6] 丁慎训. 物理实验教程 [M]. 北京：清华大学出版社，2003.
[7] 郑君刚. 物理实验设计与研究 [M]. 北京：中国电力出版社，2021.
[8] 彭刚，等. 大学物理实验 [M]. 北京：高等教育出版社，2017.
[9] 何焰蓝，等. 博雅理念在《大学物理实验》教学中的实践 [J]. 物 理 实 验，2010，32 (4)：13-16.
[10] 陈中钧，俞眉孙．大学物理实验教学的思考与建议 [J]．实验技术与管理，2014，31 (4)：186-188.
[11] 邵明辉，等．大学物理实验课程的教学反思 [J]．科技创新导报，2011 (1)：161.
[12] 饶黄云．探讨实验的物理思想提高物理实验教学质量 [J]．东华理工学院学报，2005 (6)．
[13] 杜义林．高校物理实验教材建设实践与思考 [J]．安徽工业大学学报，2010 (1)．
[14] 吴苗，刘道军．大学物理实验课程的必要性及其实施 [J]．科技资讯，2018，16 (17)：178-179.
[15] 吴平，等．信息化技术与物理实验教学的深度融合 [J]．物理与工程，2016，26 (5)：22-26.
[16] 曹钢．大学物理实验教程 [M]. 北京：高等教育出版社，2021.
[17] 杨福家．原子物理学 [M]．北京：高等教育出版社，2019.
[18] 马洪良，张义邴．近代物理实验 [M]. 上海：上海大学出版社 2012.
[19] 潘云，朱娴，杨强．大学物理实验 [M]. 重庆：重庆大学出版社 2021.
[20] 郭松青，李文清．普通物理实验教程 [M]. 北京：高等教育出版社，2019.